中学教科書ワーク　学習カード

ポケットスタディ

数 学 2 年

JN085241

---

1 多項式の次数

次の式は何次式？

$$3x^2y-5xy+13x$$

---

2 同類項

次の式の同類項をまとめると？

$$-x-8y+5x-17y$$

---

3 多項式の加法

次の式を計算すると？

$$(4x-5y)+(-6x+2y)$$

---

4 多項式の減法

次の式を計算すると？

$$(4x-5y)-(-6x+2y)$$

---

5 単項式の乗法

次の式を計算すると？

$$-5x\times(-8y)$$

---

6 単項式の除法

次の式を計算すると？

$$-72x^2y\div9xy$$

---

7 式の値

$x=-1$, $y=6$のとき，次の式の値は？

$$-72x^2y\div9xy$$

---

8 文字式の利用

nを整数としたときに，**偶数，奇数**をnを使って表すと？

---

9 等式の変形

次の等式をyについて解くと？

$$\frac{1}{3}xy=6$$

各項の次数を考える

$$3x^2y + (-5xy) + 13x$$

次数3　　　次数2　　　次数1

答 **3次式** ← 各項の次数のうちで
もっとも大きいものが、
多項式の次数。

使い方

◎ミシン目で切り取り，穴をあけてリング
などを通して使いましょう。
◎カードの表面が問題，裏面が解答と解説
です。

すべての項を加える

$$(4x-5y)+(-6x+2y)$$

符号は
そのまま。

$$=4x-5y-6x+2y$$
$$=4x-6x-5y+2y$$
$$=-2x-3y\cdots 答$$

$ax+bx=(a+b)x$

$$-x\ -8y\ +5x\ -17y$$

項を並べかえる。

$$=-x\ +5x\ -8y\ -17y$$

同類項をまとめる。

$$=4x-25y\cdots 答$$

係数の積に文字の積をかける

$$-5\ x\times(-8\ y)$$

係数
文字

$$=-5\times(-8)\times x\times y$$
$$=40xy\cdots 答$$

ひく式の符号を反対にする

$$(4x-5y)-(-6x+2y)$$

符号を
反対にする。

$$=4x-5y+6x-2y$$
$$=4x+6x-5y-2y$$
$$=10x-7y\cdots 答$$

式を簡単にしてから代入

$$-72x^2y\div 9xy$$

式を簡単にする。

$$=-8x$$

$x=-1$ を代入する。

$$=-8\times(-1)$$
$$=8\cdots 答$$

分数の形になおして約分

$$-72x^2y\div 9xy$$

わる式を分母にする。

$$=\frac{-72x^2y}{9xy}$$

約分する。

$$=-8x\cdots 答$$

$y=\bigcirc$ の形に変形する

$$\frac{1}{3}xy\times\frac{3}{x}=6\times\frac{3}{x}$$ ← 両辺に $\frac{3}{x}$ をかける。

$$y=\frac{18}{x}\cdots 答$$

偶数は2の倍数

答 偶数　**$2n$**　　　← 2の倍数

　　奇数　**$2n-1$**　← 偶数 −1

　　　　または，$2n+1$ ← 偶数 +1

10 連立方程式の解

次の連立方程式で，解が$x=2$，
$y=-1$であるものはどっち？

㋐ $\begin{cases} 3x-4y=10 \\ 2x+3y=-1 \end{cases}$ ㋑ $\begin{cases} 4x+7y=1 \\ -x+5y=-7 \end{cases}$

11 加減法

次の連立方程式を解くと？

$\begin{cases} 2x-y=3 & \cdots① \\ -x+y=2 & \cdots② \end{cases}$

12 加減法

次の連立方程式を解くと？

$\begin{cases} 2x-y=5 & \cdots① \\ x-y=1 & \cdots② \end{cases}$

13 代入法

次の連立方程式を解くと？

$\begin{cases} x=-2y & \cdots① \\ 2x+y=6 & \cdots② \end{cases}$

14 1次関数の式

次の式で，1次関数をすべて選ぶと？

㋐ $y=\dfrac{1}{2}x-4$ ㋑ $y=\dfrac{24}{x}$

㋒ $y=x$ ㋓ $y=-4+x$

15 変化の割合

次の1次関数の**変化の割合**は？

$y=3x-2$

16 1次関数とグラフ

次の1次関数のグラフの**傾きと切片**は？

$y=\dfrac{1}{2}x-3$

17 直線の式

右の図の直線の式は？

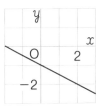

18 方程式とグラフ

次の方程式のグラフは，
右の図のどれ？

$2x-3y=6$

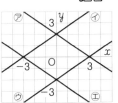

19 $y=k$，$x=h$ のグラフ

次の方程式のグラフは，
右の図のどれ？

$7y=-14$

①＋②で y を消去

$$\begin{array}{rl} 2x-y=3 \\ +)\;-x+y=2 \\ \hline x\quad=5 \end{array}$$

$x=5$ を②に代入
$-5+y=2$
$y=7$

答 $x=5,\ y=7$

代入して成り立つか調べる

答 ㋑ ← どちらの方程式も成り立たせる $x,\ y$ の値が解。

㋐ 上の式　左辺$=3\times2-4\times(-1)=10$　○
　　下の式　左辺$=2\times2+3\times(-1)=1$　×
㋑ 上の式　左辺$=4\times2+7\times(-1)=1$　○
　　下の式　左辺$=-1\times2+5\times(-1)=-7$　○

①を②に代入して x を消去

$2\times(-2y)+y=6$
$-3y=6$
$y=-2$

$y=-2$ を①に代入
$x=-2\times(-2)$
$x=4$

答 $x=4,\ y=-2$

①－②で y を消去

$$\begin{array}{rl} 2x-y=5 \\ -)\;\;x-y=1 \\ \hline x\quad=4 \end{array}$$

$x=4$ を②に代入
$4-y=1$
$y=3$

答 $x=4,\ y=3$

x の係数に注目

答 3

1次関数 $y=ax+b$ では，変化の割合は一定で a に等しい。
（変化の割合）$=\dfrac{（yの増加量）}{（xの増加量）}=a$

y が x の1次式か考える

答 ㋐，㋒，㋔
　　↑
　　$b=0$ の場合。

1次関数の式
$y=ax+b$
$ax\cdots x$ に比例する部分
$b\cdots$ 定数の部分

切片と傾きから求める

答 $y=-\dfrac{1}{2}x-1$
　　↑　　↑
　　傾き　切片

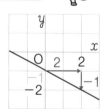

$a,\ b$ の値に注目

答 傾き $\dfrac{1}{2}$
　　切片 -3

1次関数 $y=ax+b$ のグラフは，傾きが a，切片が b の直線である。

$y=k,\ x=h$ の形にする

答 ㋔
$7y=-14$
$y=-2$ ←
　　　　x 軸に平行な直線。

㋐ $x=-2$
㋑ $x=2$
㋒ $y=2$
㋔ $y=-2$

y について解く

答 ㋒
$2x-3y=6$ を y について解くと，
$y=\dfrac{2}{3}x-2$ ← 傾き $\dfrac{2}{3}$，切片 -2 のグラフ。

20 対頂角

右の図で，
∠xの大きさは？

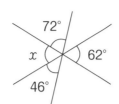

21 平行線と同位角，錯角

右の図で，
ℓ∥mのとき，
∠x, ∠yの
大きさは？

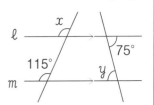

22 三角形の内角と外角

右の図で，
∠xの大きさは？

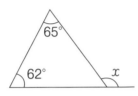

23 多角形の内角

内角の和が1800°の多角形は何角形？

24 多角形の外角

1つの外角が20°である正多角形は？

 …

25 三角形の合同条件

次の三角形は合同といえる？

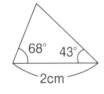

26 二等辺三角形の性質

二等辺三角形の性質2つは？

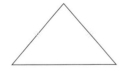

27 二等辺三角形の角

右の図で，
AB＝ACのとき，
∠xの大きさは？

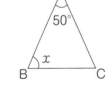

28 二等辺三角形になる条件

右の△ABCは，
二等辺三角形と
いえる？

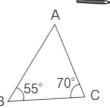

29 直角三角形の合同条件

次の三角形は合同といえる？

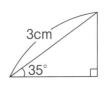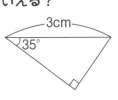

同位角，錯角を見つける

答 ∠x=115°
　　∠y=75°

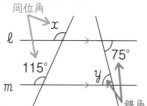

2直線が平行ならば
同位角，錯角は等しい。

対頂角は等しい

答 ∠x=62°

向かい合った角を→対頂角といい，対頂角は等しい。

内角の和の公式から求める

答 十二角形

$180° × (n-2) = 1800°$

$n-2 = 10$

$n = 12$

n角形の内角の和は
$180° × (n-2)$

三角形の外角の性質を利用する

答 ∠x=127°

∠x=62°+65°
　　=127°

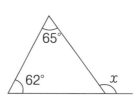

合同条件にあてはまるか考える

答 いえる

3組の辺がそれぞれ等しい。

2組の辺とその間の角がそれぞれ等しい。

1組の辺とその両端の角がそれぞれ等しい。

多角形の外角の和は360°

答 正十八角形

$360° ÷ 20° = 18$

正多角形の外角はすべて等しい。

多角形の外角の和は360°である。

底角は等しいから∠B=∠C

答 ∠x=65°

∠x=(180°-50°)÷2
　　=65°

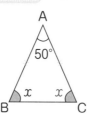

底角，底辺などに注意

答 ・底角は等しい。
　　・頂角の二等分線は，
　　　底辺を垂直に2等分する。

合同条件にあてはまるか考える

答 いえる

直角三角形の

斜辺と1つの鋭角がそれぞれ等しい。

斜辺と他の1辺がそれぞれ等しい。

2つの角が等しいか考える

答 いえる

∠A=∠B=55°より，

180°-(55°+70°)=55°

2つの角が等しいので，
二等辺三角形といえる。

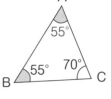

30 平行四辺形の性質

平行四辺形の性質3つは？

31 平行四辺形になる条件

平行四辺形になるための条件5つは？

32 特別な平行四辺形の定義

長方形，ひし形，正方形の定義は？

33 特別な平行四辺形の対角線

長方形，ひし形，正方形の対角線の
性質は？

34 確率の求め方

1つのさいころを投げるとき，
出る目の数が6の約数に
なる確率は？

35 樹形図と確率

2枚の硬貨A，Bを投
げるとき，1枚が表
でもう1枚が裏に
なる確率は？

36 組み合わせ

A，B，Cの3人の中
から2人の当番を選
ぶとき，Cが当番に
選ばれる確率は？

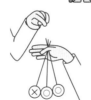

37 表と確率

大小2つのさいころ
を投げるとき，出た
目の数が同じになる
確率は？

38 Aの起こらない確率

大小2つのさいころ
を投げるとき，出た
目の数が同じになら
ない確率は？

39 箱ひげ図

次の箱ひげ図で，データの第1四分位数，
中央値，第3四分位数の位置は？

ア　　　イ　　ウ　　　　　エ　　　　オ

定義，性質の逆があてはまる

答 ・2組の対辺がそれぞれ平行である。（定義）
- 2組の対辺がそれぞれ等しい。
- 2組の対角がそれぞれ等しい。
- 対角線がそれぞれの中点で交わる。
- 1組の対辺が平行でその長さが等しい。

対辺，対角，対角線に注目

答 ・2組の対辺はそれぞれ等しい。
- 2組の対角はそれぞれ等しい。
- 対角線はそれぞれの中点で交わる。

長さが等しいか垂直に交わる

答 長方形 → 対角線の長さは等しい。
ひし形 → 対角線は垂直に交わる。
正方形 → 対角線の長さが等しく，
　　　　　垂直に交わる。

角や，辺の違いを覚える

答 長方形 → 4つの角がすべて等しい。
ひし形 → 4つの辺がすべて等しい。
正方形 → 4つの角がすべて等しく，
　　　　　4つの辺がすべて等しい。

樹形図をかいて考える

$\frac{2}{4} = \frac{1}{2}$ …答

出方は全部で4通り。
1枚が表で1枚が裏の
場合は2通り。

```
A      B
表 <  表
      裏 ●
裏 <  表 ●
      裏
```

何通りになるか考える

$\frac{4}{6} = \frac{2}{3}$ …答

目の出方は全部で6通り。
6の約数の目は4通り。
　　　↑
　　1, 2, 3, 6

表をかいて考える

$\frac{6}{36} = \frac{1}{6}$ …答

出方は全部で36通り。
同じになるのは6通り。

	1	2	3	4	5	6
1	○					
2		○				
3			○			
4				○		
5					○	
6						○

〔A,B〕，〔B,A〕を同じと考える

答 $\frac{2}{3}$

選び方は全部で3通り。
Cが選ばれるのは2通り。

```
A < B
    C ●
B — C ●
```

箱ひげ図を正しく読み取ろう

答 第1四分位数…イ
中央値（第2四分位数）…ウ
第3四分位数…エ
㋐はデータの最小値，㋔は最大値

（起こらない確率）＝1−（起こる確率）

答 $\frac{5}{6}$

$1 - \frac{1}{6} = \frac{5}{6}$
　↑ 同じになる確率

	1	2	3	4	5	6
1	×					
2		×				
3			×			
4				×		
5					×	
6						×

学校図書版 数学2年 もくじ

ステージ1　ステージ2　ステージ3

発展→この学年の学習指導要領には示されていない内容を取り上げています。学習に応じて取り組みましょう。

確認のワーク　ステージ1　1　式の計算
❶ 文字式のしくみ

例1 単項式と多項式

教 p.14 → 基本問題 ❶ ❷

次の問いに答えなさい。

(1)　次の式を，単項式と多項式に分けなさい。

　㋐　a　　　　　　㋑　x^2-2x+5　　㋒　$3a-b+4$　　㋓　$5xyz^2$

(2)　多項式 $2x^2y-3x+4y-7$ の項をいいなさい。

考え方 (1)　数や文字をかけ合わせた形の式を単項式という。

　また，単項式の和の形で表された式を多項式という。

(2)　単項式の和の形で表された多項式で，それぞれの単項式を，その多項式の項という。

解き方 (1)　項と項が和の形になっているかを考える。

　　㋑は，$x^2+(-2x)+5$

　　㋒は，$3a+(-b)+4$

　　と表せるから，単項式は [①　　　　　]

　　　　　　　　　　多項式は [②　　　　　]

(2)　$2x^2y-3x+4y-7=2x^2y+(③)+4y+(④)$

　　したがって，項は $2x^2y$，[③　　]，$4y$，[④　　]

式の途中に＋，－の記号があれば多項式と考えることもできるよ。

覚えておこう

1つの文字や1つの数も単項式と考える。

例　a，-1 ➡ 単項式

例2 式の次数

教 p.15 → 基本問題 ❸ ❹

次の単項式や多項式の次数をいいなさい。

(1)　$4xy^2$　　　　　　(2)　$-\dfrac{1}{2}bc$　　　　　　(3)　$3a^2-5b$

考え方 単項式で，かけ合わされている文字の個数を，その単項式の次数という。

　多項式では，次数のもっとも大きい項の次数がその多項式の次数となる。

解き方 (1)　$4xy^2=4\times x\times y\times y$ で，3つの文字がかけ合わされているので，

　　$4xy^2$ の次数は [⑤　　　　]

(2)　$-\dfrac{1}{2}bc=-\dfrac{1}{2}\times b\times c$ で，2つの文字がかけ合わされているので，

　　$-\dfrac{1}{2}bc$ の次数は [⑥　　　　]

(3)　$3a^2=3\times a\times a$ で，次数は 2

　　$-5b=-5\times b$ で，次数は 1　　　← 次数のもっとも大きい項を考える。

　　したがって，$3a^2-5b$ の次数は [⑦　　　　]

基本問題 .... 解答 p.1

1 単項式と多項式, 項　右の□の中の文は正しいですか。
また, その理由を説明しなさい。　　　　　　教 p.14

> $10x^2-8x-4$ のように, 単項式の和の形で表された式を多項式といい, それぞれの単項式の $10x^2$, $8x$, 4 を, この多項式の項という。

2 多項式の項　次の多項式の項をすべていいなさい。　　　教 p.15 問 1

(1)　$4ab-3$

(2)　$-x^2+6x-2$

(3)　$3ab+\dfrac{1}{2}a-4b$

(4)　$-\dfrac{1}{3}x^2+5xy-7y$

覚えておこう

多項式で, 数だけの項を定数項という。

3 単項式の次数　次の単項式の次数をいいなさい。　　　教 p.15 問 2

(1)　$3a$

(2)　$3ax$

(3)　$4b^3$

(4)　$-8x^2y$

(5)　$-\dfrac{2}{3}b^2$

(6)　$6xy$

4 式の次数　次の式は, それぞれ何次式ですか。　　　教 p.15 問 3

(1)　$-2a+3b-6$

(2)　$3a^2-5a-1$

覚えておこう

次数が1の式を1次式,
次数が2の式を2次式,
次数が3の式を3次式,
……という。
多項式は次数の大きい項から順に書かれているとはかぎらないので, すべての項の次数を調べて, 何次式か考えるとよい。

(3)　x^3

(4)　$2y-4y^2+5$

(5)　$2a^3+3ab-\dfrac{1}{4}b^2$

(6)　$-xy+\dfrac{2}{3}x^2y-\dfrac{4}{5}xy^2$

確認のワーク　ステージ1　**1　式の計算**
❷ 多項式の計算(1)

例1 同類項をまとめる

教 p.16 →基本問題❶❷

次の式の同類項をまとめなさい。

(1)　$5a+b-2a+3b$

(2)　$3x^2-7x+4-x^2+2x$

考え方 式の項の中で，文字の部分がまったく同じ項を同類項という。

同類項は，分配法則を使うことで1つの項にまとめることができる。

解き方 (1)　$5a\ +b\ -2a\ +3b$

　　　　$=5a\ -2a\ +b\ +3b$ … 項を入れかえる。

　　　　$=(5-2)a+(1+3)b$ … 同類項をまとめる。

　　　　$=\boxed{①}\ a+\boxed{②}\ b$ … かっこの中を計算する。

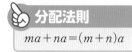　分配法則

$ma+na=(m+n)a$

(2)　$3x^2\ -7x\ +4\ -x^2\ +2x$

　　$=3x^2\ -x^2\ -7x\ +2x\ +4$

　　$=(3-1)x^2+(-7+2)x+4$

　　$=\boxed{③}\ x^2-\boxed{④}\ x+4$

x^2 と x は，次数が異なるから同類項ではないよ。

例2 多項式の加法

教 p.17 →基本問題❸❹

$4x-y$ に $-2x+6y$ を加えた和を求めなさい。

考え方 式のすべての項を加え，同類項をまとめて計算する。

解き方 $(4x-y)+(-2x+6y)$

　　　$=4x\ -y\ -2x\ +6y$ … 式の各項をすべて加える。

　　　$=4x\ -2x\ -y\ +6y$ … 項を入れかえる。

　　　$=\boxed{⑤}\ x+\boxed{⑥}\ y$ … 同類項をまとめる。

例3 多項式の減法

教 p.18 →基本問題❺❻

$2x-y+5$ から $-x+4y-1$ をひいた差を求めなさい。

考え方 ひく式の各項の符号を変えてから加えて計算する。

解き方 $(2x-y+5)-(-x+4y-1)$ … 式にかっこをつけてひく。

　　　$=(2x-y+5)+(x-4y+1)$ … ひく式の各項の符号を変えて加える。

　　　$=2x\ -y\ +5\ +x\ -4y\ +1$

　　　$=2x\ +x\ -y\ -4y\ +5\ +1$

　　　$=\boxed{⑦}$

覚えておこう

式をひくときは，必ずかっこをつける。

 解答 p.1

1 同類項　次の多項式の同類項をいいなさい。

(1)　$2x+4y-6x-3y$　　　　　(2)　$8a-b-5b-7a$

2 同類項をまとめる　次の式の同類項をまとめなさい。

(1)　$5x-4y-3x+2y$　　　　(2)　$-x^2+6x-2+7x^2-6x$

3 多項式の加法　$2x^2+4x$ に $3x^2-7x$ を加えた和を求めなさい。

4 多項式の加法　次の計算をしなさい。

(1)　$(3a-4b)+(2a-b)$　　　　(2)　$(-4x^2-x+9)+(4x^2-6x-5)$

縦書きで計算するとき
は，同類項を上下にそ
ろえて書く。

(3)　$\begin{array}{r} 5a+2b \\ +)\ 3a-5b \\ \hline \end{array}$　　　　(4)　$\begin{array}{r} 4x-7y+1 \\ +)\ -6x-\ y+8 \\ \hline \end{array}$

5 多項式の減法　$5x^2-6x$ から $4x^2-x$ をひいた差を求めなさい。

6 多項式の減法　次の計算をしなさい。

(1)　$(3a+7b)-(5a+4b)$　　　　(2)　$(-x^2+2x-8)-(4x^2+x-3)$

ひく式の各項の符号
が変わっているか確
かめよう。

(3)　$\begin{array}{r} 6x-7y \\ -)\ 3x-5y \\ \hline \end{array}$　　　　(4)　$\begin{array}{r} x-6y+3 \\ -)\ -2x\ \ \ \ \ +7 \\ \hline \end{array}$

確認のワーク **ステージ1** 　1　式の計算
❷ 多項式の計算(2)

例1 多項式と数の乗法
教 p.19 → 基本 問題 ❶

次の計算をしなさい。

(1)　$4(2x+3y)$　　　　　　　　(2)　$(a-2b+5)\times(-3)$

考え方 分配法則を使ってかっこをはずす。

解き方 (1)　$4(2x+3y)=4\times2x+4\times3y=\boxed{①}\quad x+\boxed{②}\quad y$

(2)　$(a-2b+5)\times(-3)=a\times(-3)-2b\times(-3)+5\times(-3)$

　　　$=\boxed{③}$

分配法則
$$a(b+c)=ab+ac$$
$$(b+c)a=ab+ac$$

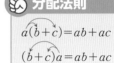

例2 多項式と数の除法
教 p.19 → 基本 問題 ❷

$(12x-8y)\div4$ を計算しなさい。

考え方 乗法の形に直して計算する。

解き方 $(12x-8y)\div4$

　　　$=(12x-8y)\times\dfrac{1}{4}$ 　わる数の逆数をかける。

　　　$=12x\times\dfrac{1}{4}-8y\times\dfrac{1}{4}$

　　　$=\boxed{④}$

$$=\dfrac{\overset{3}{\cancel{12}}x}{\underset{1}{\cancel{4}}}-\dfrac{\overset{2}{\cancel{8}}y}{\underset{1}{\cancel{4}}}$$

$=\boxed{④}$

のように計算することもできるよ。

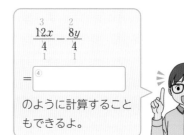

例3 分数をふくむ式の計算
教 p.20 → 基本 問題 ❹

$\dfrac{x-y}{2}+\dfrac{2x+y}{5}$ を計算しなさい。

考え方 通分して1つの分数にまとめる。

解き方 $\dfrac{x-y}{2}+\dfrac{2x+y}{5}=\dfrac{5(x-y)}{10}+\dfrac{2(2x+y)}{10}$ 　← 通分する。

　　　（2と5の最小公倍数は10）

　　　$=\dfrac{5(x-y)+2(2x+y)}{10}$ 　1つの分数にまとめる。

　　　$=\dfrac{5x-5y+4x+2y}{10}$ 　分子のかっこをはずす。

　　　$=\boxed{⑤}$ 　分子の同類項をまとめる。

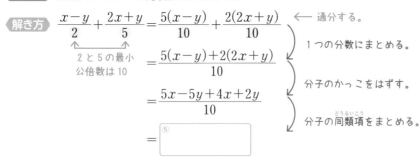

 解答 p.2

1 章

1 多項式と数の乗法　次の計算をしなさい。　　 教 p.19問9

(1) $3(4x-y)$

(2) $-5(2a+7b)$

(3) $4(5x+y-2)$

(4) $\dfrac{1}{3}(9a-2b)$

2 多項式と数の除法　次の計算をしなさい。　　 教 p.19問10

(1) $(-15x+12y)\div 3$

(2) $(30a-20b)\div(-5)$

3 かっこのついた式の計算　次の計算をしなさい。　　 教 p.20問11

(1) $3(a+2b)+3(2a-b)$

(2) $-4(3x-2y)+7(2x-3y)$

(3) $6(x-4y+3)-5(x-5)$

覚えておこう

かっこのついた式の計算は，分配法則を使って
かっこをはずしてから，同類項をまとめる。

4 分数をふくむ式の計算　次の計算をしなさい。　　 教 p.20問12

(1) $\dfrac{x+2y}{3}+\dfrac{2x-y}{4}$

(2) $\dfrac{2x-3y}{6}-\dfrac{x-7y}{3}$

(3) $\dfrac{1}{8}(5x-3y)+\dfrac{1}{2}(x+4y)$

(4) $x-y-\dfrac{3x+2y}{7}$

5 分数の形の多項式　$\dfrac{5x+6y}{4}$ が多項式であることを，分数×(多項式)の形にしてから，かっこをはずすことによって説明しなさい。　　教 p.20

左ページの 例 の答え　①8　②12　③$-3a+6b-15$　④$3x-2y$　⑤$\dfrac{9x-3y}{10}$

ステージ 1　1　式の計算
❸ 単項式の乗法・除法

例1 単項式と単項式の乗法

教 p.21 → 基本問題 1

次の計算をしなさい。

(1)　$6a \times 2b$　　　　(2)　$4a^2 \times 5a$　　　　(3)　$(-3x)^2$

考え方 係数の積，文字の積をそれぞれ求め，それらをかけ合わせる。

解き方
(1)　$6\ a \times 2\ b$
$= (6 \times a) \times (2 \times b)$
$= 6 \times 2 \times a \times b$
$= \boxed{}^{①}$

(2)　$4\ a^2 \times 5\ a$
$= (4 \times a \times a) \times (5 \times a)$
$= 4 \times 5 \times a \times a \times a$
$= \boxed{}^{②}$

(3)　$(-3x)^2$
$= (-3\ x) \times (-3\ x)$
$= (-3) \times (-3) \times x \times x$
$= \boxed{}^{③}$

例2 単項式と単項式の除法

教 p.22 → 基本問題 2

次の計算をしなさい。

(1)　$15ab \div 3a$　　　　　　　(2)　$9x^3 \div \dfrac{1}{3}x^2$

考え方
(1)　分数の形にして，係数どうし，文字どうしをそれぞれ約分する。
(2)　乗法の形に直して計算する。

解き方
(1)　$15ab \div 3a = \dfrac{15ab}{3a}$
$= \dfrac{\overset{5}{15} \times \overset{1}{a} \times b}{\underset{1}{3} \times \underset{1}{a}}$ ← 約分する。
$= \boxed{}^{④}$

(2)　$9x^3 \div \dfrac{1}{3}x^2 = 9x^3 \div \dfrac{x^2}{3}$ ⎫ 乗法に
$= 9x^3 \times \dfrac{3}{x^2}$ ⎭ 直す。
$= \dfrac{9 \times \overset{1}{x} \times \overset{1}{x} \times x \times 3}{\underset{1}{x} \times \underset{1}{x}}$
$= \boxed{}^{⑤}$

例3 乗法と除法の混じった計算

教 p.22 → 基本問題 3 4

$3x^2 \times 12y \div 4xy$ を計算しなさい。

考え方 除法を乗法に直し，分数の形にして，係数どうし，文字どうしを約分する。

解き方 $3x^2 \times 12y \div 4xy = 3x^2 \times 12y \times \dfrac{1}{4xy}$ ← 除法を乗法に直す。

$= \dfrac{3x^2 \times 12y}{4xy}$
$= \boxed{}^{⑥}$ ⎬ $\dfrac{3 \times \overset{1}{x} \times x \times \overset{3}{12} \times \overset{1}{y}}{\underset{1}{4} \times \underset{1}{x} \times \underset{1}{y}}$

基本問題 解答 p.3

1 単項式と単項式の乗法 次の計算をしなさい。 教 p.21問2, p.22問3

(1) $3a\times(-5b)$　　(2) $(-7a)\times(-2b)$　　(3) $0.2x\times3y$

(4) $9a\times\left(-\dfrac{2}{3}b\right)$　　(5) $\left(-\dfrac{3}{4}x\right)\times(-8y)$　　(6) $4x^2\times x^3$

(7) $(5a)^2$　　(8) $3xy\times(-4x)$　　(9) $6x\times(-2x)^2$

2 単項式と単項式の除法 次の計算をしなさい。 教 p.22問4

(1) $12xy\div(-4x)$　　(2) $(-a^3)\div(-a)$

(3) $15x^2y\div3xy$　　(4) $8a^2\div\left(-\dfrac{2}{3}a\right)$

覚えておこう

逆数のつくり方

例 $\dfrac{2}{3}b=\dfrac{2b}{3}\Rightarrow\dfrac{3}{2b}$

b を分子に
分母と分子を逆に

3 乗法と除法の混じった計算 次の計算をしなさい。 教 p.22問5

(1) $6xy\div3y\times2x^2$　　(2) $x^3\times7x\div x^2$

(3) $8ab^2\div(-4ab)\times3a^2b$　　(4) $32a^3\div(-2a)^2$

思い出そう

積の符号
・負の数が奇数個
　➡ 符号は －
・負の数が偶数個
　➡ 符号は ＋

4 乗法と除法の混じった計算 $14x^2\div\dfrac{7}{3}x\times2x$ の計算を右のように行いました。この計算は正しいですか。正しくない場合はその理由を説明し，正しく計算を行いなさい。 教 p.23問6

$$14x^2\div\dfrac{7}{3}x\times2x$$
$$=14x^2\div\dfrac{14}{3}x^2$$

左ページの例の答え ① $12ab$　② $20a^3$　③ $9x^2$　④ $5b$　⑤ $27x$　⑥ $9x$

　**1　式の計算**

① 多項式 $4x^2y+\dfrac{1}{3}xy-\dfrac{1}{2}y-7$ について，次の問いに答えなさい。

(1)　項をすべていいなさい。

(2)　何次式ですか。

② 次の式の同類項をまとめなさい。

(1)　$-3a+5b-4c-4a+3b+7c$

(2)　$x^2-7x+9-2x-6x^2-5$

(3)　$4a^2-2ab-6a^2+ab+3a^2$

(4)　$\dfrac{1}{2}x^2-\dfrac{1}{3}x-\dfrac{3}{4}-\dfrac{3}{2}x^2-\dfrac{2}{3}x+\dfrac{3}{4}$

③ 次の計算をしなさい。

(1)　$(3x^2-2x)+(-x^2+3x)$

(2)　$(2x-3y+1)-(x-2y-1)$

(3)
$$\begin{array}{r} a^2-2a-8 \\ +)\,-3a^2+5a+9 \\ \hline \end{array}$$

(4)
$$\begin{array}{r} x^2 \qquad -2y^2 \\ -)\,4x^2-3xy-6y^2 \\ \hline \end{array}$$

④ 次の計算をしなさい。

(1)　$-9(8a-7b)$

(2)　$4(2x-3y-8)-5(-x+2y+9)$

(3)　$(-21a+14b-35)\div(-7)$

(4)　$(3x-9y)\div\dfrac{3}{5}$

(5)　$\dfrac{2x+5y}{3}-\dfrac{x+4y}{4}$

(6)　$\dfrac{1}{4}(3x+y)+\dfrac{1}{8}(x-5y)$

　③ (2)　ひく式の各項の符号を変えて加える。
　④ (2)　分配法則を使ってかっこをはずし，同類項をまとめる。
　　(5), (6)　通分して1つの分数にまとめ，分子を計算する。

⑤ 次の計算をしなさい。

(1) $(-3a) \times 3a^2$

(2) $(-2x) \times (-3x)^2$

(3) $-\dfrac{5}{6}xy \times 12x$

(4) $x^5 \div x^2$

(5) $12x^2y \div (-4xy)$

(6) $\left(-\dfrac{3}{4}a^2b^3\right) \div \dfrac{3}{8}ab^2$

(7) $9a^3b \times 4ab^2 \div (-6a)^2$

レベルUP (8) $\left(-\dfrac{1}{4}x\right)^2 \times \dfrac{1}{8}xy \div \left(-\dfrac{1}{2}y\right)^2$

レベルUP **⑥** $45x^2 \div 15x \div 3x$ の計算を右のように行いました。この計算は正しいですか。正しくない場合はその理由を説明し，正しく計算を行いなさい。

$$45x^2 \div 15x \div 3x$$
$$=45x^2 \div 5$$

入試問題を やってみよう！

① 次の計算をしなさい。

(1) $2(5a+b)-3(3a-2b)$ 〔大分〕

(2) $\dfrac{x-y}{2}-\dfrac{x+3y}{7}$ 〔静岡〕

(3) $4a^2b \div \left(-\dfrac{2}{5}ab\right) \times 7b^2$ 〔京都〕

(4) $x^3 \times (6xy)^2 \div (-3x^2y)$ 〔滋賀〕

⑤ (2) $(-3x)^2 = (-3x) \times (-3x)$
(6)〜(8) 除法を乗法に直す。

⑥ 除法はすべて乗法に直してから計算する。

　2　式の利用
❶ 式の値　　❷ 文字式による説明(1)

例 1 式の値
教 p.25 → 基本問題 ❶ ❷

$x=2$, $y=-3$ のとき, $4(x+2y)-2(x-y)$ の値を求めなさい。

考え方 式を簡単にしてから, x, y の値を代入する。

解き方
$$4(x+2y)-2(x-y)=4x+8y-2x+2y$$
　　　　　　　　　　　　　 ⎱ 式を計算する。
$$=2x+10y$$
　　　　　　　　　　　　　 ⎱ 代入する。
$$=2\times2+10\times(-3)$$
$$=4-30$$
$$=\boxed{}$$

> 負の数を代入するときは, 必ずかっこをつけるよ。

例 2 数の性質の説明
教 p.26 → 基本問題 ❸ ❹

1, 3, 5 のような差が 2 の 3 つの整数の和は 3 の倍数であることを, 文字式を使って説明しなさい。

考え方 ある数が 3 の倍数であることを示すには, その数が 3×(整数) の形で表されることを示せばよい。

解き方 差が 2 の 3 つの整数のうち, もっとも小さい整数を n とすると, 差が 2 の 3 つの整数は,

n, $n+2$, $n+4$ と表される。それらの和は,
$$n+(n+2)+(n+4)=3n+6$$
　　　　　　　　　　　　 ⎱ 分配法則を使って
$$=3(\boxed{})$$
　　　　　　　　　　　　 　 3×(整数) の形にする。

$n+2$ は整数だから, $3(\boxed{})$ は 3 の倍数である。

したがって, 差が 2 の 3 つの整数の和は $\boxed{}$ である。

> 文字式を利用すると, すべての数で成り立つかどうかを確かめられるよ。

 文字を使った説明の手順

1　何を文字で表すか決める。
2　1で決めた文字を使って, それぞれの数を表す。
3　式をつくり, 計算する。
4　説明したいことが成り立っていることを確かめる。

覚えておこう

基本となる式の表し方
- n を整数とすると,
　連続する 3 つの整数 → n, $n+1$, $n+2$
　偶数 → $2n$
　奇数 → $2n+1$
- 十の位が a, 一の位が b の 2 桁の自然数
　→ $10a+b$

基本問題 ‥‥‥‥‥‥‥‥‥‥‥‥‥‥‥‥‥‥‥‥‥‥ 解答 p.5

1 式の値　$x=-2$, $y=5$ のとき，$3(2x-y)-(4x-5y)$ の値を求めなさい。 教 p.25 問1

2 式の値　$x=-3$, $y=\dfrac{1}{4}$ のとき，$(-8x^2y) \div (-2x)$ の値を求めなさい。 教 p.25 問2

3 数の性質の説明　左ページの 例2 について，中央の整数を n として説明しなさい。

教 p.27 問2

> **知ってると得**
>
> 連続した整数は中央の整数を n とすると，計算しやすくなる場合が多い。

4 数の性質の説明　次の問いに答えなさい。 教 p.26〜29

(1)　4 と 40 のように，ある自然数とその数を 10 倍した数の和は 11 の倍数になることを，文字式を使って説明しなさい。

(2)　一の位が 0 でない 2 桁の自然数から，その十の位の数と一の位の数を入れかえてできる自然数をひくと，差は 9 の倍数になることを，文字式を使って説明しなさい。

(3)　連続する 2 つの整数の和は奇数になることを，文字式を使って説明しなさい。

(4)　奇数と奇数の和は偶数になることを，文字式を使って説明しなさい。

> **ミス注意**
>
> $2n+1$, $2n+3$ は連続する奇数。連続しないときは，$2m+1$, $2n+1$ のようにちがう文字を使う。

左ページの 例 の答え　① -26　② $n+2$　③ $n+2$　④ 3 の倍数

 **2　式の利用**
❷ 文字式による説明(2)　　**❸ 等式の変形**

例1 図形の性質の説明 　　　　　　　教 p.31 →基本問題❶

　円の半径の長さを2倍にすると，円の面積は4倍になることを，文字式を使って説明しなさい。

考え方 もとの円の半径の長さを r として，それぞれの円の面積を文字式で表す。

解き方 もとの円の半径の長さを r とすると，面積は，

　πr^2　　　　　　　　　①

半径の長さを2倍にした円の半径は $2r$ だから，面積は，

　$\pi \times (2r)^2 =$ [①　　　]　②

②が①の [②　　　] 倍だから，円の半径の長さを2倍にすると，
<u>②÷①を計算する。</u>

円の面積は4倍になる。

例2 等式の変形 　　　　　　　　　教 p.32 →基本問題❷❸

次の等式を〔　　〕内の文字について解きなさい。

(1)　$x + y = 5$　〔x〕　　　　　　　　(2)　$x = -2y + 3$　〔y〕

考え方 等式を変形して $x = \blacksquare$ を導くことを，x について解くという。

(1)は $x = \blacksquare$，(2)は $y = \blacksquare$ の形にする。

解き方 (1)　$x + y = 5$
　　　　　　　$x =$ [③　　　]　$\Big\}$ y を移項する。

(2)　$x = -2y + 3$
　　$2y = 3 - x$　$\Big\}$ x，$-2y$ を移項する。
　　　$y =$ [④　　　]　$\Big\}$ 両辺を2でわる。

例3 公式の変形 　　　　　　　　　教 p.33 →基本問題❹

直方体の体積の公式 $V = abc$ を，a について解きなさい。

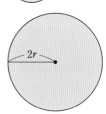

考え方 解きやすくするために，両辺を入れかえる。

解き方 　$V = abc$
　　　　　$abc = V$　$\Big\}$ 両辺を入れかえる。
　　　　　　$a =$ [⑤　　　]　$\Big\}$ 両辺を bc でわる。

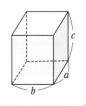**ここがポイント**

解く文字以外の文字を数とみて，方程式を解くときと同じように考える。

基 本 問 題 ••••••••••••••••••••••••••••••••• 解答 p.6

1 図形の性質の説明　右の図で，OP＝PQ，PR＝RQ のとき，OP，OQ をそれぞれ半径とする２つの円の円周の長さの和は，OR を半径とする円の円周の長さの２倍と等しくなることを，文字式を使って説明しなさい。教 p.31

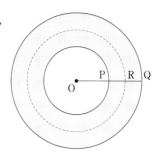

2 等式の変形　次の等式を x について解きなさい。教 p.32 問2

(1) $x-3y=5$

(2) $5x-2y=-3$

(3) $-6x+4y=-7$

(4) $-x-10y=4$

覚えておこう

x について解く手順
１　x をふくむ項を左辺，ふくまない項を右辺へ移項。
２　両辺を x の係数でわる。
例　１　$3x+y=7$
　　２　$3x=7-y$
$$x=\frac{7-y}{3}$$

3 等式の変形　次の等式を〔　〕内の文字について解きなさい。教 p.32 問2

(1) $x=16-8y$　〔y〕

(2) $4x-5y=-9$　〔y〕

(3) $\dfrac{a}{4}-b=2$　〔a〕

(4) $\dfrac{5a+b}{2}=c$　〔a〕

思い出そう

等式の性質：$A=B$ ならば，
$A+m=B+m$
$A-m=B-m$
$Am=Bm$
$\dfrac{A}{m}=\dfrac{B}{m}\,(m\neq0)$

4 公式の変形　次の等式を〔　〕内の文字について解きなさい。教 p.33 問3

(1) $S=\dfrac{(a+b)h}{2}$　〔b〕

(2) $V=\pi r^2h$　〔h〕

(3) $S=\dfrac{\pi ar^2}{360}$　〔a〕

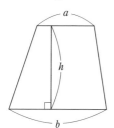

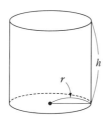

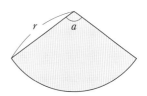

左ページの 例 の答え　① $4\pi r^2$　② 4　③ $5-y$　④ $\dfrac{3-x}{2}$　⑤ $\dfrac{V}{bc}$

2　式の利用

1 $a=-4$，$b=7$ のとき，次の式の値を求めなさい。

(1)　$2(a-3b)+3(2a+b)$

(2)　$12a^2b\times(-2b)\div4ab$

2 $x=-\dfrac{5}{6}$，$y=-\dfrac{1}{5}$ のとき，$(3xy)^2\div(-3x^2y)\times2x^2$ の値を求めなさい。

3 次の問いに答えなさい。

(1)　連続する3つの奇数の和は3の倍数であることを，文字式を使って説明しなさい。

(2)　2桁の自然数から，その数の各位の数の和をひくと9の倍数になることを，文字式を使って説明しなさい。

4 右のカレンダーで，◯で囲んだ4つの数1，2，8，9の和は，4の倍数になります。ほかの場所でも右のように囲んだ4つの数の和が4の倍数になることを，文字式を使って説明しなさい。

日	月	火	水	木	金	土
	1	2	3	4	5	6
7	8	9	10	11	12	13
14	15	16	17	18	19	20

5 底面の1辺の長さが a cm，高さが h cm の正四角錐Aと，底面の1辺の長さがAの2倍で，高さがAの $\dfrac{1}{2}$ の正四角錐Bがあります。このとき，Bの体積はAの体積の何倍になるかを，文字式を使って説明しなさい。

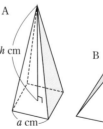
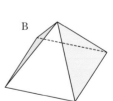

A

h cm

B

a cm

1 **2** 式を簡単にしてから数を代入すると，計算しやすくなることがある。

5 （四角錐の体積）$=\dfrac{1}{3}\times$（底面積）$\times$（高さ） の公式にあてはめて，体積を文字式で表す。

6 次の等式を〔 〕内の文字について解きなさい。

(1) $5x - 6y = 0$ 〔x〕

(2) $2a = b + c$ 〔c〕

(3) $\ell = 2(a + b)$ 〔b〕

(4) $\dfrac{x - y}{7} = z - 5$ 〔y〕

(5) $S = \dfrac{1}{2}ah$ 〔a〕

UP (6) $\dfrac{2}{3}a - \dfrac{3}{2}bc = d$ 〔b〕

7 底面の半径が r cm で，高さが h cm の円錐の体積 V cm³ は，$V = \dfrac{1}{3}\pi r^2 h$ と表されます。

(1) 上の等式を h について解きなさい。

(2) 底面の半径が 4 cm で，体積が 32π cm³ の円錐の高さを求めなさい。

入試問題を やってみよう！

1 $x = -\dfrac{1}{5}$，$y = 3$ のとき，$3(2x - 3y) - (x - 8y)$ の値を求めなさい。 〔福島〕

2 次の文章は，連続する 5 つの自然数について述べたものです。文章中の A にあてはまるもっとも適当な式を書きなさい。また，a，b，c，d にあてはまる自然数をそれぞれ書きなさい。 〔愛知〕

> 連続する 5 つの自然数のうち，もっとも小さい数を n とすると，もっとも大きい数は A と表される。
> このとき，連続する 5 つの自然数の和は a $(n +$ b $)$ と表される。このことから，連続する 5 つの自然数の和は，小さい方から c 番目の数の d 倍となっていることがわかる。

3 等式 $a = \dfrac{3b + c}{2}$ を b について解きなさい。 〔佐賀〕

6 (6) まず両辺に同じ数をかけて，係数を整数にする。

7 (2) (1)で変形した式に，$r = 4$，$V = 32\pi$ を代入する。

2 n を使って表された連続する 5 つの自然数の和を計算して，その式を変形して考える。

解答 ▶ p.8

/100

1 多項式 $a^3-4b^2+3ab^3-1$ について，次の問いに答えなさい。　　　　3点×2（6点）

(1) 項をすべていいなさい。

（　　　　　　　　　　　　　　　　　）

(2) 何次式ですか。

（　　　　　　　　　　　　　　　　　）

2 次の計算をしなさい。　　　　　　　　　　　　　　　　　　　　　4点×8（32点）

(1) $6a+9b-5a-3a$

(2) $(3x^2-2x+5)-(4x^2-7x-1)$

（　　　　　　　　）　　　　　　　　　　（　　　　　　　　）

(3) $(18x^2-24x)\div(-6)$

(4) $3(a+2b)+2(3a-4b)$

（　　　　　　　　）　　　　　　　　　　（　　　　　　　　）

(5) $\dfrac{a-5b}{2}-\dfrac{a+6b}{3}$

(6) $2a\times(-5a^2)$

（　　　　　　　　）　　　　　　　　　　（　　　　　　　　）

(7) $(-16x^3y^2)\div4xy$

(8) $(-a^2b)\times(-8b)\div(-2ab)^2$

（　　　　　　　　）　　　　　　　　　　（　　　　　　　　）

3 $x=-2$，$y=4$ のとき，次の式の値を求めなさい。　　　　　　　4点×4（16点）

(1) $4x-7y-x+5y+y$

(2) $14xy^2\div21xy\times(-3y)$

（　　　　　　　　）　　　　　　　　　　（　　　　　　　　）

(3) $3(xy-2y)-5xy+3y$

(4) $\left(\dfrac{1}{2}x^2y-xy\right)\div\dfrac{1}{2}+2xy$

（　　　　　　　　）　　　　　　　　　　（　　　　　　　　）

目標

② は確実にできるようにしておこう。
⑤〜⑦ は文字で数量の関係を表して、説明できるようにしておこう。

自分の得点まで色をぬろう！

😫 がんばろう　　　😐 もう一歩　　😊 合格！

0　　　　　　　　　　　　　60　　80　　100点

④ 次の等式を〔　〕内の文字について解きなさい。　　　　　　　　　4点×4（16点）

(1)　$6x - 5y = 21$　〔y〕

(2)　$a + b + c = 10$　〔b〕

（　　　　　　　　）　　　　　　　　　　　（　　　　　　　　）

(3)　$a = \dfrac{-2b - c + 3}{3}$　〔b〕

(4)　$S = \dfrac{1}{2}\ell(r - a)$　〔a〕

（　　　　　　　　）　　　　　　　　　　　（　　　　　　　　）

⑤ 3でわって1余る数と、3でわって2余る数の和は、3の倍数であることを、文字式を使って説明しなさい。　　　　　　　　　　　　　　　　　　　　　　　　　　　（10点）

⑥ 直角三角形の直角をはさむ2辺の長さをそれぞれ3倍にすると、その面積はもとの直角三角形の面積の何倍になりますか。また、このことを文字式を使って説明しなさい。　　　　　（10点）

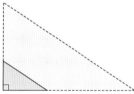

⑦ 右の図で、AB、BC、CD をそれぞれ直径とする3つの半円の弧の長さの和は、AD を直径とする半円の弧の長さと等しくなります。このことを文字式を使って説明しなさい。　　　（10点）

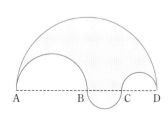

　アプリ【どこでもワーク計算編】をやって、さらに力をつけよう！

1　連立方程式
❶ 連立方程式とその解
❷ 連立方程式の解き方(1)

例❶ 連立方程式とその解

教 p.42〜44 → 基本問題 ❶ ❷

連立方程式 $\begin{cases} 3x+y=9 & ① \\ x+y=5 & ② \end{cases}$ について，次の問いに答えなさい。

(1)　x の値が 0，1，2，3 のとき，それぞれの 2 元 1 次方程式の解を求めなさい。

(2)　連立方程式の解を求めなさい。

考え方 (1)　①，②のように，2 種類の文字をふくむ 1 次方程式を 2 元 1 次方程式といい，2 元 1 次方程式を成り立たせる x，y の値の組を，2 元 1 次方程式の解という。

(2)　2 つの 2 元 1 次方程式を 1 組と考えたものを連立方程式といい，2 つの方程式を同時に成り立たせる x，y の値の組を，連立方程式の解という。

解き方 (1)　①，②を成り立たせる x，y の値の組を，表にまとめる。

①

x	0	1	2	3
y	9	6	[①]	0

➡ $\begin{cases} x=0 \\ y=9 \end{cases}$, $\begin{cases} x=1 \\ y=6 \end{cases}$, $\begin{cases} x=2 \\ y=\boxed{①} \end{cases}$, $\begin{cases} x=3 \\ y=0 \end{cases}$

②

x	0	1	2	3
y	5	4	[②]	2

➡ $\begin{cases} x=0 \\ y=5 \end{cases}$, $\begin{cases} x=1 \\ y=4 \end{cases}$, $\begin{cases} x=2 \\ y=\boxed{②} \end{cases}$, $\begin{cases} x=3 \\ y=2 \end{cases}$

(2)　(1)から，2 つの方程式を同時に成り立たせる x，y の値の組は，$\begin{cases} x=\boxed{③} \\ y=\boxed{④} \end{cases}$

例❷ 加減法

教 p.47〜48 → 基本問題 ❸

次の連立方程式を解きなさい。

(1)　$\begin{cases} 2x+y=7 & ① \\ x-y=2 & ② \end{cases}$　　(2)　$\begin{cases} x+3y=2 & ① \\ x+y=-2 & ② \end{cases}$

考え方 左辺どうし，右辺どうしを加えたりひいたりして，x または y を消去する。

解き方 (1)　①，②の左辺どうし，右辺どうしをそれぞれ加えると，

$\begin{array}{r} ①\quad 2x+y=7 \\ ②\quad +)\ x-y=2 \\ \hline 3x\quad\ =9 \end{array}$ ← y を消去

$x=\boxed{⑤}$

$x=3$ を①に代入すると，

$2\times 3+y=7$

$y=\boxed{⑥}$

答 $\begin{cases} x=3 \\ y=1 \end{cases}$

(2)　①，②の左辺どうし，右辺どうしをそれぞれひくと，

$\begin{array}{r} ①\quad x+3y=\ \ 2 \\ ②\quad -)\ x+\ y=-2 \\ \hline 2y=\ \ 4 \end{array}$ ← x を消去

$y=\boxed{⑦}$

$y=2$ を②に代入すると，

$x+2=-2$

$x=\boxed{⑧}$

答 $\begin{cases} x=-4 \\ y=2 \end{cases}$

基本問題 解答 ▶ p.10

1 連立方程式の解　連立方程式 $\begin{cases} x+y=5 & ① \\ 2x+y=6 & ② \end{cases}$ について，次の問いに答えなさい。

教 p.42〜44問1〜問3

(1) 2元1次方程式①，②の解を，下の表にまとめなさい。

①
x	0	1	2	3	4	5
y						

②
x	0	1	2	3	4	5
y						

(2) 連立方程式の解を求めなさい。

> **たいせつ**
>
> 連立方程式で，2つの方程式を同時に成り立たせる x，y の値の組を，連立方程式の**解**といい，解を求めることを，連立方程式を**解く**という。

2 連立方程式の解　次の⑦〜⑨の中で，連立方程式 $\begin{cases} 2x+y=12 \\ x+y=7 \end{cases}$ の解はどれですか。

教 p.44問4

⑦ $\begin{cases} x=4 \\ y=3 \end{cases}$

⑦ $\begin{cases} x=7 \\ y=-2 \end{cases}$

⑨ $\begin{cases} x=5 \\ y=2 \end{cases}$

> x，y の値を代入して，2つの方程式を両方とも成り立たせるかどうかを調べよう。

3 加減法　次の連立方程式を解きなさい。

教 p.48問1

(1) $\begin{cases} 3x-y=2 \\ x+y=10 \end{cases}$
(2) $\begin{cases} x+4y=9 \\ x-y=-1 \end{cases}$

> **知ってると得**
>
> 求めた解が正しいかどうかは，2つの式に x と y の値を代入して，成り立つかどうかを調べる。

(3) $\begin{cases} x+2y=1 \\ x+5y=-2 \end{cases}$
(4) $\begin{cases} 5x-y=6 \\ x-y=2 \end{cases}$

(5) $\begin{cases} 2x-3y=11 \\ -2x+5y=-13 \end{cases}$
(6) $\begin{cases} 4x+3y=-6 \\ 2x-3y=-12 \end{cases}$

左ページの **例** の答え　①3 ②3 ③2 ④3 ⑤3 ⑥1 ⑦2 ⑧−4

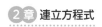

 **1　連立方程式**
❷ 連立方程式の解き方(2)

例 1 一方の式を整数倍する加減法　　　　　　　教 p.48 → 基本問題 ❶

連立方程式 $\begin{cases} 5x+2y=9 & ① \\ x+y=3 & ② \end{cases}$ を解きなさい。

考え方 どちらかの文字を消去するために，一方の式の両辺を何倍かすることで，消去する文字の係数の絶対値をそろえる。

解き方 ②の両辺を2倍して，yを消去する。
↖ xよりyの方が消去しやすい。

$$\begin{array}{rl} ① & 5x+2y=9 \\ ②\times2 & \underline{-)\;2x+2y=6} \\ & 3x=3 \\ & x=\boxed{①} \end{array}$$

①，②のままでは文字を消去できないね。

$x=\boxed{①}$ を②に代入すると，← ②に代入する方が簡単。

$$1+y=3$$
$$y=3-1$$
$$y=\boxed{②}$$

答 $\begin{cases} x=\boxed{①} \\ y=\boxed{②} \end{cases}$

ここが ポイント

● xとyの係数から，消去しやすいのはどちらの文字か判断する。
● xの値を代入してyの値を求めるとき，①，②のうち，計算が簡単になる方の式を使う。

例 2 両方の式を整数倍する加減法　　　　　　　教 p.49 → 基本問題 ❷ ❸

連立方程式 $\begin{cases} 5x-2y=16 & ① \\ 4x+3y=-1 & ② \end{cases}$ を解きなさい。

考え方 どちらかの文字を消去するために，それぞれの式の両辺を何倍かすることで，消去する文字の係数の絶対値をそろえる。

解き方 ①の両辺を3倍，②の両辺を2倍して，yを消去する。

$$\begin{array}{rl} ①\times3 & 15x-6y=\;48 \\ ②\times2 & \underline{+)\;\;8x+6y=-2} \\ & 23x=\;46 \\ & x=\boxed{③} \end{array}$$

$x=\boxed{③}$ を①に代入すると，

$$5\times\boxed{③}-2y=16$$
$$-2y=6$$
$$y=\boxed{④}$$

たいせつ

どちらかの文字の係数の絶対値をそろえ，2つの式の左辺どうし，右辺どうしを加えたりひいたりすることで，その文字を消去する連立方程式の解き方を加減法という。

答 $\begin{cases} x=\boxed{③} \\ y=\boxed{④} \end{cases}$
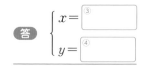

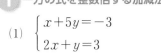 解答 p.10

1 一方の式を整数倍する加減法　次の連立方程式を解きなさい。　教 p.48問3

(1) $\begin{cases} x+5y=-3 \\ 2x+y=3 \end{cases}$

(2) $\begin{cases} 5x-3y=5 \\ 2x-y=3 \end{cases}$

x と y のどちらを消去できるかな？

(3) $\begin{cases} 3x-y=13 \\ 7x+4y=5 \end{cases}$

(4) $\begin{cases} 2x+5y=-8 \\ 4x-3y=10 \end{cases}$

ミス注意

式を何倍かするときは，右辺も何倍かすることを忘れないようにする。

(5) $\begin{cases} -5x+3y=-4 \\ 7x-6y=11 \end{cases}$

(6) $\begin{cases} 3x-8y=-12 \\ 9x-7y=15 \end{cases}$

2 両方の式を整数倍する加減法　次の連立方程式を解きなさい。　教 p.49問5

(1) $\begin{cases} 8x-3y=7 \\ 5x+2y=16 \end{cases}$

(2) $\begin{cases} 3x-4y=1 \\ -4x+5y=-2 \end{cases}$

知ってると得

係数をそろえるときは，係数の絶対値の最小公倍数が小さい文字を選ぶとよい。

(3) $\begin{cases} -7x+2y=3 \\ 4x-5y=6 \end{cases}$

(4) $\begin{cases} 7x-4y=10 \\ 6x-5y=7 \end{cases}$

(5) $\begin{cases} 5x+6y=2 \\ 3x+8y=10 \end{cases}$

(6) $\begin{cases} 4x+3y=6 \\ 6x-5y=28 \end{cases}$

3 両方の式を整数倍する加減法　連立方程式 $\begin{cases} 2x+3y=1 \\ 7x+11y=2 \end{cases}$ を，右のように解きました。この計算は正しいですか。正しくない場合はその理由を説明し，正しく解きなさい。　教 p.49

$$\begin{array}{r} 14x+21y=1 \\ -)\ 14x+22y=2 \\ \hline -y=-1 \\ y=1 \end{array}$$

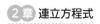

 **1 連立方程式**
❷ 連立方程式の解き方(3)

例1 代入法 教 p.50 → 基本 問題 ❶

連立方程式 $\begin{cases} y = x - 2 & ① \\ x - 2y = 1 & ② \end{cases}$ を，代入法で解きなさい。

考え方 一方の式を他方の式に代入することで，1つの文字を消去する連立方程式の解き方を
代入法という。

解き方 ①で，y は $x-2$ と等しいから，②の y に $x-2$ を代入して，y を消去する。

①を②に代入すると，

$x - 2(x-2) = 1$ ← 多項式を代入するときは，
必ずかっこをつける。

$x - 2x + 4 = 1$

$-x = \boxed{①}$

$x = \boxed{②}$

$x = 3$ を①に代入すると，$y = 3 - \boxed{③}$

$\qquad\qquad = \boxed{④}$

覚えておこう

連立方程式の一方の式が
$y = \blacksquare$ や $x = \blacksquare$ の
ときは，代入法で解くと
よい。

答 $\begin{cases} x = \boxed{②} \\ y = \boxed{④} \end{cases}$

例2 式を変形する代入法 教 p.51 → 基本 問題 ❷

連立方程式 $\begin{cases} 5x + 7y = -4 & ① \\ x - 2y = 6 & ② \end{cases}$ を，代入法で解きなさい。

考え方 一方の式を，$y = \blacksquare$ または，$x = \blacksquare$ の形に変形して，他方の式に代入する。

解き方 ②の式を，$x = \blacksquare$ の形に変形する。 ← つくりやすい方
を選ぶ。

$x - 2y = 6$ ②

$x = 2y + 6$ ③ $\Big\}$ $-2y$ を移項する。

③を①に代入すると，

$5(2y + 6) + 7y = -4$

$10y + \boxed{⑤} + 7y = -4$

$17y = \boxed{⑥}$

$y = \boxed{⑦}$

$y = -2$ を③に代入すると， ← ②を変形したあとの③
に代入すると，計算が
簡単になる。

$x = 2 \times (-2) + 6$

$\qquad = \boxed{⑧}$

「○○法で解きなさい」
という指示がないとき，
連立方程式は加減法，
代入法のどちらで解い
てもいいんだよ。

答 $\begin{cases} x = \boxed{⑧} \\ y = \boxed{⑦} \end{cases}$

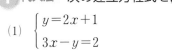 解答 p.12

1 代入法　次の連立方程式を，代入法で解きなさい。

教 p.51問6

(1) $\begin{cases} y = 2x + 1 \\ 3x - y = 2 \end{cases}$　　(2) $\begin{cases} x = 3y - 5 \\ 2x - 5y = -9 \end{cases}$

思い出そう

$3x - (2x + 1)$
$= 3x - 2x - 1$
符号が変わる

(3) $\begin{cases} y = 2x - 8 \\ y = -5x + 6 \end{cases}$　　(4) $\begin{cases} x = 3y + 3 \\ x = 7y + 11 \end{cases}$

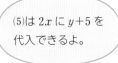

(5)は $2x$ に $y + 5$ を代入できるよ。

(5) $\begin{cases} 2x = y + 5 \\ 2x + 3y = 1 \end{cases}$　　(6) $\begin{cases} 3y = 4x + 9 \\ 3y = 5x + 15 \end{cases}$

2 式を変形する代入法　次の連立方程式を，代入法で解きなさい。

教 p.51問6

(1) $\begin{cases} x + 3y = -2 \\ 2x - y = 10 \end{cases}$　　(2) $\begin{cases} x + y = 3 \\ 3x - 2y = 4 \end{cases}$　　(3) $\begin{cases} 3x + 4y = 30 \\ 2x + y = 5 \end{cases}$

3 加減法と代入法　次の連立方程式を，適当な方法で解きなさい。また，なぜその方法を選んだか説明しなさい。

教 p.51問7

(1) $\begin{cases} 2x - y = 8 \\ x + 5y = -7 \end{cases}$　　(2) $\begin{cases} 3x - 4y = 11 \\ x = 8y - 3 \end{cases}$

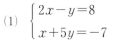左ページの
例 の答え　①－3　②3　③2　④1　⑤30　⑥－34　⑦－2　⑧2

 ステージ **1** 1　連立方程式
❷ 連立方程式の解き方(4)

例 1 かっこをふくむ連立方程式 　教 p.51 →基本問題 ❶

連立方程式 $\begin{cases} 4(x+y)-x=7 & ① \\ x-2y=9 & ② \end{cases}$ を解きなさい。

考え方 かっこをはずし，式を整理して解く。

解き方 ①のかっこをはずして整理すると，

$$4x+4y-x=7$$
$$3x+4y=7 \quad ③$$

②と③を連立方程式として解くと，

$$\begin{array}{r} ③ \qquad 3x+4y= 7 \\ ②\times2 \quad +)\,2x-4y=18 \\ \hline 5x \qquad =25 \\ x \qquad =\boxed{①} \end{array}$$

$x=5$ を②に代入すると，

$$5-2y=9$$
$$-2y=4$$
$$y=\boxed{②}$$

答 $\begin{cases} x=\boxed{①} \\ y=\boxed{②} \end{cases}$

例 2 係数に分数や小数をふくむ連立方程式 　教 p.52 →基本問題 ❷

次の連立方程式を解きなさい。

(1) $\begin{cases} \dfrac{1}{4}x+\dfrac{1}{3}y=1 & ① \\ 2x+y=-7 & ② \end{cases}$

(2) $\begin{cases} 0.4x-0.3y=0.5 & ① \\ 2x-5y=13 & ② \end{cases}$

考え方 係数に分数や小数をふくむ式の両辺を何倍かして，係数を整数に直してから解く。

解き方 (1) ①×12 $\left(\dfrac{1}{4}x+\dfrac{1}{3}y\right)\times12=1\times12$

$$\boxed{③}x+\boxed{④}y=12 \quad ③$$

②と③を連立方程式として解くと，

$$\begin{array}{r} ③ \qquad 3x+4y= 12 \\ ②\times4 \quad -)\,8x+4y=-28 \\ \hline -5x \qquad = 40 \\ x \qquad =-8 \end{array}$$

$x=-8$ を②に代入すると，

$$2\times(-8)+y=-7$$
$$y=\boxed{⑤}$$

答 $\begin{cases} x=\boxed{⑥} \\ y=\boxed{⑤} \end{cases}$

(2) ①×10 $(0.4x-0.3y)\times10=0.5\times10$

$$4x-\boxed{⑦}y=5 \quad ③$$

②と③を連立方程式として解くと，

$$\begin{array}{r} ③ \qquad 4x- 3y= 5 \\ ②\times2 \quad -)\,4x-10y= 26 \\ \hline 7y=-21 \\ y=-3 \end{array}$$

$y=-3$ を②に代入すると，

$$2x-5\times(-3)=13$$
$$x=\boxed{⑧}$$

答 $\begin{cases} x=\boxed{⑧} \\ y=\boxed{⑨} \end{cases}$

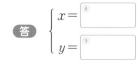

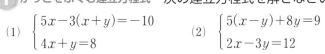 基本問題 .... 解答 p.13

1 かっこをふくむ連立方程式　次の連立方程式を解きなさい。 教 p.52問8

(1) $\begin{cases} 5x - 3(x+y) = -10 \\ 4x + y = 8 \end{cases}$　　(2) $\begin{cases} 5(x-y) + 8y = 9 \\ 2x - 3y = 12 \end{cases}$

思い出そう

かっこをはずすとき
は，分配法則を使う。

$a(b+c)$
$= ab + ac$

(3) $\begin{cases} 3x + 2y = -4 \\ x + 3(2x+y) = -1 \end{cases}$　　(4) $\begin{cases} 3x + 4y = 5 \\ 2(x+3y) - y = 1 \end{cases}$

(5) $\begin{cases} 2(x+y) - x = 5 \\ 3x - 2(x+y) = 1 \end{cases}$　　(6) $\begin{cases} x - 3(x-y) + 8 = 0 \\ 5(x+y) - 2y = -1 \end{cases}$

2 係数に分数や小数をふくむ連立方程式　次の連立方程式を解きなさい。 教 p.52問10

(1) $\begin{cases} 2x - 9y = -20 \\ 0.4x - 0.7y = -1.8 \end{cases}$　　(2) $\begin{cases} 2x + 5y = 30 \\ 0.03x + 0.04y = 0.31 \end{cases}$

 覚えておこう

係数を整数に直してから
解く。
係数に小数をふくむとき
は，両辺に10や100をか
ける。
係数に分数をふくむとき
は，両辺に分母の最小公
倍数をかける。

(3) $\begin{cases} 2x - y = 8 \\ \dfrac{2}{3}x + \dfrac{1}{2}y = 1 \end{cases}$　　(4) $\begin{cases} \dfrac{1}{4}x + \dfrac{2}{3}y = 3 \\ x + 5y = 19 \end{cases}$

(5) $\begin{cases} \dfrac{1}{4}x - \dfrac{y}{8} = 1 \\ 4x - 5y = 10 \end{cases}$　　(6) $\begin{cases} 5x + 2y = 4 \\ \dfrac{x}{4} - \dfrac{y}{6} = -3 \end{cases}$

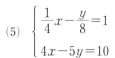 左ページの 例 の答え　①5　②−2　③3　④4　⑤9　⑥−8　⑦3　⑧−1　⑨−3

確認のワーク **ステージ 1** **1 連立方程式** **❷ 連立方程式の解き方⑸**
発展 Tea Break **3つの文字をふくむ方程式を解こう**

例1 $A=B=C$ の形の連立方程式

教 p.53 → 基本問題❶❷

連立方程式 $3x+y=x+4y=11$ を解きなさい。

考え方 $A=B=C$ の形の連立方程式は，次のいずれかの組み合わせをつくって解く。

$$\begin{cases} A=B \\ A=C \end{cases} \quad \begin{cases} A=B \\ B=C \end{cases} \quad \begin{cases} A=C \\ B=C \end{cases}$$

解き方 連立方程式 $3x+y=x+4y=11$ を，$\begin{cases} A=C \\ B=C \end{cases}$ の組み合わせにすると，

$$\begin{cases} 3x+y=11 & ① \\ x+4y=11 & ② \end{cases}$$

これを解くと，

$$\begin{array}{r} ① \qquad 3x+\ y=\ \ 11 \\ ②×3 \quad -)\ 3x+12y=\ \ 33 \\ \hline -11y=-22 \\ y=\boxed{①} \end{array}$$

$y=2$ を②に代入すると，

$$x+4×2=11$$
$$x=\boxed{②}$$

答 $\begin{cases} x=\boxed{②} \\ y=\boxed{①} \end{cases}$

11を2回使う組み合わせだと，解きやすいね。

発展 例2 3つの文字をふくむ連立方程式

教 p.54〜55 → 基本問題❸

連立方程式 $\begin{cases} x+2y+z=8 & ① \\ 2x+y+z=7 & ② \\ x+y+2z=9 & ③ \end{cases}$ を解きなさい。

考え方 3つの文字をふくむ連立方程式は，加減法や代入法を使って1つの文字を消去し，連立2元1次方程式をつくって解く。

解き方 ①−②，②×2−③ で z を消去すると，

$$\begin{array}{r} ① \qquad x+2y+z=8 \\ ② \quad -)\ 2x+\ y+z=7 \\ \hline -x+\ y\qquad =\boxed{③} \qquad ④ \end{array}$$

$$\begin{array}{r} ②×2 \qquad 4x+2y+2z=14 \\ ③ \quad -)\ \ x+\ y+2z=\ 9 \\ \hline 3x+y \qquad =\boxed{④} \qquad ⑤ \end{array}$$

④，⑤を連立方程式として，$\begin{cases} -x+y=1 \\ 3x+y=5 \end{cases}$

を解くと，$\begin{cases} x=1 \\ y=\boxed{⑤} \end{cases}$

↑
z を消去して連立2元1次方程式をつくる。

$x=1,\ y=2$ を①に代入すると，

$$1+2×2+z=8$$
$$z=\boxed{⑥}$$

答 $\begin{cases} x=\boxed{⑦} \\ y=\boxed{⑤} \\ z=\boxed{⑥} \end{cases}$

ここがポイント

どの文字を消去しても同じ解が求められる。消去しやすい文字がどれか，よく考えてから解く。

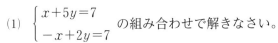 ·· 解答 p.14

1 $A=B=C$ **の形の連立方程式** 連立方程式 $x+5y=-x+2y=7$ について，次の問いに答えなさい。

教 p.53問11

(1) $\begin{cases} x+5y=7 \\ -x+2y=7 \end{cases}$ の組み合わせで解きなさい。

知ってると得

$A=B=C$ の形は，

$\begin{cases} A=B \\ A=C \end{cases}$ $\begin{cases} A=B \\ B=C \end{cases}$ $\begin{cases} A=C \\ B=C \end{cases}$

の中で計算が簡単になる組み合わせを選ぶ。

例 $A=B=9 \Rightarrow \begin{cases} A=9 \\ B=9 \end{cases}$
C が数

(2) $\begin{cases} x+5y=-x+2y \\ x+5y=7 \end{cases}$ の組み合わせで解きなさい。

2 $A=B=C$ **の形の連立方程式** 次の連立方程式を解きなさい。

教 p.53問12

(1) $4x+2y=6x+y=24$

(2) $6x+5y=4x+13y=58$

(3) $2x-y=4x-1=10+y$

(4) $2x+3y=5+3x=7y-2$

発展 3 **3つの文字をふくむ連立方程式** 次の連立方程式を解きなさい。

教 p.54〜55

(1) $\begin{cases} x+y=3 \\ y+z=5 \\ x+z=-2 \end{cases}$

(2) $\begin{cases} x-3y+z=-4 \\ 2x+y-z=-7 \\ -x-2y+z=3 \end{cases}$

覚えておこう

3つの文字をふくむ1次方程式を，**3元1次方程式**という。また，3つの3元1次方程式を1組と考えたものを，**連立3元1次方程式**という。

(3) $\begin{cases} 3x+y-z=-4 \\ x-2y+3z=-7 \\ y=x-3z \end{cases}$

(4) $\begin{cases} x-3y+2z=-1 \\ -x+5y+z=8 \\ 3x+y-2z=9 \end{cases}$

左ページの
例 の答え ①2 ②3 ③1 ④5 ⑤2 ⑥3 ⑦1

解答 p.16

定着のワーク　ステージ2　1　連立方程式

❶ 次の⑦〜⑦の中で，$\begin{cases} x=2 \\ y=-1 \end{cases}$ が解となる連立方程式はどれですか。

⑦ $\begin{cases} 3x+y=5 \\ x+2y=4 \end{cases}$　　　　④ $\begin{cases} -4x+y=9 \\ 2x+3y=1 \end{cases}$　　　　⑦ $\begin{cases} x-2y=4 \\ x+3y=-1 \end{cases}$

❷ 次の連立方程式を解きなさい。

(1) $\begin{cases} 2x+y=9 \\ 6x-y=7 \end{cases}$　　　(2) $\begin{cases} 4x+3y=5 \\ 2x+y=3 \end{cases}$　　　(3) $\begin{cases} 4x-7y=-29 \\ 2x-3y=-13 \end{cases}$

(4) $\begin{cases} 7x-3y=2 \\ 3x-2y=-2 \end{cases}$　　　(5) $\begin{cases} 5x+6y=27 \\ -2x+5y=4 \end{cases}$　　　(6) $\begin{cases} 3x-8y+1=0 \\ 4x-7y-6=0 \end{cases}$

(7) $\begin{cases} x=3y+4 \\ 3x-2y=5 \end{cases}$　　　(8) $\begin{cases} y=4x-2 \\ y=-2x+10 \end{cases}$　　　(9) $\begin{cases} 2y=3x-5 \\ 5x+2y=19 \end{cases}$

❸ 次の連立方程式を解きなさい。

(1) $\begin{cases} 5x+6y=9 \\ 2x+3(y-2)=-3 \end{cases}$　　　　(2) $\begin{cases} 4x-3(x+2y)=4 \\ 5(y+3)=2(y-3x) \end{cases}$

(3) $\begin{cases} 1.9x-0.2y=5.5 \\ 5x-2y=13 \end{cases}$　　　　(4) $\begin{cases} 0.7x+0.6y=3.3 \\ 0.02x+0.05y=0.16 \end{cases}$

(5) $\begin{cases} 3x+5y=8 \\ \dfrac{1}{2}x-\dfrac{3}{4}y=-5 \end{cases}$　　　　(6) $\begin{cases} \dfrac{1}{4}x-\dfrac{1}{6}y=1 \\ \dfrac{1}{5}x=\dfrac{1}{3}y-\dfrac{2}{5} \end{cases}$

❷ (9) $2y=$▨▨ の形に注目して，$2y$ の部分に ▨▨ の式を代入すると，y が消去できる。

❸ (1), (2)　かっこをはずし，式を整理してから解く。

　　(3)〜(6)　係数に分数や小数をふくむ式は，両辺を何倍かして，係数を整数に直す。

4 連立方程式 $\begin{cases} 0.6x-0.7y=1 \\ 3x-2y=-1 \end{cases}$ を，右のように解きました。この計

算は正しいですか。正しくない場合はその理由を説明し，正しく解き
なさい。

$$\begin{array}{r} 6x-7y=1 \\ -)\,6x-4y=-2 \\ \hline -3y=3 \\ y=-1 \end{array}$$

5 次の連立方程式を解きなさい。

(1) $4x+5y=3x+2y=14$

(2) $3x-4y=x-2y+2=2x+y+9$

6 次の問いに答えなさい。

(1) 連立方程式 $\begin{cases} ax+by=8 \\ bx-ay=-1 \end{cases}$ の解が $\begin{cases} x=2 \\ y=-1 \end{cases}$ のとき，a，b の値を求めなさい。

(2) 2組の連立方程式 $\begin{cases} ax-by=-2 \\ 2x+5y=-1 \end{cases}$，$\begin{cases} 3x+7y=-2 \\ bx-ay=10 \end{cases}$ が同じ解をもつとき，a，b の値を
求めなさい。

入試問題を やってみよう！

1 次の連立方程式を解きなさい。

(1) $\begin{cases} 2x+3y=9 \\ y=3x+14 \end{cases}$ 〔千葉〕

(2) $\begin{cases} \dfrac{x}{6}-\dfrac{y}{4}=-2 \\ 3x+2y=3 \end{cases}$ 〔長崎〕

2 連立方程式 $\begin{cases} ax-by=23 \\ 2x-ay=31 \end{cases}$ の解が $\begin{cases} x=5 \\ y=-3 \end{cases}$ のとき，a，b の値を求めなさい。 〔京都〕

5 (1)は，数だけの式を2回使う組み合わせをつくると，解きやすい。

6 (1) 解を2つの式に代入し，a，b についての連立方程式を解く。

(2) まず，a，b をふくまない2つの式を連立方程式として解く。

2　連立方程式の利用
❶ 連立方程式の利用(1)

例1 代金と個数の問題
教 p.57 → 基本問題 ❶❷❸

　1個100円のりんごと1個160円のなしを合わせて12個買い，代金の合計が1500円になるようにします。りんごとなしを，それぞれ何個買えばよいですか。

考え方　個数の関係と代金の関係から，それぞれ方程式をつくる。

解き方　①②りんごをx個，なしをy個買うとする。

　(りんごの個数)+(なしの個数)=12個　←個数の関係

　から，　　　　　　　　　$x+y=12$

　(りんごの代金)+(なしの代金)=1500円　←代金の関係

　から，　　　　　$100x+160y=1500$

③連立方程式 $\begin{cases} x+y=12 \\ 100x+160y=1500 \end{cases}$ を解くと，

$\begin{cases} x= \boxed{①} \\ y= \boxed{②} \end{cases}$

> **連立方程式の文章題**
> ①問題の中にある，数量の関係を見つけて，図や表，ことばの式で表す。
> ②わかっている数量，わからない数量をはっきりさせて，文字を使って連立方程式をつくる。
> ③連立方程式を解く。
> ④連立方程式の解が問題に適しているかどうかを確かめて，適していれば問題の答えとする。

④りんごを $\boxed{①}$ 個，なしを $\boxed{②}$ 個買うと，個数の合計は12個，代金の合計は1500円になる。これは，問題に適している。

答　りんご $\boxed{①}$ 個，なし $\boxed{②}$ 個

例2 代金と代金の問題
教 p.59 → 基本問題 ❹❺

　ある資料館の入館料は，大人1人と中学生3人では1100円，大人2人と中学生5人では2000円です。大人1人，中学生1人の入館料は，それぞれいくらですか。

考え方　代金の関係から，2つの方程式をつくる。

解き方　大人1人の入館料をx円，中学生1人の入館料をy円とすると，

　(大人1人の入館料)+(中学生3人の入館料)=1100円 から，

　　　　　　　　$x+3y=1100$

　(大人2人の入館料)+(中学生5人の入館料)=2000円 から，

　　　　　$\boxed{③}\,x+\boxed{④}\,y=2000$

連立方程式 $\begin{cases} x+3y=1100 \\ 2x+5y=2000 \end{cases}$ を解くと，$\begin{cases} x=\boxed{⑤} \\ y=\boxed{⑥} \end{cases}$

> 解が問題に適しているかどうかを，必ず確かめよう。

大人1人の入館料 $\boxed{⑤}$ 円，中学生1人の入館料 $\boxed{⑥}$ 円は，問題に適している。

答　大人1人 $\boxed{⑤}$ 円，中学生1人 $\boxed{⑥}$ 円

基本問題

解答 ▶ p.18

1 **連立方程式を利用して問題を解く手順** 1個170円のももと1個80円のかきを合わせて13個買い，代金として1400円払いました。ももを x 個，かきを y 個買ったとして，次の問いに答えなさい。 教 p.57問1

(1) （ももの個数）＋（かきの個数）＝13個 から，方程式をつくりなさい。

(2) （ももの代金）＋（かきの代金）＝1400円 から，方程式をつくりなさい。

(3) ももとかきを，それぞれ何個買いましたか。

(1)の式と(2)の式を連立方程式として解くんだね。

2 **代金と個数の問題** 1個150円のプリンと1個200円のゼリーを合わせて14個買います。このとき，代金の合計が3000円になることはありません。その理由を，連立方程式を使って説明しなさい。 教 p.57問1

3 **人数と班の数の問題** 38人の生徒を6人の班と5人の班に分け，全部で7班にします。それぞれの班の数をいくつにすればよいですか。 教 p.58問2

ここがポイント
班の数の関係，人数の関係から，それぞれ方程式をつくる。

4 **代金と代金の問題** 鉛筆5本とノート2冊の代金は520円，同じ鉛筆3本とノート7冊の代金は950円です。鉛筆1本，ノート1冊の値段は，それぞれいくらですか。 教 p.59例1

5 **重さと重さの関係** 重さのちがうおもりA，Bがあります。A3個とB4個の重さの合計は190g，A7個とB6個の重さの合計は410gです。A1個，B1個の重さは，それぞれ何gですか。 教 p.59問3

2　連立方程式の利用
❶ 連立方程式の利用(2)

例1 速さの問題

教 p.60 → 基本問題❶❷

　家から 12 km 離れた公会堂へ行きました。最初は自転車に乗って時速 15 km で走っていましたが，途中で友人に会ったため，そこからは時速 4 km でいっしょに歩き，全体で 1 時間 10 分かかりました。自転車で走った道のりと歩いた道のりを求めなさい。

考え方 自転車で走った道のり，時間と，歩いた道のり，時間のそれぞれを表に整理する。

解き方 自転車で走った道のりを x km，歩いた道のりを y km とすると，

$$\begin{cases} x+y = \boxed{①} & ① \leftarrow \text{道のりの関係} \\ \dfrac{x}{15}+\dfrac{y}{4} = 1\dfrac{10}{60} & ② \leftarrow \text{時間の関係} \end{cases}$$

	自転車	歩き	合計
道のり (km)	x	y	12
速さ (km/h)	15	4	
時間 (時間)	$\dfrac{x}{15}$	$\dfrac{y}{4}$	$1\dfrac{10}{60}$

ここがポイント

②は，係数を整数に直す。

$②×60$　$\left(\dfrac{x}{15}+\dfrac{y}{4}\right)×60=\dfrac{70}{60}×60$

$4x+15y=70$

これを解くと，$\begin{cases} x = \boxed{②} \\ y = \boxed{③} \end{cases}$

自転車で走った道のり $\boxed{②}$ km，歩いた道のり $\boxed{③}$ km は，問題に適している。

答 自転車で走った道のり $\boxed{②}$ km，歩いた道のり $\boxed{③}$ km

例2 割合の問題

教 p.61 → 基本問題❸❹

　資源回収で，先月は，アルミ缶とスチール缶を合わせて 55 kg 回収しました。今月は，先月に比べ，アルミ缶が 20％ 増え，スチール缶が 10％ 増えたため，全体では 8 kg 増えました。先月のアルミ缶とスチール缶の回収量は，それぞれ何 kg ですか。

考え方 アルミ缶とスチール缶の先月の回収量と今月の増加量を表に整理する。

解き方 先月回収したアルミ缶を x kg，スチール缶を y kg とすると，

$$\begin{cases} x+y = \boxed{④} \\ \dfrac{20}{100}x+\dfrac{10}{100}y = \boxed{⑤} \end{cases}$$

	アルミ缶	スチール缶	合計
先月の回収量 (kg)	x	y	55
今月の増加量 (kg)	$x×\dfrac{20}{100}$	$y×\dfrac{10}{100}$	8

これを解くと，$\begin{cases} x = \boxed{⑥} \\ y = \boxed{⑦} \end{cases}$

先月回収したアルミ缶 $\boxed{⑥}$ kg，スチール缶 $\boxed{⑦}$ kg は，問題に適している。

答 先月回収したアルミ缶 $\boxed{⑥}$ kg，先月回収したスチール缶 $\boxed{⑦}$ kg

基本問題 解答 p.19

1 速さの問題　A町からB町を通ってC駅まで行く道のりは，**32 km** です。A町からB町まではバスに乗って時速**40 km** で行き，B町からC駅までは時速**4 km** で歩いて，全体で1時間15分かかりました。A町からB町までの道のりとB町からC駅までの道のりを，次のようにして求めなさい。　教 p.60例2, 問4

(1)　A町からB町までの道のりを x km，B町からC駅までの道のりを y km とする。

ここがポイント

速さの問題では，道のりや時間で等しい関係をさがし，2つの方程式をつくる。

・(道のり)＝(速さ)×(時間)

・(速さ)＝$\dfrac{(道のり)}{(時間)}$

・(時間)＝$\dfrac{(道のり)}{(速さ)}$

2章

(2)　バスに乗った時間を x 時間，歩いた時間を y 時間とする。

2 速さの問題　A町からB町まで行くのに，途中のC地点までは上り坂，C地点からB町までは下り坂です。A町を出発してA町とB町を，上りは時速**3 km**，下りは時速**5 km** で歩いて往復したところ，行きは52分，帰りは44分かかりました。A町からB町までの道のりを求めなさい。　教 p.61問5

3 割合の問題　ある中学校の昨年の全校生徒数は，男女合わせて355人でした。今年は，昨年と比べ，男子が5％減り，女子が4％増えたため，全体では2人減りました。今年の男子と女子の人数を，それぞれ求めなさい。　教 p.61問6

ミス注意

基準になる昨年の人数を x，y とすると，式がつくりやすいが，x，y の値をそのまま答えとしないように注意する。

4 濃度の問題　10％の食塩水と5％の食塩水を混ぜて，8％の食塩水**300 g** をつくります。それぞれ何gずつ混ぜればよいですか。　教 p.62問7

思い出そう

食塩水の濃度(%)
＝$\dfrac{食塩の量(g)}{食塩水全体の量(g)} \times 100$

食塩水全体の量の関係と，食塩の量の関係から連立方程式をつくろう。

2　連立方程式の利用

❶ ばら 3 本とカーネーション 6 本の代金は 1770 円，同じばら 5 本とカーネーション 7 本の代金は 2410 円でした。ばら 1 本，カーネーション 1 本の値段は，それぞれいくらですか。

❷ 2000 円を持ってりんごとかきを買いに行ったところ，りんご 12 個とかき 8 個を買うと 80 円不足し，りんご 8 個とかき 12 個を買うと 80 円余ることがわかりました。りんご 1 個とかき 1 個の値段は，それぞれいくらですか。

❸ 鉛筆を 6 本とノートを 4 冊買ったら，代金の合計は 1320 円でした。鉛筆 1 本とノート 1 冊の値段の比は 4：5 です。鉛筆 1 本とノート 1 冊の値段をそれぞれ求めなさい。

❹ 現在，祖母の年齢は孫の年齢の 5 倍ですが，14 年後には，祖母の年齢が孫の年齢の 3 倍になります。現在の祖母と孫の年齢を，それぞれ求めなさい。

❺ 家から 2000 m 離れた駅へ行くのに，はじめは分速 60 m で歩き，途中から分速 130 m で走ったところ 24 分かかりました。歩いた道のりと走った道のりをそれぞれ求めなさい。

❻ ある中学校の 2 年生の中で男子の 10％ と女子の 15％ がテニス部員で，その人数は男女合わせて 14 人です。また，2 年生の生徒数は全体で 110 人です。2 年生全体の男子の人数と女子の人数をそれぞれ求めなさい。

❷ 80 円不足する → 代金は 2000＋80（円）。80 円余る → 代金は 2000−80（円）。

❸ $a：b＝c：d → ad＝bc$

❺ 道のりと時間の関係をそれぞれ考える。

⭐UP **7** ある資格試験の今年の受験者数は，全部で 1404 人でした。これを昨年と比べると，男子は 12 % の増加，女子は 6 % の減少で，全体では 4 % の増加でした。今年の男子と女子の受験者数をそれぞれ求めなさい。

2章

⭐UP **8** A，B 2 種類の食塩水があります。A 200 g と B 400 g を混ぜ，水を 100 g 蒸発させると，20 % の食塩水になります。また，A 400 g と B 200 g を混ぜ，水を 400 g 加えると 11 % の食塩水になります。A，B の食塩水はそれぞれ何 % か求めなさい。

9 右の ▢ の中のような 2 桁の自然数は，存在しません。その理由を，連立方程式を使って説明しなさい。

> 十の位の数と一の位の数の和は 14 で，十の位の数と一の位の数を入れかえてできる数は，もとの数より 54 大きい。

✏ 入試問題を **やってみよう！** ┄┄┄┄┄┄┄┄┄┄┄┄┄┄┄┄

① 2 桁の自然数があります。この自然数の十の位の数と一の位の数の和は，一の位の数の 4 倍よりも 8 小さくなります。また，十の位の数と一の位の数を入れかえてできる 2 桁の自然数と，もとの自然数との和は 132 です。もとの自然数を求めなさい。ただし，用いる文字が何を表すかを最初に書いてから連立方程式をつくり，答えを求める過程も書くこと。〔愛媛〕

② ある中学校では，遠足のため，バスで，学校から休憩所を経て目的地まで行くことにしました。学校から目的地までの道のりは 98 km です。バスは，午前 8 時に学校を出発し，休憩所まで時速 60 km で走りました。休憩所で 20 分間休憩した後，再びバスで，目的地まで時速 40 km で走ったところ，目的地には午前 10 時 15 分に到着しました。このとき，学校から休憩所までの道のりと休憩所から目的地までの道のりは，それぞれ何 km ですか。〔静岡〕

7 昨年の受験者数の関係，増減数の関係から，それぞれ方程式をつくる。
8 水を蒸発させると，水の量だけが減り，食塩の量は変わらない。
9 もとの自然数の十の位の数を x，一の位の数を y とする。

ステージ 3　連立方程式

解答 p.22

40分　　/100

1 下の(1)，(2)の式の解を次の㋐〜㋑の中から選びなさい。　　5点×2（10点）

㋐ $\begin{cases} x=1 \\ y=1 \end{cases}$　㋑ $\begin{cases} x=-3 \\ y=2 \end{cases}$　㋒ $\begin{cases} x=2 \\ y=-5 \end{cases}$　㋑ $\begin{cases} x=-1 \\ y=-3 \end{cases}$

(1)　2元1次方程式　$2x-y=1$

(2)　連立方程式　$\begin{cases} 2x-y=1 \\ x+y=-4 \end{cases}$

（　　　　　）　　　　　　　（　　　　　）

2 次の連立方程式を解きなさい。　　5点×10（50点）

(1)　$\begin{cases} 3x-5y=-17 \\ -3x+y=1 \end{cases}$　　　(2)　$\begin{cases} 7x-4y=2 \\ x+2y=-1 \end{cases}$　　　(3)　$\begin{cases} 5x-4y=9 \\ 2x-3y=5 \end{cases}$

（　　　　　）　　　（　　　　　）　　　（　　　　　）

(4)　$\begin{cases} x=3y-8 \\ 2x+7y=-3 \end{cases}$　　　(5)　$\begin{cases} y=-x+15 \\ y=3x-21 \end{cases}$　　　(6)　$\begin{cases} 3(x-y)+2y=9 \\ 2x-1=5y+18 \end{cases}$

（　　　　　）　　　（　　　　　）　　　（　　　　　）

(7)　$\begin{cases} \dfrac{y}{3}=1-x \\ \dfrac{1}{4}x-\dfrac{1}{6}y=-\dfrac{5}{4} \end{cases}$　　　(8)　$\begin{cases} 0.3x=0.1y+0.9 \\ 0.1x+0.2y=-0.4 \end{cases}$

（　　　　　）　　　　　　　　（　　　　　）

(9)　$\begin{cases} \dfrac{x-4y}{3}=-1 \\ 0.5x-0.2y=2.1 \end{cases}$　　　(10)　$2x-y=x+2y=5$

（　　　　　）　　　　　　　　（　　　　　）

3 連立方程式 $\begin{cases} 2ax+by=8 \\ ax-3by=-10 \end{cases}$ の解が $\begin{cases} x=2 \\ y=1 \end{cases}$ のとき，a，b の値を求めなさい。　　（5点）

（　　　　　）

目標 ❷は工夫して効率よく解けるようにしよう。
❼は x, y の決め方に注意しよう。

❹ みかん 5 個とりんご 2 個の代金は 540 円，同じみかん 8 個とりんご 5 個の代金は 1080 円です。みかん 1 個，りんご 1 個の値段は，それぞれいくらですか。 (7点)

(　　　　　　　)

❺ ある展覧会の入場料は，大人 1 人 300 円，中学生 1 人 200 円です。ある日の中学生の入場者数は，大人の入場者数より 24 人多く，この日の大人と中学生の入場料の合計は 22800 円でした。大人の入場者数と中学生の入場者数を，それぞれ求めなさい。 (7点)

(　　　　　　　)

❻ A 市から 170 km 離れた C 市まで行くのに，途中の B 市までは高速道路を時速 80 km で走り，B 市から C 市までは一般の道路を時速 40 km で走ったところ，全体で 2 時間 30 分かかりました。A 市から B 市までの道のりと，B 市から C 市までの道のりを求めなさい。 (7点)

(　　　　　　　)

❼ ある中学校の昨年の全校生徒数は，男女合わせて 530 人でした。今年は，昨年と比べ，男子は 10% 減り，女子は 15% 増えたので，男女合わせて 537 人になりました。今年の男子と女子の生徒数を，それぞれ求めなさい。 (7点)

(　　　　　　　)

❽ 5% の食塩水と 10% の食塩水を混ぜて，8% の食塩水を 500 g つくります。それぞれ何 g ずつ混ぜればよいですか。 (7点)

(　　　　　　　)

確認のワーク　ステージ **1**　**1　1次関数**　　**❶ 1次関数**

例 **1**　**1次関数**　　　　　　　　　　　　　　教 p.72〜73 → 基本 問題 ❶❷

1 m の重さが 50 g の針金 x m を，重さが 200 g の箱に入れたときの全体の重さを y g として，x と y の関係について，次の問いに答えなさい。

(1)　針金が 1 m 長くなると，全体の重さは何 g 増えますか。

(2)　y を x の式で表しなさい。

考え方　表をつくって変わり方を調べる。

解き方

x (m)	0	1	2	3	4
y (g)	200	250	300	350	①

(1)　x が 1 増えると，y は ② 　　　　増えるので，針金が 1 m 長くなると，全体の重さは

③ 　　　　g 増える。

(2)　(全体の重さ)＝(針金 x m の重さ)＋(箱の重さ)で，

針金 x m の重さは ④ 　　　　g，箱の重さは 200 g

なので，

$y =$ ⑤

> **たいせつ**
> y が x の関数で，y が x の 1 次式で表されるとき，y は x の 1 次関数であるという。
> $$y = ax + b$$
> ↓ 　　　　 ↓
> x に比例する部分　定数の部分

例 **2**　**変化の割合**　　　　　　　　　　　　　　教 p.75 → 基本 問題 ❸❹

1 次関数 $y = 3x + 4$ で，x の値が次のように増加したときの変化の割合を求めなさい。

(1)　0 から 2 まで　　　　　　　　　　(2)　−2 から 1 まで

考え方　x の増加量をもとにしたときの y の増加量の割合を変化の割合という。

解き方　(1)　$x = 0$ のとき $y = 3 \times 0 + 4 = 4$，

　　　　　　　　$y = 3x + 4$ に $x = 0$ を代入

　　$x = 2$ のとき $y = 3 \times 2 + 4 = 10$ だから，

　　　　　　　　$y = 3x + 4$ に $x = 2$ を代入

　　(変化の割合)$= \dfrac{(y \text{ の増加量})}{(x \text{ の増加量})} = \dfrac{10 - 4}{2 - 0} = \dfrac{⑥}{2}$

　　　　　　　　　　　　　　　$=$ ⑦

(2)　$x = -2$ のとき $y = -2$，$x = $ ① のとき $y = $ ⑦ だから，

　　(変化の割合)$= \dfrac{(y \text{ の増加量})}{(x \text{ の増加量})} = \dfrac{7 - (-2)}{1 - (-2)} = \dfrac{⑧}{3}$

　　　　　　　　　　　　　　　$=$ ⑨

> **たいせつ**
> $$(\text{変化の割合}) = \frac{(y \text{ の増加量})}{(x \text{ の増加量})}$$

> **覚えておこう**
> 1 次関数 $y = ax + b$ の変化の割合は一定で x の係数 a に等しい。
> $$y = \textcircled{a}x + b$$
> ↓
> 変化の割合

基 本 問 題 ·· 解答 p.24

1 1次関数　次の式で表される関数のうち，y が x の1次関数であるものはどれですか。記号で答えなさい。　教 p.72

⑦　$y = \dfrac{3}{4}x$　　　　　　⑦　$y = \dfrac{18}{x}$　　　　　　⑦　$y = 14 - 6x$

2 1次関数　次のことがらについて，y を x の式で表しなさい。また，y が x の1次関数であるものに○をつけなさい。　教 p.73問3

(1)　容積 10 L の水そうに 3 L の水が入っている。これに，水そうがいっぱいになるまで毎分 0.5 L ずつ水を入れていくとき，x 分後の水そうの水の量が y L である。

(2)　水そうに 20 L の水が入っている。せんをぬいて，水がなくなるまで毎分 2 L の割合で水を出すとき，x 分後に水そうに残っている水の量が y L である。

(3)　1辺の長さが x cm の立方体の表面積が y cm² である。

3 変化の割合　1次関数 $y = -2x + 2$ で，x の値が次のように増加したときの変化の割合を求めなさい。　教 p.75問6

(1)　1 から 2 まで　　　　　　　　(2)　3 から 9 まで

(3)　-3 から -1 まで　　　　　　(4)　-4 から 4 まで

4 変化の割合　1次関数 $y = \dfrac{3}{2}x - 2$ について，次の問いに答えなさい。　教 p.75問7, 問8

(1)　この1次関数の変化の割合をいいなさい。

(2)　(1)の値は何を表していますか。「増加量」という言葉を使って答えなさい。

(3)　x の増加量が 4 のときの y の増加量を求めなさい。

 知ってると得

1つの1次関数では，変化の割合は一定だが，増加量については x の増加量によって y の増加量は変わってくる。

(変化の割合) $= \dfrac{(y \text{の増加量})}{(x \text{の増加量})}$ の式から，

(y の増加量) $=$ (変化の割合) $\times$ (x の増加量)

が成り立つ。

確認のワーク　ステージ1　1　1次関数

❷ 1次関数のグラフ

例1 比例のグラフとの関係 —— 教 p.77 → 基本問題 ❶❷

1次関数 $y=2x+2$ のグラフと，$y=2x$ のグラフについて，次の問いに答えなさい。

(1)　それぞれの式において，対応する x，y の値を求め，グラフをかきなさい。

(2)　$y=2x+2$ のグラフは，$y=2x$ のグラフをどのように移動した直線といえますか。

考え方 (2)　x の値に対する y の値が，2つの1次関数でどんな関係になっているか考える。

解き方 (1)　対応する x，y の値を表に表す。

x	…	-3	-2	-1	0	1	2	3	…
$y=2x$	…	-6	-4	-2	0	2	4	6	…
$y=2x+2$	…	-4	-2	①	2	4	②	8	…

（2大きい）

　　対応する x，y の値の組を座標とする点をとり，
直線で結ぶ。

(2)　同じ x の値に対して，$2x+2$ の値は，$2x$ の値より

も，つねに ③ □ だけ大きいから，$y=2x+2$ の

グラフは，$y=2x$ のグラフを y 軸の正の向きに

④ □ だけ平行移動した直線であるといえる。

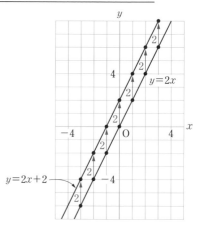

$y=2x$

$y=2x+2$

例2 傾きと切片 —— 教 p.78〜81 → 基本問題 ❷❸

次の1次関数のグラフの傾きと切片を，それぞれいいなさい。

(1)　$y=-2x+5$　　　　　　　　(2)　$y=\dfrac{1}{3}x-4$

考え方 1次関数 $y=ax+b$ のグラフで，a を
その1次関数のグラフの傾き，b を切片という。

解き方 (1)　1次関数 $y=\underset{a}{-2x}+\underset{b}{5}$ のグラフの

傾きは -2，切片は ⑤ □

(2)　1次関数 $y=\underset{a}{\dfrac{1}{3}}x\underset{b}{-4}$ のグラフの傾きは

⑥ □，切片は ⑦ □

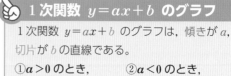

☞ 1次関数 $y=ax+b$ のグラフ

1次関数 $y=ax+b$ のグラフは，傾きが a，
切片が b の直線である。

①$a>0$ のとき，　　②$a<0$ のとき，

右上がり　　　　　右下がり

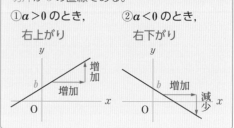

基本問題 ·········· 解答 p.24

1 1次関数のグラフ　次の1次関数について，対応する x，y の値を求めて，グラフをかきなさい。

教 p.77問1

(1)　$y=2x-1$

x	-3	-2	-1	0	1	2	3
y							

比例のグラフとちがって原点Oを通らないね。

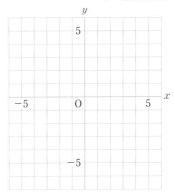

(2)　$y=-x+3$

x	-3	-2	-1	0	1	2	3
y							

2 比例のグラフとの関係と切片　$y=3x$ のグラフを利用して，次のグラフをかきなさい。また，それぞれのグラフの切片をいいなさい。

教 p.78問3

(1)　$y=3x+4$

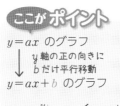

ここがポイント

$y=ax$ のグラフ
↓ y 軸の正の向きに b だけ平行移動
$y=ax+b$ のグラフ

(2)　$y=3x-2$

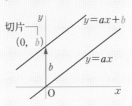

切片
$(0,\ b)$

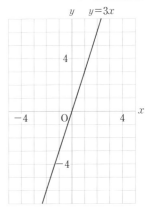

3 1次関数のグラフと傾き　次の1次関数のグラフについて，下の問いに答えなさい。

教 p.79〜80問4〜問7

⑦　$y=\dfrac{1}{2}x-3$ 　　　　⑦　$y=-4x+1$ 　　　　⑦　$y=-\dfrac{2}{3}x-7$

(1)　⑦では，グラフ上のある点から，右へ2進むと下へいくつ進みますか。

(2)　右上がりのグラフになるものはどれですか。

(3)　それぞれのグラフの傾きをいいなさい。

覚えておこう

1次関数 $y=ax+b$ では，x の値が1増加すると，y の値は a 増加する。すなわち，グラフ上では，ある点から，右へ1進むと上へ a 進む。

ステージ **1** 1 1次関数
❸ 1次関数のグラフのかき方・式の求め方(1)

例 1 1次関数のグラフのかき方 教 p.82 → 基本 問題 ❶

次の1次関数のグラフをかきなさい。

(1) $y = 2x - 4$ (2) $y = -\dfrac{2}{3}x + 3$

考え方 傾きや切片をもとにして2点を決め、直線を引く。

解き方 (1) 切片が -4 であるから、y 軸上の点 $(0, -4)$

を通る。また、傾きが ① 〔　　　〕 であるから、たとえ

ば、右へ1、上へ2だけ進んだ点 $(1, -2)$ を通る。

└ 右へ2、上へ4だけ進んだ点
　のように、他の点でもよい。

(2) 切片が3であるから、y 軸上の点 $(0,$ ② 〔　　　〕 $)$ を

通る。また、傾きが $-\dfrac{2}{3}$ であるから、たとえば右へ3、

③ 〔　　　〕 へ2だけ進んだ点 $(3, 1)$ を通る。

└ 「上へ -2 進む」ことは、
　「下へ2進む」ことと同じ。

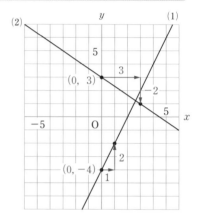

知ってると得

傾きが分数のとき

➡ 右へ分母の数、上へ分子の数だけ
　進んだ点を通る直線となる。

※整数も、○$= \dfrac{○}{1}$ として、同じよ
　うに考えてよい。

例 傾き $\dfrac{3}{4}$

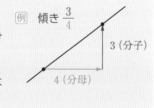

3(分子)
4(分母)

例 2 直線の式の求め方 教 p.83 → 基本 問題 ❷❸

右の直線をグラフとする1次関数の式を求めなさい。

考え方 求める式を $y = ax + b$ として、傾き a、切片 b の値を
グラフから読み取る。

解き方 求める式を $y = ax + b$ とする。

グラフが点 $(0, 1)$ を通るから、 $b =$ ④ 〔　　　〕

また、グラフ上のある点から右へ2進むと上へ1進むから、
└ たとえば、点 $(0, 1)$

$a =$ ⑤ 〔　　　〕

したがって、求める1次関数の式は、 $y =$ ⑤ 〔　　　〕 $x +$ ④ 〔　　　〕 ← 直線の式ともいう。

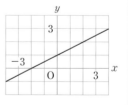

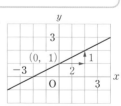

基本問題 .... 解答 p.25

1 1次関数のグラフのかき方　次の1次関数のグラフをかきなさい。 教 p.82問1

(1)　$y=2x+3$

(2)　$y=-x+4$

(3)　$y=\dfrac{1}{2}x-1$

(4)　$y=-\dfrac{1}{4}x+3$

覚えておこう

1次関数のグラフの傾きは，1次関数の変化の割合を表しているから，

$$(傾き)=\dfrac{(y\text{の増加量})}{(x\text{の増加量})}$$

と考えることもできる。

3章

2 直線の式の求め方　下の図の直線①〜④の式を求めなさい。 教 p.84問3

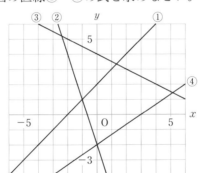

たいせつ

直線の式 $y=ax+b$ の求め方
〈1〉切片 b を求める。
〈2〉傾き a を求める。

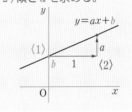

3 直線の式　右の図の直線について，次の問いに答えなさい。 教 p.84問2

(1)　x の値が1増加するごとに，y の値はどのように変化しますか。

(2)　直線の式を求めなさい。

(3)　x の値が12のときの y の値を求めなさい。

(1)は，グラフの1めもりがいくつ分かを考えよう。
(2)は(1)の結果を使おう。

左ページの **例** の答え　①2　②3　③下　④1　⑤$\dfrac{1}{2}$

 **ステージ 1** 1 1次関数
❸ **1次関数のグラフのかき方・式の求め方(2)**

例1 1点の座標と傾きから求める
教 p.84 → 基本 問題 ❶

点 $(2, 1)$ を通り，傾きが -3 の直線の式を求めなさい。

考え方 $y = ax + b$ に，傾きと1点の x 座標，y 座標の値を代入して，b の値を求める。

解き方 求める直線の式を $y = ax + b$ とする。

傾きが -3 より，$a = \boxed{①}$ であるから，

$y = \boxed{①} x + b$　①

> **直線の式の求め方①**
> **1点の座標と傾き a がわかるとき**
> $y = ax + b$ とおき，通る点の座標を代入して b を求める。

この直線が点 $(2, 1)$ を通るから，$x = 2, y = 1$ を①に代入すると，

$1 = -3 \times 2 + b$　これを解くと，$b = \boxed{②}$

したがって，求める直線の式は，$\boxed{③}$

例2 2点の座標から求める
教 p.85 → 基本 問題 ❷❸❹

2点 $(-3, 1), (2, -4)$ を通る直線の式を求めなさい。

考え方 まず2点の x 座標，y 座標の値から，直線の傾きを求める。

解き方 求める直線の式を $y = ax + b$ とする。

この直線が2点 $(-3, 1), (2, -4)$ を通るから，
直線の傾き a は，

$$a = \frac{-4-1}{2-(-3)} = \frac{-5}{5} = \boxed{④}$$

$\underset{a = (変化の割合) = \frac{(y の増加量)}{(x の増加量)}}{\uparrow}$

> **直線の式の求め方②**
> **2点の座標がわかるとき**
> 2点の座標から傾き a を求める。$y = ax + b$ とおき，通る点の座標を代入して b を求める。

よって，$y = -x + b$　①

$x = -3, y = 1$ を①に代入すると，
_{どちらか1点の x, y の値}

$1 = -(-3) + b$　これを解くと，$b = \boxed{⑤}$

したがって，求める直線の式は，$\boxed{⑥}$

別解 求める直線の式を $y = ax + b$ とする。

$x = -3$ のとき $y = 1$ だから，$1 = -3a + b$　①

$x = 2$ のとき $y = -4$ だから，$-4 = 2a + b$　②

①，②を連立方程式として解くと，←まず，b を消去すると簡単。

$a = \boxed{⑦}$，$b = \boxed{⑧}$

したがって，求める直線の式は，$\boxed{⑥}$

> どちらの方法で求めてもいいよ。

基 本 問 題 .... 解答 p.25

1 1点の座標と傾きから求める　次の直線の式を求めなさい。　教 p.84問4

(1)　点 $(1, 2)$ を通り，傾きが 3 の直線

(2)　点 $(3, 3)$ を通り，傾きが -2 の直線

まず $y=ax+b$ とおき，わかっている値を代入しよう。

(3)　点 $(2, -5)$ を通り，傾きが $-\dfrac{3}{2}$ の直線

(4)　点 $(2, -1)$ を通り，$y=2x-1$ に平行な直線

2 2点の座標から求める　2点 $(-6, -2)$，$(4, 3)$ を通る直線があります。　教 p.85例4

(1)　この直線の傾きを求めなさい。

(2)　この直線の式を求めなさい。

3 2点の座標から求める　次の2点を通る直線の式を求めなさい。　教 p.85問6

(1)　$(1, 1)$，$(3, 5)$ 　　　　　　　　(2)　$(1, 2)$，$(7, -1)$

(3)　$(-2, 2)$，$(0, -2)$ 　　　　　　(4)　$(-6, 0)$，$(0, 6)$

4 グラフから求める　右の図の直線の式を求めなさい。

教 p.86問7

ここが ポイント

x 座標，y 座標がともに整数である2点をみつける。

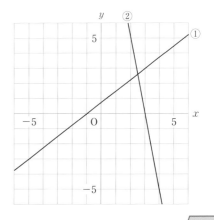

解答　p.27

1　1次関数

1 次の(1)〜(4)で，y を x の式で表しなさい。また，y が x の1次関数であるものに○をつけなさい。

(1)　底辺が 4 cm，高さが x cm の三角形の面積が y cm² である。

(2)　1辺の長さが x cm の立方体の体積が y cm³ である。

(3)　1 m の重さが 8 g の針金 6 m から，x m を切りとったときの残りの重さが y g である。

^{レベル}UP (4)　16 km の道のりを，はじめ時速 x km で 4 時間歩き，残りの道のりを時速 4 km で歩いたときにかかる時間が y 時間である。

2 次の1次関数について，それぞれ下の問いに答えなさい。

①　$y = x - 5$　　　　　　　　②　$y = -\dfrac{5}{2}x + 3$

(1)　変化の割合をいいなさい。

(2)　x の増加量が 6 のときの y の増加量を求めなさい。

(3)　グラフの傾きと切片をいいなさい。

3 次の1次関数のグラフをかきなさい。

(1)　$y = 3x + 1$　　　　(2)　$y = -x - 3$

(3)　$y = -\dfrac{1}{4}x + 4$　　(4)　$y = \dfrac{4}{3}x - 1$

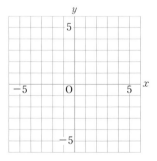

1 (4)　時間の関係を使って式をつくる。

2 (2)　(変化の割合) $= \dfrac{(y \text{の増加量})}{(x \text{の増加量})}$ の式から考える。

👑_{よく出る} **4** 次の直線の式を求めなさい。

(1) 右の図の①，②の直線

(2) 点 $(-6, 5)$ を通り，傾きが $-\dfrac{1}{2}$ の直線

(3) 点 $(3, 6)$ を通り，直線 $y=4x+1$ に平行な直線

(4) 2点 $(-9, -10)$, $(6, 0)$ を通る直線

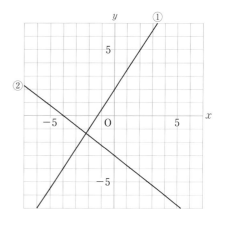

⭐_{レベルUP} **5** 右の図のように，2つの直線 $y=-2x+7$ …①，

$y=ax+\dfrac{5}{3}$ …②（a は定数）があります。点Aは直線①と直線②

の交点で，点Aの x 座標は 2 です。点Bは直線②と x 軸との交点，

点Cは，点Bを通り直線①に平行な直線と y 軸との交点です。

(1) a の値を求めなさい。

(2) 直線 BC の式を求めなさい。

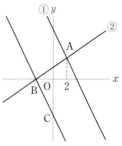

3章

📝 **入試問題を** やってみよう！ ┈┈┈┈┈┈┈┈┈┈┈┈┈

① 関数 $y=4x+5$ について述べた文として正しいものを，次の㋐〜㋑の中から全て選び，符号で書きなさい。　〔岐阜〕

㋐ グラフは点 $(4, 5)$ を通る。

㋑ グラフは右上がりの直線である。

㋒ x の値が -2 から 1 まで増加するときの y の増加量は 4 である。

㋓ グラフは，$y=4x$ のグラフを，y 軸の正の向きに 5 だけ平行移動させたものである。

② 右の図のような関数 $y=ax+b$ のグラフがあります。
点Oは原点とします。a, b の値を求めなさい。〔北海道〕

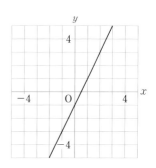

---

4 (3) 平行な2直線の傾きは等しい。

5 (2) 直線 BC は，直線①に平行だから，傾きは -2 となる。点Bの座標は，直線②の式に $y=0$ を代入して，x 座標を求める。

確認のワーク　ステージ 1

2　方程式と1次関数

❶ 2元1次方程式のグラフ

例1 **2元1次方程式のグラフ**　教 p.88〜89 →基本問題 ❶❷

方程式 $2x+3y=6$ のグラフをかきなさい。

考え方　2元1次方程式のグラフは，y について解いて，$y=ax+b$ の形に変形する。

解き方　$2x+3y=6$

$3y=-2x+6$ ｝ $2x$ を移項する。

$y=\boxed{①}\ x+2$ ｝ 両辺を3でわる。

したがって，グラフは，傾きが $\boxed{①}$ ，

切片が $\boxed{②}$ の直線となる。

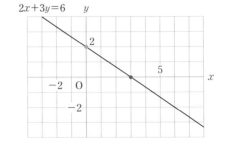

別解　グラフが通る適当な2点を決めてかくこともできる。

方程式 $2x+3y=6$ で，

$x=0$ のとき $y=2$

$y=0$ のとき $x=\boxed{③}$

したがって，グラフは，2点 $(0,\ 2)$，

$(\boxed{③}\ ,\ 0)$ を通る直線となる。

どちらの方法でもかけるようにしよう。

→ **たいせつ**

2元1次方程式 $ax+by=c$ の無数にある解を座標とする点の集合は直線となり，この直線を，2元1次方程式のグラフという。

例2 **$y=h$，$x=k$ のグラフ**　教 p.90 →基本問題 ❸

次の方程式のグラフをかきなさい。

(1)　$y=-2$　　　　　　　(2)　$x=3$

考え方　(1)　$y=h$ のグラフは，x 軸に平行な直線になる。

(2)　$x=k$ のグラフは，y 軸に平行な直線になる。

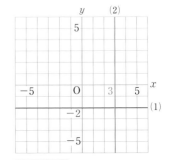

解き方　(1)　x がどんな値をとっても，それに対応する

y の値は $\boxed{④}$ になるから，グラフは，

点 $(0,\ \boxed{④}\ )$ を通り，x 軸に平行な直線となる。

(2)　y がどんな値をとっても，それに対応する x の値

は $\boxed{⑤}$ になるから，グラフは，点 $(\boxed{⑤}\ ,\ 0)$ を通り，$\boxed{⑥}$ 軸に平行な直線

となる。

覚えておこう

2元1次方程式 $ax+by=c$ で，$a=0$ のときグラフは x 軸に平行な直線，$b=0$ のときグラフは y 軸に平行な直線となる。

知ってると得

・x 軸の方程式は $y=0$

・y 軸の方程式は $x=0$

問題 解答 p.28

1 2元1次方程式のグラフ　次の方程式のグラフを，傾きや切片をもとにして 2 点を決めてかきなさい。

教 p.89問 2

(1)　$3x + y = 1$

(2)　$x - y = -3$

(3)　$4x - 3y = 6$

覚えておこう

2元1次方程式
$ax + by = c$ のグラフ
は直線となる。

ここが ポイント

2元1次方程式を y について解き，1 次関数のグラフと同じようにかく。

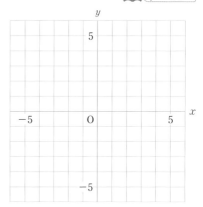

2 2元1次方程式のグラフ　次の方程式のグラフを，適当な 2 点を決めてかきなさい。

教 p.89問 3

(1)　$2x + 3y = -6$

(2)　$3x - 4y = 12$

(3)　$2x + 5y = 10$

x, y がともに
整数になる
2 点を考えよう。

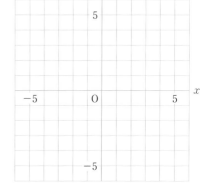

3 $y = h$, $x = k$ のグラフ　次の方程式のグラフをかきなさい。

教 p.91問 4

(1)　$y = 2$

(2)　$4y = -20$

(3)　$x = -2$

(4)　$3x - 3 = 0$

覚えておこう

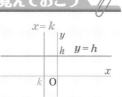

(2)は $y = h$ の形，
(4)は $x = k$ の形に
それぞれ変形しよう。

 **2 　方程式と1次関数**
❷ 連立方程式の解とグラフ

例 1 　連立方程式の解とグラフ 　　　　　教 p.92 → 基本問題 ❶ ❸

連立方程式 $\begin{cases} 2x+y=3 & ① \\ x-2y=4 & ② \end{cases}$ を，グラフを使って解きなさい。

考え方 　直線①上の点の座標 $(x,\ y)$ は方程式①の解を表し，直線②上の点の座標 $(x,\ y)$ は方程式②の解を表しているから，**連立方程式の解は①，②のグラフの交点の座標と一致する。**

解き方 　方程式①，②のグラフをかき，交点の座標を読み取る。

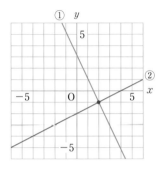

① $2x+y=3$ を y について解くと，

$y=$ ⬚① 　← 傾き-2，切片3

② $x-2y=4$ を y について解くと，

$y=$ ⬚② 　← 傾き$\dfrac{1}{2}$，切片-2

①，②のグラフの交点の座標は，(⬚③ ，⬚④)

　　グラフの交点の x 座標は x の値，y 座標は y の値 ↗

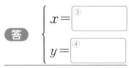

答 $\begin{cases} x= & ③ \\ y= & ④ \end{cases}$ 　　連立方程式の解を計算で求めて，確かめてみよう。

例 2 　グラフの交点の座標 　　　　　教 p.93 → 基本問題 ❷

2直線 $\ell,\ m$ が，右の図のように点Pで交わっているとき，次の問いに答えなさい。

(1) 　直線 $\ell,\ m$ の式を求めなさい。

(2) 　点Pの座標を求めなさい。

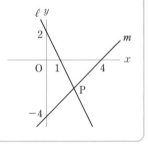

考え方 　(2) 　直線の式を連立方程式とみると，その解が交点の座標である。

解き方 　(1) 　直線 ℓ は，切片が2，傾きが -2 だから，

　　　　　　　 ↳ 右へ1，下へ2進むから，$\dfrac{-2}{1}=-2$

$y=-2x+2$ 　①

直線 m は，切片が ⬚⑤ ，傾きが1だから，

　　　　　　　 ↳ 右へ4，上へ4進むから，$\dfrac{4}{4}=1$

$y=x-4$ 　②

(2) 　①，②を連立方程式として解くと，

$\begin{cases} x= & ⑥ \\ y= & ⑦ \end{cases}$

答 P(⬚⑥ ， ⬚⑦)

 たいせつ

2つの2元1次方程式のグラフの交点の x 座標，y 座標の組は，その2つの方程式を1組とした**連立方程式の解**である。

基 本 問 題 .... 解答 p.29

1 連立方程式の解とグラフ　次の連立方程式を，グラフを使って解きなさい。 教 p.92問2

(1) $\begin{cases} x+2y=-2 & ① \\ x-y=4 & ② \end{cases}$　　(2) $\begin{cases} 3x-y=-4 & ① \\ 2x-3y=9 & ② \end{cases}$

ここが ポイント

連立方程式の解
↓
直線①，②の交点の座標
を読み取る。
x 座標…x の値
y 座標…y の値

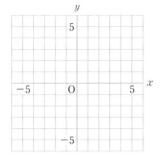
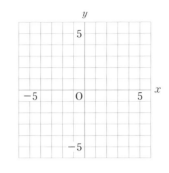

3章

2 グラフの交点の座標　2直線 ℓ，m が，下の図のように点Pで交わっているとき，次の問いに答えなさい。 教 p.93問3

(1)　直線 ℓ，m の式を求めなさい。

(2)　点Pの座標を求めなさい。

3 解が1組にならない連立方程式　次の連立方程式について，グラフをかき，解がどのようになっているかを，⑦〜⑨から選びなさい。また，これらの連立方程式の解とグラフとの関係について説明しなさい。 教 p.93

(1) $\begin{cases} x-y=-1 & ① \\ -x+y=-2 & ② \end{cases}$　　(2) $\begin{cases} x+2y=6 & ① \\ \dfrac{1}{2}x+y=3 & ② \end{cases}$

知ってると 得

連立方程式の解の数
・2直線が**1点**で交われば，
　解は**1つ**。
・2直線が**平行**になれば，
　解は**ない**。
・2直線が**重なれば**，解は
　無数にある。

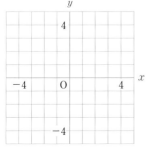
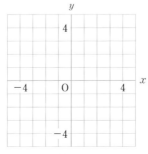

⑦　解は1つ。　　　⑦　解はない。　　　⑦　解は無数にある。

左ページの 例 の答え　①$-2x+3$　②$\dfrac{1}{2}x-2$　③$2$　④-1　⑤-4　⑥$2$　⑦-2

3　1次関数の利用

❶ 1次関数の利用(1)

例 1 実験と1次関数

教 p.95 → 基本 問題 ❶

下の表は，水を熱し始めてから x 分後の水温を y °C として x と y の関係を調べたものです。熱し始めてから 10 分後の水温は，約何 °C であると考えられますか。

x(分)	0	1	2	3	4	5	6
y(°C)	11	18	25	31	39	46	53

考え方 x と y の関係をグラフに表すと，右のように，7つの点はほぼ一直線上に並ぶから，y は x の1次関数であると考えられる。

解き方 y は x の1次関数で，そのグラフは2点 $(0,\ 11)$，$(6,\ 53)$ を通ると考えて，

$$y = \boxed{①} \quad x + \boxed{②}$$

この式に，$x=10$ を代入すると，

$$y = \boxed{③}$$

←　切片は 11。
式を $y=ax+11$
とおいて，
$53=a×6+11$ より
a の値を求める。

答 約 $\boxed{③}$ °C

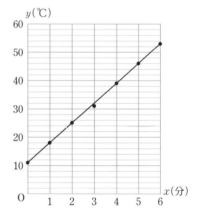

例 2 変域とグラフ

教 p.97 → 基本 問題 ❷❸

x の変域が $-2 < x < 4$ のとき，1次関数 $y = -\dfrac{1}{2}x + 5$ のグラフをかきなさい。また，y の変域を求めなさい。

考え方 x の変域が限られた1次関数のグラフは，2点を結ぶ線分になる。$x=-2$，$x=4$ に対応する y の値をそれぞれ求め，2点を決める。

解き方 $x=-2$ のとき，$y = -\dfrac{1}{2}×(-2)+5 = 6$

$x=4$ のとき，$y = -\dfrac{1}{2}×4+5 = \boxed{④}$

したがって，グラフは，2点 $P(-2,\ 6)$，$Q(4,\ \boxed{④})$ を結ぶ線分 PQ から P，Q を除いた部分になる。

このグラフから，y の変域は，

$$\boxed{⑤} < y < \boxed{⑥}$$

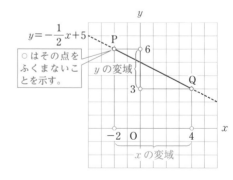

$y = -\dfrac{1}{2}x+5$

○はその点をふくまないことを示す。

傾きが $-\dfrac{1}{2}$ で負だから，x の値が増加すると，y の値は減少することに注意しよう。

解答 p.30

基本問題

① 実験と1次関数 下の表は，水を熱し始めてから x 分後の水温を y°C として x と y の関係を調べたものです。次の問いに答えなさい。

数 p.95〜96Q

x（分）	0	1	2	3	4	5	6
y（°C）	17	22.5	28.5	34	38.5	45	50

(1) 上の表の対応する x，y の値の組を座標とする点を，右の図にかき入れなさい。

(2) y は x の1次関数とみなすとき，2点 $(0,\ 17)$，$(6,\ 50)$ を通ると考えて，直線の式を求めなさい。

(3) 90°C になるのは，熱し始めてから約何分後か求めなさい。

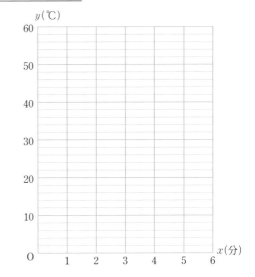

② 変域とグラフ x の変域が $-2 \leqq x < 4$ のとき，次の1次関数のグラフをかきなさい。また，y の変域を求めなさい。

数 p.97例1

(1) $y = x + 2$

(2) $y = \dfrac{1}{2}x - 3$

(3) $y = -\dfrac{3}{2}x + 1$

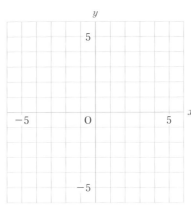

思い出そう

$-2 \leqq x$ ➡ -2 をふくむ。

-2

$x < 4$ ➡ 4 をふくまない。

4

③ 1次関数の変域 1次関数 $y = -x + 2$ について，x の変域が $0 < x \leqq 5$ のとき，y の変域を求めなさい。

数 p.97例1

 ステージ **1** 3　1次関数の利用
❶ 1次関数の利用(2)

例1 図形における利用

教 p.98 →基本問題❶

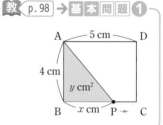

　右の図の長方形 ABCD で，点Pは Bを出発して，辺上をCを通ってDまで動きます。点PがBから x cm 動いたときの△ABP の面積を y cm² とするとき，x と y の関係をグラフに表しなさい。

考え方 点Pが辺 **BC** 上にある場合と，辺 **CD** 上にある場合に分けて考える。

解き方 ① 点Pが辺 **BC** 上にある場合，x の変域は，$0 \leq x \leq 5$

問題の図から，$y = \dfrac{1}{2} \times 4 \times x$　すなわち，$y = \boxed{①}\ x$　①

> 辺 AB を底辺とみると，
> $\triangle ABP = \dfrac{1}{2} \times AB \times BP$

② 点Pが辺 **CD** 上にある場合，

x の変域は，$5 \leq x \leq \boxed{②}$

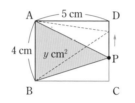

右の図から，$y = \dfrac{1}{2} \times 4 \times 5$

> 辺 AB を底辺とみる。

すなわち，$y = \boxed{③}$　②

①，②のグラフをかくと，それぞれ右の図のようになる。

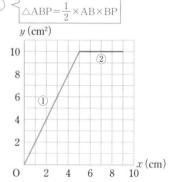

例2 グラフの利用

教 p.99 →基本問題❷

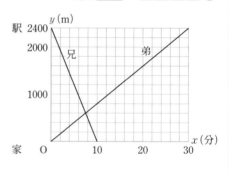

　弟は，家から 2400 m 離れた駅に歩いて行き，兄は同じ道を駅から家に自転車で帰りました。2人が同時に出発したとき，出発してから x 分後の家からの道のりを y m として，2人が進んだようすをグラフに表すと，右の図のようになります。2人が出会うのは出発してから何分後で，家から何 m のところですか。

考え方 2人は，グラフの交点で出会う。2直線の式を求め，それらを連立方程式として解く。

解き方 弟のグラフは原点を通る直線で，傾きが 80 だから，式は，$y = 80x$　①
↑$y = ax$　↑右へ 10，上へ 800

兄のグラフは切片 2400，傾き -240 の直線だから，式は，$y = \boxed{④} x + 2400$　②
↑右へ 10，下へ 2400

①，②を連立方程式として解くと，

$$\begin{cases} x = \boxed{⑤} \\ y = \boxed{⑥} \end{cases}$$

> 連立方程式の解が問題に適しているかどうか確かめよう。

答 出発してから $\boxed{⑤}$ 分後，家から $\boxed{⑥}$ m のところ

基本問題 ··· 解答 **p.30**

1 図形における利用　右の図の長方形 ABCD で，点 P は A を出発して，辺上を B，C を通って D まで動きます。点 P が A から x cm 動いたときの △APD の面積を y cm² とするとき，次の問いに答えなさい。 教 p.98

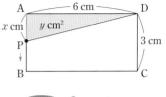

(1) 点 P が次の辺上にある場合について，y を x の式で表しなさい。ただし，x の変域も示しなさい。

① 辺 AB 上

② 辺 BC 上

③ 辺 CD 上

ここがポイント

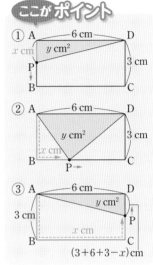

(2) ①，②，③の x と y の関係をグラフに表しなさい。

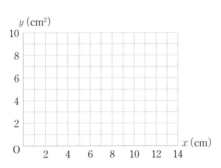

2 グラフの利用　姉は，家から 900 m 離れた文房具店に自転車で行き，買い物をしてから同じ道を通って家に帰りました。下の図は，姉が家を出てからの時間と，家からの道のりの関係を表しています。 教 p.99

(1) 姉は文房具店に何分間いましたか。

(2) 姉の行きと帰りの速さを，それぞれ求めなさい。

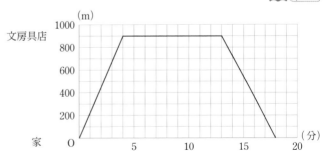

(3) 妹は，姉と同時に家を出発し，分速 60 m で同じ道を通って文房具店へ行きました。妹の進むようすを表すグラフを，上の図にかきなさい。

(4) 2 人が出会うのは，家を出発してから何分後ですか。

p.3〜p.33 の右下にある図形をパラパラめくってみよう！

左ページの 例 の答え　①2　②9　③10　④−240　⑤$\frac{15}{2}$(7.5)　⑥600

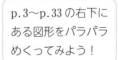

2　方程式と１次関数
3　１次関数の利用

解答▶p.31

❶ 次の方程式のグラフを，右の図にかきなさい。

(1)　$5x - 4y = 16$

(2)　$2x + 3y = -9$

(3)　$3y - 9 = 0$

(4)　$2x + 8 = 0$

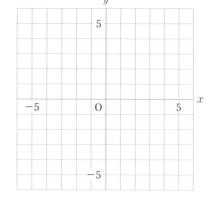

❷ 次の問いに答えなさい。

(1)　2直線 $2x - y = 3$，$3x + 2y = 8$ の交点の座標を求めなさい。

(2)　2直線 $x - 2y = 1$，$2x + y = 7$ の交点を通り，傾きが -3 の直線の式を求めなさい。

(3)　2直線 $2x - y = 2$，$ax - y = -3$ が x 軸上で交わるとき，a の値を求めなさい。

❸ 右の図で，直線 ℓ の式は $y = x + 2$ です。また，2直線 ℓ，m の交点の x 座標は 1 です。また，直線 n は切片が -1 で，直線 ℓ と x 軸上で交わります。このとき，2直線 m，n の交点の座標を求めなさい。

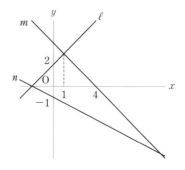

❹ １次関数 $y = ax + b$ で，x の変域を $-2 \leqq x \leqq 7$ としたときの y の変域は $-1 \leqq y \leqq \dfrac{3}{2}$ です。a，b の値を求めなさい。ただし，$a < 0$ とします。

❷ (3)　x 軸上で交わるから，交点の y 座標は 0。$2x - y = 2$ に $y = 0$ を代入する。

❸ 直線 n の式は，直線 ℓ と x 軸の交点の座標と，点 $(0, -1)$ を使って求める。

❹ $a < 0$ だから，グラフは右下がりとなり，$x = -2$ のとき y の値は最大となる。

5 兄は 9 時に家を出て 2400 m 離れた駅まで，途中の公園で 20 分休憩して行きました。弟は 9 時 30 分に家を出て，自転車で兄と同じ道を駅まで行きました。右の図は，9 時 x 分における家からの道のりを y m として，兄と弟の進んだようすをグラフに表したものです。

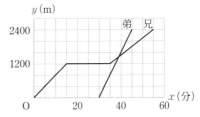

(1) 兄が家から公園まで歩いたときの速さは分速何 m ですか。

(2) 弟が兄に追いついた時刻を求めなさい。

6 右の図のように，y 軸上の点Bを通る直線 $y=-\dfrac{1}{2}x+5$ と y 軸上の点Cを通る直線 $y=ax+2$ が点Aで交わっています。

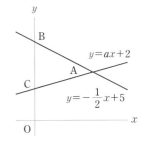

(1) $\triangle$ABC の面積が 6 であるとき，a の値を求めなさい。ただし，$a>0$ とします。

^{レベル}UP (2) 直線 $y=-\dfrac{1}{2}x+5$ と x 軸との交点をDとし，線分 BD の中点をM とします。直線 $y=ax+2$ が線分 MD と交わるときの a の値の範囲を求めなさい。

入試問題をやってみよう！

1 右の図のように，AD∥BC，∠BCD＝90°，AD＝9 cm，BC＝15 cm，CD＝6 cm の台形 ABCD があり，辺 BC 上に点Eを BE＝9 cm となるようにとります。

点Pは頂点Aを出発し，辺 AD を秒速 1 cm の速さで頂点Dまで進んで止まります。また，点Qは頂点Bを出発し，辺 BC 上を点Eまでは秒速 3 cm の速さで進み，点Eからは秒速 1 cm の速さで頂点Cまで進んで止まります。

2 点P，Q は同時に出発し，出発してから x 秒後の台形 ABQP の面積を y cm² とします。　〔京都〕

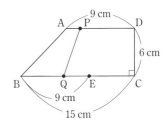

(1) $0\leqq x\leqq 3$ のとき，y を x の式で表しなさい。また，$3\leqq x\leqq 9$ のとき，y を x の式で表しなさい。

(2) $0\leqq x\leqq 9$ のときの x と y の関係を表すグラフをかきなさい。

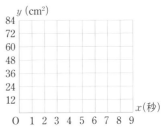

5 $35\leqq x\leqq 55$ のときの兄の直線の式と弟の直線の式を連立方程式として解く。

6 (2) 直線 $y=ax+2$ が，点 M，点Dとそれぞれ交わるときの a の値を求め，a の範囲を考える。

1 (1) 台形 ABQP の上底となる辺 AP と，下底となる辺 BQ の長さを x で表す。

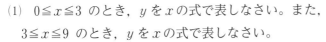

解答 ▶ p.32

実力判定テスト　ステージ3　1次関数　　40分　　/100

1 次の(1)〜(3)で，y を x の式で表しなさい。また，y が x の1次関数であるものに〇をつけなさい。　　　　　　2点×6(12点)

(1) 縦の長さが x cm，面積が 32 cm² の長方形の横の長さが y cm である。

　　　　（　　　　　　　）（　　　　　）

(2) 底面の1辺の長さが7 cm，高さが x cm の正四角柱の体積が y cm³ である。

　　　　（　　　　　　　）（　　　　　）

(3) 家から1000 m 離れた学校まで行くのに，分速60 m で x 分間歩いたときの残りの道のりが y m である。

　　　　（　　　　　　　）（　　　　　）

2 1次関数 $y=-5x-2$ について，次の問いに答えなさい。　　　5点×4(20点)

(1) 変化の割合をいいなさい。

　　　　　　　　　　（　　　　　　　）

(2) x の増加量が4のときの y の増加量を求めなさい。

　　　　　　　　　　（　　　　　　　）

(3) グラフは，$y=-5x$ をどのように移動した直線といえますか。

　　　　（　　　　　　　　　　　　　　　　）

(4) x の変域が $-3\leqq x\leqq1$ のときの y の変域を求めなさい。

　　　　　　　　　　（　　　　　　　）

3 次の直線の式を求めなさい。　　　4点×5(20点)

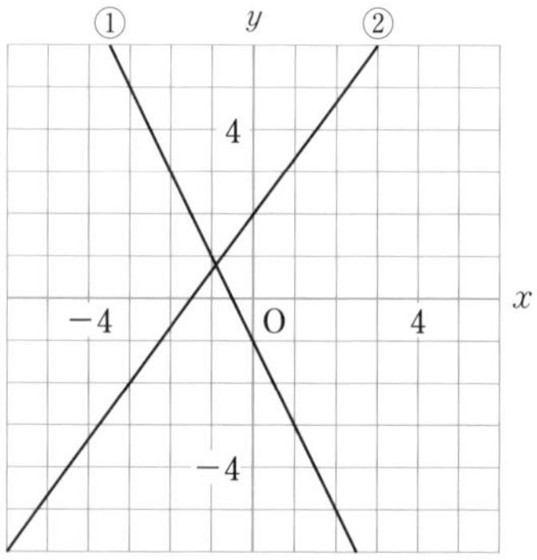

(1) 右の図の①の直線

　　　　　　（　　　　　　　）

(2) 右の図の②の直線

　　　　　　（　　　　　　　）

(3) 点 $(2,\ -1)$ を通り，傾きが -3 の直線

　　　　　　（　　　　　　　）

(4) 2点 $(-5,\ -2),\ (-1,\ 6)$ を通る直線

　　　　　　　　　　（　　　　　　　）

(5) 切片が -7 で，点 $(8,\ 5)$ を通る直線

　　　　　　　　　　（　　　　　　　）

❹ 次の方程式のグラフをかきなさい。　　3点×6(18点)

(1)　$y = -x - 1$　　　　　(2)　$y = \dfrac{2}{3}x + 3$

(3)　$-2x + y = -5$　　　　(4)　$3x + 4y = 8$

(5)　$3y - 12 = 0$　　　　　(6)　$-2x - 10 = 0$

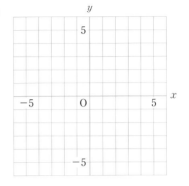

❺ 2直線 ℓ, m が右の図のように点Pで交わっているとき，点Pの座標を求めなさい。　　(5点)

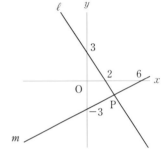

（　　　　　　　　）

3章

❻ 右の図のような長方形 ABCD があります。点PはBを出発して，辺上をC，Dを通ってAまで動きます。点PがBから x cm 動いたときの △ABP の面積を y cm² とします。　5点×5(25点)

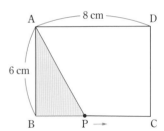

(1)　点Pが次の辺上にある場合について，y を x の式で表しなさい。ただし，x の変域も示しなさい。

　　BC 上 （　　　　　　　　　　）

　　CD 上 （　　　　　　　　　　）

　　DA 上 （　　　　　　　　　　）

(2)　点PがBを出発してからAまで動くまでの x と y の関係を表すグラフを右の図にかきなさい。

(3)　△ABP の面積が 15 cm² になるのは，点PがBから何 cm 動いたときですか。すべて求めなさい。　　　（　　　　　　　　　　）

　アプリ【どこでもワーク計算編・図形編】をやって，さらに力をつけよう!

確認のワーク　ステージ1　1　いろいろな角と多角形　❶ いろいろな角

例1 対頂角，同位角と錯角

教 p.110〜111 → 基本問題 ❶❷

右の図について，次の問いに答えなさい。

(1)　∠b の対頂角をいいなさい。

(2)　∠$c=35°$ のとき，∠b，∠d の大きさを求めなさい。

(3)　∠d の同位角をいいなさい。

(4)　∠e の錯角をいいなさい。

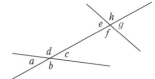

考え方 (1)，(2)　2つの直線が交わってできる角のうち，
向かい合った角を対頂角といい，対頂角は等しい。

(3)，(4)　2つの直線に1つの直線が交わってできる角の
うち，右のような位置にある角を同位角，錯角という。

対頂角　同位角　錯角

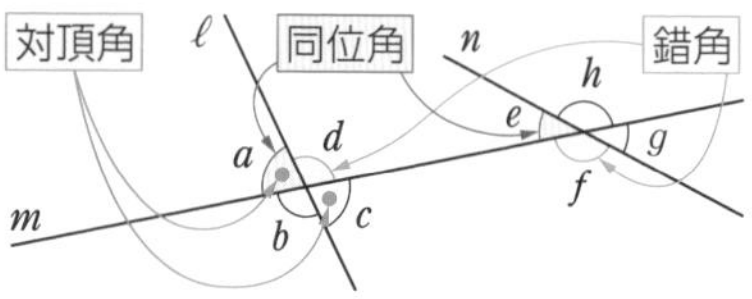

解き方 (1)　∠b の対頂角は ∠[①□] である。

(2)　∠$b+∠c=180°$ なので，∠$b=180°-35°=$ [②□]。
　　↑─直線の角は $180°$

(1)より，∠$d=∠$[③□]$=145°$

(3)　∠d の同位角は ∠[④□] である。

(4)　∠e の錯角は ∠[⑤□] である。

対頂角，同位角，錯角の
位置を正しく覚えよう。

例2 平行線と同位角・錯角

教 p.112〜114 → 基本問題 ❸❹

右の図について，次の問いに答えなさい。

(1)　直線a と平行な直線はどれですか。

(2)　∠d の大きさを求めなさい。

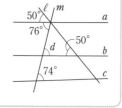

考え方 同位角や錯角が等しければ2直線は平行で，
2直線が平行ならば同位角や錯角は等しい。

解き方 (1)　同位角が等しいので，直線a と直線
　　　　　　↑─$50°$ と $50°$ の角

[⑥□] は平行である。錯角が等しくないの
　　　　　　　　　　↑─$76°$ と $74°$ の角

で，直線a と直線 [⑦□] は平行ではない。

(2)　∠d は $76°$ の角の錯角で，(1)より $a /\!/$ [⑥□]

したがって，∠$d=$ [⑧□]。

> たいせつ
>
> **平行線と同位角**
> 　同位角が等しければ，2直線は平行。
> 　2直線が平行ならば，同位角は等しい。
>
> **平行線と錯角**
> 　錯角が等しければ，2直線は平行。
> 　2直線が平行ならば，錯角は等しい。

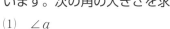 **基本問題** ･･ 解答 **p.34**

1 対頂角　右の図のように，3直線 ℓ，m，n が1点で交わって います。次の角の大きさを求めなさい。　教 p.111問2

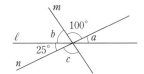

(1)　$\angle a$　　　　　　　　(2)　$\angle c$

(3)　$\angle a + \angle b + \angle c$

ミス注意

対頂角は向かい合う2つの角で あるが，右の図の $\angle a$ と $\angle b$ の ような場合は対頂角ではない。 2直線が交わってできる $\angle a$ と $\angle c$ が対頂角である。

2 同位角と錯角　右の図で，次の角をすべていいなさい。

 教 p.111問3

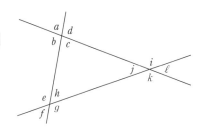

(1)　$\angle d$ の同位角　　　(2)　$\angle e$ の同位角

(3)　$\angle h$ の錯角　　　　(4)　$\angle i$ の錯角

3 平行線と同位角・錯角　次の図で，平行線はどれですか。平行の記号 // を使って表しなさい。

 教 p.112〜113

(1)

(2)

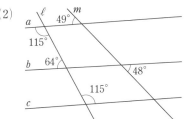

4 平行線と同位角・錯角　右の図で，a // b のとき，次の問いに 答えなさい。　教 p.114問8

(1)　$\angle x$ の大きさを求めなさい。

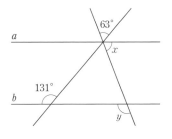

➡たいせつ

2直線が平行。
↕
同位角，錯角が等しい。

(2)　$\angle y$ の大きさを求めなさい。

4 章

確認のワーク **ステージ 1**　1　いろいろな角と多角形
❷ 三角形の角

例 1 三角形の内角の和　教 p.115 → 基本問題 ❶ ❷

三角形の内角の和は 180°であることを，右の図を使って説明しなさい。

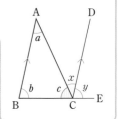

考え方 平行線の錯角，同位角が等しいことを使って，3 つの内角の
和が ∠BCE (直線) と等しいことを導く。
　　　　　180°

解き方 平行線の錯角は等しいから，

BA∥CD より，∠a＝∠x

平行線の同位角は等しいから，

BA∥CD より，∠b＝∠ ①[　　　]

したがって，

　∠a＋∠b＋∠c＝∠x＋∠ ①[　　　]＋∠c

　　　　　　　　＝②[　　　] 。　← ∠BCE(直線)＝180°

> **たいせつ**
>
> ・三角形の 3 つの角を内角という。
> ・1 つの辺とそれととなり合う辺の
> 　延長とがつくる角を外角という。
>
> 内角
> 内角　内角　外角
> 　　　　　　外角
>
> ・三角形の内角の和は 180°

例 2 三角形の分類　教 p.117 → 基本問題 ❸

右の⑦〜⑨で，鈍角三
角形はどれですか。

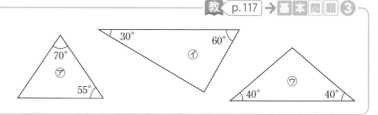

考え方 三角形の残りの角の大きさを調べる。0° より大きく 90° より小さい角を鋭角，90° よ
り大きく 180° より小さい角を鈍角という。

解き方 三角形の内角の和は 180° だから，

⑦　残りの角は，180°－(70°＋55°)＝55°
　　したがって，3 つの内角が鋭角だから，鋭角三角形

④　残りの角は，180°－(30°＋60°)＝③[　　　] 。
　　したがって，1 つの内角が直角だから，④[　　　　　]

⑨　残りの角は，180°－40°×2＝⑤[　　　] 。
　　したがって，1 つの内角が⑥[　　　] だから，⑦[　　　　　]
　　　　　└ 鋭角？直角？鈍角？

> **覚えておこう**
>
> 鋭角三角形…3 つの内角が
> 　鋭角である三角形
> 直角三角形…1 つの内角が
> 　直角である三角形
> 鈍角三角形…1 つの内角が
> 　鈍角である三角形

答 ⑧[　　　]

基本問題 解答 ▶ p.34

1 **三角形の角の性質** 三角形の外角は、これととなり合わない2つの内角の和に等しいことを、右の図を使って説明しなさい。

教 p.116問2

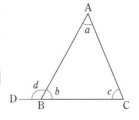

> **たいせつ**
>
> 三角形の外角は、これととなり合わない2つの内角の和に等しい。
>
>

> 点Bを通り、辺CAに平行な直線を引いてみよう。

2 **三角形の角の性質** 下の図で、∠x の大きさを求めなさい。 教 p.117問4

4章

(1)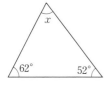

(2)

(3)

(4)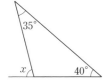

(5)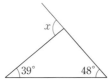

(6)

3 **三角形の分類** 下の三角形を、鋭角三角形、直角三角形、鈍角三角形に分類しなさい。 教 p.117

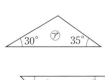
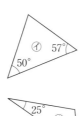
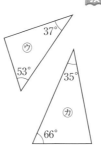

> **ここがポイント**
>
> 鋭角三角形
>
> 鋭角
>
> 直角三角形
>
> 直角
>
> 鈍角三角形
>
> 鈍角

確認のワーク **ステージ 1** 　1　いろいろな角と多角形
❸ 多角形の角

例 1 **多角形の内角の和** 　　　　　　　　　　　　教 p.118〜119 → 基本問題 ❶❷

六角形の内角の和を求めなさい。

考え方 1つの頂点から引いた対角線で，三角形に分けて考える。

解き方 六角形は，1つの頂点から引いた対角線によって，□① 　つの

三角形に分けることができるから，内角の和は，

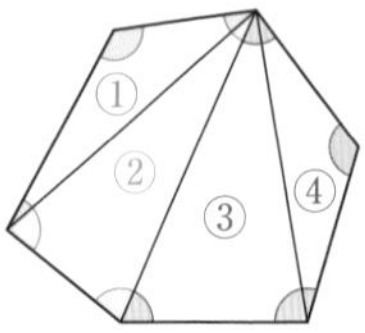

$$\underset{\underset{\text{三角形の内角の和}}{\uparrow}}{180°} \times \boxed{①} = \boxed{②}°$$

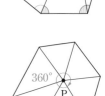

別解 六角形の内部に点Pをとり，Pと各頂点を結ぶと，6つの三角形
に分けることができる。

点Pのまわりの角は360°だから，六角形の内角の和は，

$$180° \times 6 - 360° = \boxed{②}°$$

例 2 **正多角形の1つの内角** 　　　　　　　　　　教 p.120 → 基本問題 ❷

正八角形の1つの内角の大きさは何度ですか。

考え方 n角形の内角の和は，$180° \times (n-2)$である。

解き方 八角形の内角の和は，

$$180° \times (\boxed{③} - 2) = \boxed{④}°$$

正多角形の内角はすべて等しいから，正八角形の1つの内角の

大きさは，$\boxed{④}° \div 8 = \boxed{⑤}°$。

思い出そう

辺の長さがすべて等しく，内角の大きさもすべて等しい多角形を，正多角形という。

例 3 **多角形の外角の和** 　　　　　　　　　　　　教 p.121 → 基本問題 ❸

七角形の外角の和を求めなさい。

考え方 どの頂点でも，内角と外角の和は180°である。

解き方 7つの頂点における内角と1つの外角の和をすべて加えると，

$$180° \times 7 = 1260°$$

←右の図のピンク色の角とみどり色の角

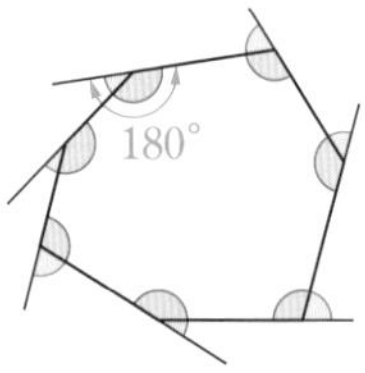

一方，七角形の内角の和は，

$$180° \times (\boxed{⑥} - 2) = 900°$$

したがって，七角形の外角の和は，

$$1260° - 900° = \boxed{⑦}°$$

180°の7つ分から内角の和をひけば，外角の和が求められるね。

基本問題 .... 解答 ▶ p.35

1 多角形の内角の和　下の図を利用して，次の表を完成させなさい。 教 p.118

	四角形	五角形	六角形	七角形	n 角形
頂点の数	4		6		
三角形の数	2		4		
内角の和	$180° \times 2$		$180° \times 4$		

2 多角形の内角の和　次の問いに答えなさい。 教 p.120問1

(1) 九角形の内角の和を求めなさい。

▶**たいせつ**

多角形の内角の和
n 角形の内角の和は，
$$180° \times (n-2)$$
である。

(2) 正十角形の内角の和を求めなさい。また，その1つの内角の大きさは何度ですか。

(3) 内角の和が $1800°$ になるのは何角形ですか。

3 多角形の外角の和　次の問いに答えなさい。 教 p.122問2, 問3

(1) 六角形の外角の和を求めなさい。

ここがポイント

$$(n\,\text{角形の外角の和})$$
$$= \underline{180° \times n} - (n\,\text{角形の内角の和})$$
　　　↑すべての内角と外角の和
$$= 180° \times n - 180° \times (n-2)$$
$$= 360°$$

(2) 1つの外角が $30°$ になるのは，正何角形ですか。

(3) 次の図で，$\angle x$ の大きさを求めなさい。

①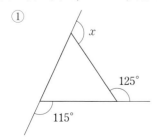

②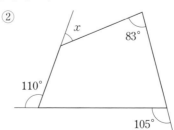

▶**たいせつ**

多角形の外角の和
多角形の外角の和は
$360°$ である。

左ページの 例 の答え　① 4　② 720　③ 8　④ 1080　⑤ 135　⑥ 7　⑦ 360

4章

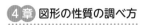

1 いろいろな角と多角形

1 右の図で，次の角をいいなさい。

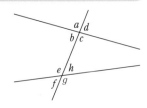

(1) ∠a の同位角

(2) ∠e の錯角

(3) ∠h の対頂角

2 下の図で，ℓ // m のとき，∠x，∠y の大きさを求めなさい。

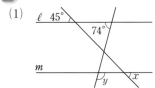

(1)

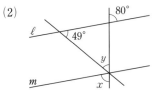

(2)

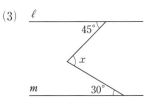

(3)

3 下の図で，∠x の大きさを求めなさい。

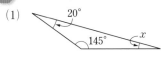

(1)

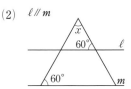

(2) ℓ // m

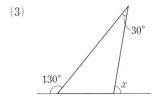

(3)

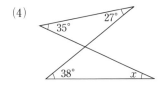

(4)

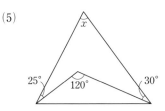

(5)

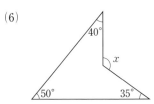

(6)

4 2つの内角の大きさが次のような三角形は，鋭角三角形，直角三角形，鈍角三角形のどれですか。

(1) 61°，28°

(2) 67°，23°

(3) 65°，27°

2 (3) ∠x の頂点を通り，ℓ, m に平行な直線を引いて考える。

3 (6) 50° の角の頂点と ∠x の頂点を結ぶ直線を引くと，∠x は 2 つの三角形の外角の和になる。

解答 ▶ p.35

5 次の図で，∠x の大きさを求めなさい。

(1)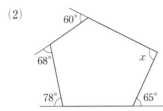

(2)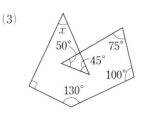

(3)

6 次の問いに答えなさい。

(1) 内角の和が 2160° になるのは何角形ですか。

(2) 正十五角形の 1 つの内角の大きさの求め方を説明しなさい。

UP(3) 1 つの内角の大きさが，1 つの外角の大きさの 3 倍である正多角形は，正何角形ですか。

UP 7 次の図で，∠x の大きさを求めなさい。ただし，(2)で，同じ印をつけた角は等しいとします。

(1)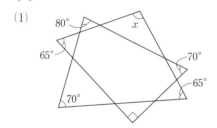

(2)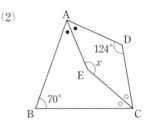

![入試問題を やってみよう！]

1 次の図で，∠x の大きさを求めなさい。ただし，いずれも ℓ // m とします。

(1) 〔富山〕 (2) 〔山口〕

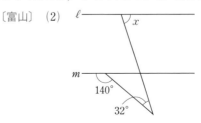

6 (3) 1 つの外角の大きさを求めて考える。

7 (1) 七角形の外角の和が 360° であることを利用して，印のついた角の和を求めて考える。

(2) まず，四角形 ABCD の内角の和を利用して，•• ＋ ○○ の角の大きさを求める。

確認のワーク　**ステージ1**　**2　図形の合同**
❶ 合同な図形　　**❷ 三角形の合同条件**

例1　合同な図形

教 p.125〜126 → 基本問題❶

　右の図で，四角形 ABCD≡四角形 EFGH で
あるとき，次の問いに答えなさい。

(1)　辺 CD の長さは何 cm ですか。

(2)　∠E の大きさは何度ですか。

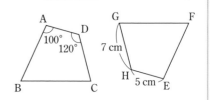

考え方　四角形 ABCD と四角形 EFGH が合同であることを，記号 ≡ を使って，

四角形 **ABCD**≡四角形 **EFGH** と書く。

── 対応する点が同じ順序になるように書く。

解き方　(1)　辺 CD に対応する辺は，辺〔　〕だから，

$$CD = \boxed{①} = \boxed{②} \text{ cm}$$

(2)　∠E に対応する角は，∠〔③〕だから，

$$\angle E = \angle \boxed{③} = \boxed{④}°$$

> **合同な図形の性質**
> ①対応する線分の長さはそれぞれ等しい。
> ②対応する角の大きさはそれぞれ等しい。

例2　三角形の合同条件

教 p.128〜129 → 基本問題❷❸

　右の図で，合同な三角形
はどれとどれですか。記号
≡ を使って表しなさい。

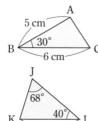
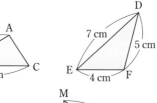
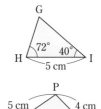

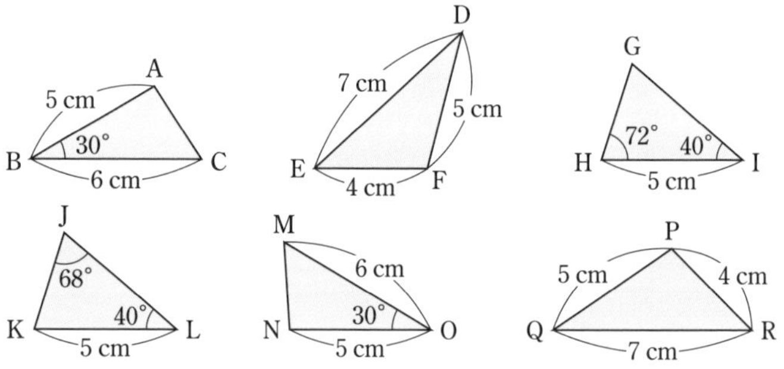

考え方　等しい辺や角に着目し，三角形の合同条件のどれか
にあてはまるものを見つける。

解き方　2組の辺とその間の角がそれぞれ等しいから，

　AB=NO　　∠B=∠O
　BC=OM

$$\triangle ABC \equiv \triangle NOM$$

3組の辺がそれぞれ等しいから，

　DE=QR, EF=RP, FD=PQ

$$\triangle DEF \equiv \triangle \boxed{⑤}$$

∠K=72° より，1組の辺とその両端の角がそれぞれ

　180°−(68°+40°)　　HI=KL　　∠H=∠K, ∠I=∠L

等しいから，$\triangle GHI \equiv \triangle \boxed{⑥}$

> **三角形の合同条件**
> ①3組の辺がそれぞれ等しい。
>
> ②2組の辺とその間の角がそれぞれ等しい。
>
> ③1組の辺とその両端の角がそれぞれ等しい。
>

基本問題 解答 p.37

1 **合同な図形** 右の図で，2つの五角形は合同です。 教 p.126 問3

(1) 2つの五角形が合同であることを，記号 ≡ を使って表しなさい。

(2) 辺FGの長さは何 cm ですか。

(3) ∠Aの大きさは何度ですか。

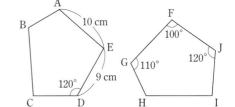

2 **三角形の合同条件** 下の図で，合同な三角形はどれとどれですか。記号 ≡ を使って表しなさい。また，そのときの合同条件をいいなさい。 教 p.129 問1

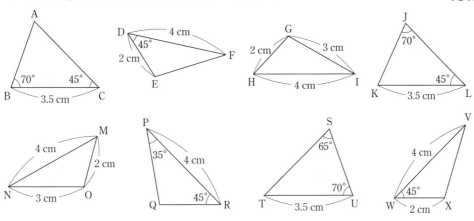

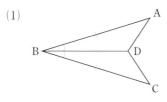

3 **三角形の合同条件** 下の図で，合同な三角形はどれとどれですか。記号 ≡ を使って表しなさい。また，そのときの合同条件をいいなさい。ただし，同じ印をつけた辺や角は等しいとします。 教 p.129 問2

(1)

(2)

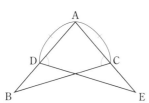

2つの三角形で，共通な辺や角に着目しよう。

確認のワーク　**ステージ 1**　2　図形の合同
❸ 図形の性質の確かめ方

例1 仮定と結論
教 p.130〜131 → 基本 問題 ❶

次のことがらの仮定と結論をいいなさい。
　　△ABC≡△DEF ならば，∠B＝∠E である。

考え方 あることがらが，「p ならば q」の形で表されているとき，p を仮定，q を結論という。

解き方 「ならば」の前の部分が仮定，あとの部分が結論だから，

仮定…△ABC≡^①⬚

結論…^②⬚

ここがポイント

　　　　　　ならば，　　　　　
　仮定　　　　　　　　結論

例2 証明のすすめ方
教 p.131〜133 → 基本 問題 ❷

　右の図で，AM＝BM，CM＝DM ならば，∠A＝∠B です。
(1) 仮定と結論をいいなさい。
(2) 結論をいうためには何がいえればよいですか。
(3) このことを証明しなさい。

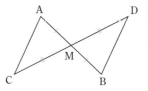

考え方 (3) あることがらが正しいことを，すでに正しいと認められたことがらを根拠にして，筋道を立てて説明することを証明という。

解き方 (1) 仮定…AM＝BM，CM＝DM

結論…^③⬚

∠A，∠B をそれぞれ角にもつ 2 つの三角形の合同を考えよう。

(2) △AMC≡△^④⬚ がいえれば，合同な図形の対応

する角は等しいから，∠A＝∠B となる。

覚えておこう

図形の性質を証明する手順
❶仮定と結論を区別して，図に必要な印を記入する。
❷結論をいうために何がいえればよいかを考える。
❸根拠を明らかにしながら，証明を書いていく。

(3) 証明 △AMC と △BMD において，

仮定から，AM＝BM　　　　①　┐
　　　　CM＝^⑤⬚　　②　┘ 仮定

対頂角は等しいから，
　　∠AMC＝∠^⑥⬚　　③ ┐ 対頂角の性質

①，②，③より，2 組の辺とその間の角が
それぞれ等しいから，　　　　　　　　┐ 三角形の合同条件
　　△AMC≡△^⑦⬚

合同な三角形の対応する ^⑧⬚ は等しい ┐ 合同な図形の性質
から，　　∠A＝∠B　　　　　　　　　┘ 結論

ミス注意

与えられていない条件を使ったり，根拠を示さないで辺や角が等しいことをいったりしないように。

基本問題

解答 p.37

1 仮定と結論　次のことがらの仮定と結論をいいなさい。 　教 p.131問2

(1)　△ABC で，AB＝BC＝CA ならば，∠A＝∠B＝∠C である。

(2)　a が4の倍数ならば，a は偶数である。

2 証明のすすめ方　直線 ℓ 上にない点Pを通る ℓ の平行線を引くために，次のように作図しました。この作図の方法が正しいことを証明しなさい。　教 p.135

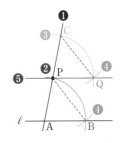

❶　点Pを通る AP⊥ℓ でない直線を引き，ℓ との交点をAとする。

❷　点Aを中心，AP を半径とする円をかき，ℓ との交点のうち，△PAB が鋭角三角形になる点をBとする。

❸　点Pを中心，AP を半径とする円をかき，AP の延長との交点をCとする。

❹　点Cを中心，PB を半径とする円をかき，❸でかいた円との交点のうち，直線 AC についてBと同じ側にある点をQとする。

❺　直線 PQ を引く。

証明でよく使う性質

対頂角の性質
平行線の性質
平行線になるための条件
三角形の角の性質
合同な図形の性質
三角形の合同条件

4章

3 逆　次のことがらの逆をいいなさい。また，それが正しいかどうかを調べ，正しくないときは，反例を1つあげなさい。　教 p.137問8

(1)　2直線 ℓ，m が平行ならば，錯角 ∠x と ∠y は等しい。

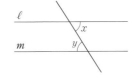

(2)　△ABC≡△DEF ならば，∠A＝∠D である。

(3)　x が8の倍数ならば，x は偶数である。

覚えておこう

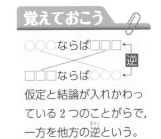

○○○ならば□□□
□□□ならば○○○
逆

仮定と結論が入れかわっている2つのことがらで，一方を他方の逆という。

成り立たない例を反例というよ。

定着のワーク　ステージ2　　2　図形の合同

1 次の(1), (2)に，それぞれどんな条件を1つ加えれば，
△ABC と △DEF は合同になりますか。それぞれ2通
り答えなさい。

(1)　BC＝EF，∠C＝∠F　　(2)　AB＝DE，AC＝DF

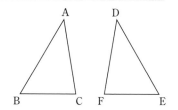

2 下の図で，合同な三角形はどれとどれですか。記号 ≡ を使って表しなさい。また，その
ときの合同条件をいいなさい。ただし，同じ印をつけた辺や角は等しいとします。

(1)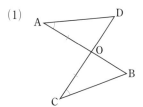
　　　　(2)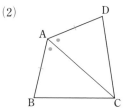

3 右の図で，BC＝DA，AB＝CD ならば，AB∥CD です。

(1)　仮定と結論をいいなさい。

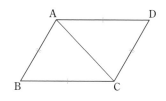

(2)　このことの証明を，右の手順ですす
　めるとき，①〜③の根拠となっている
　ことがらをいいなさい。

$$
\begin{array}{l}
△ABC \text{ と } △CDA \text{ において，}\\
\quad BC＝DA \quad\quad ……仮定\\
\quad AB＝CD \quad\quad ……仮定\\
\quad AC＝CA \quad\quad ……共通\\
よって， \quad △ABC≡△CDA \quad ……①\\
これより， \angle BAC＝\angle DCA \quad ……②\\
したがって， \quad AB∥CD \quad\quad ……③
\end{array}
$$

4 右の図で，AC＝DB，∠ACB＝∠DBC ならば，
∠BAC＝∠CDB であることを証明しなさい。

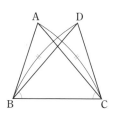

2 記号を使って合同を表すときは，対応する点が同じ順序に並ぶように書く。

3 (2)　①は三角形の合同条件，②は合同な図形の性質，③は平行線になるための条件。
　　　②は，「合同な図形の対応する　□□□□□ は等しい。」のように答える。

レベル UP ⑤ 線分 AB の垂直二等分線 CE を右の図のように作図しました。作図した直線 CE が線分 AB の垂直二等分線であることを証明しなさい。ただし，作図でかいた 2 つの円は同じ半径とします。

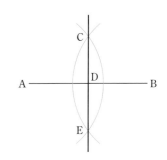

⑥ 次のことがらの逆をいいなさい。また，それが正しいかどうかを調べなさい。

(1) $a>0$，$b<0$ ならば，$ab<0$ である。

(2) 七角形の内角の和は $900°$ である。

入試問題を **やってみよう！** - - - - - - - - - - - - - - - -

① 直線 ℓ 上にある点 P を通る ℓ の垂線を引くために，次のように作図しました。

> ① 点 P を中心とする円をかき，直線 ℓ との交点を A，B とする。
> ② 点 A，B を，それぞれ中心として，等しい半径の 2 つの円を交わるようにかき，その交点の 1 つを Q とする。
> ③ 直線 PQ をひく。

この直線 **PQ** が直線 ℓ と垂直であることを次のように証明しました。 ア ，イ ，ウ をうめて証明を完成しなさい。 〔愛知〕

証明 △QAP と △QBP において，

$$PA=PB \quad \cdots\cdots①$$
$$PQ=PQ \quad \cdots\cdots②$$
$$AQ=\boxed{ア} \quad \cdots\cdots③$$

①，②，③から，3 組の辺がそれぞれ等しいので，△QAP≡△QBP

よって，∠QPA=∠$\boxed{イ}$ $\cdots\cdots④$

④と，∠QPA+∠$\boxed{イ}$=$\boxed{ウ}$° から，∠QPA=90°

つまり，PQ⊥ℓ

⑤ 〔仮定〕AC＝AE＝BC＝BE 〔結論〕AD＝BD，CE⊥AB
⑥ 成り立たない例（反例）が 1 つでもあれば，正しいとはいえない。
① 合同な三角形の対応する角の和が 180° になっていることから，∠QPA＝90° を証明している。

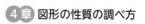

解答 p.39

 実力判定テスト ステージ3　図形の性質の調べ方　40分 /100

1 右の図で，平行な直線はどれですか。記号 // を使って表しなさい。　（4点）

（　　　　　）

2 下の図で，ℓ // m のとき，∠x の大きさを求めなさい。　4点×3（12点）

(1)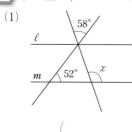

(2)

(3)

（　　　）　（　　　）　（　　　）

3 下の図で，∠x の大きさを求めなさい。　4点×5（20点）

(1)

(2)

(3)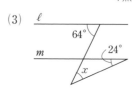

（　　　）　（　　　）　（　　　）

(4)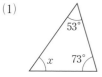

(5)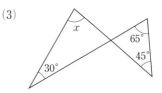

（　　　）　（　　　）

4 次の問いに答えなさい。　4点×3（12点）

(1) 十三角形の内角の和を求めなさい。　（　　　　　）

(2) 正九角形の1つの外角の大きさを求めなさい。　（　　　　　）

(3) 1つの外角が18°になるのは，正何角形ですか。　（　　　　　）

目標 ❷，❸は確実に解けるようにしよう。
❺〜❼は三角形の合同条件を覚え，使いこなせるようになろう。

自分の得点まで色をぬろう!
😟がんばろう　😐もう一歩　😊合格!
0　　　　　　　60　80　100点

5 下の図で，合同な三角形はどれとどれですか。記号 ≡ を使って表しなさい。また，そのときの合同条件をいいなさい。 4点×3(12点)

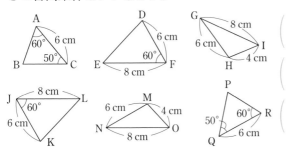

(　　　　　　)

(　　　　　　)

(　　　　　　)

6 右の図で，AB=CD，AB∥CD ならば，AE=DE です。 4点×5(20点)

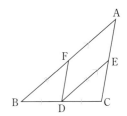

(1) 仮定と結論をいいなさい。　仮定 (　　　　　　)

　　　　　　　　　　　　　　　結論 (　　　　　　)

(2) 結論を導くには，どの三角形とどの三角形が合同であることを示すとよいですか。また，そのことを示すには，三角形の合同条件のどれを使えばよいですか。

　　　　　　　　三角形 (　　　　　　)

　　　　　　　合同条件 (　　　　　　)

(3) 2つの三角形が合同であることから結論を導くとき，根拠となることがらは何ですか。

(　　　　　　)

7 右の図のように，△ABC の辺 BC の中点をDとし，DE∥BA となるように辺 AC 上に点Eをとります。また，BF=DE となるように辺 AB 上に点Fをとります。このとき，FD∥AC であることを証明しなさい。 (12点)

8 次のことがらの逆をいいなさい。また，それが正しいかどうかを調べなさい。 4点×2(8点)

(1) x=3 ならば，x+2=5 である。 (　　　　　　)

(2) 合同な2つの四角形は，面積が等しい。 (　　　　　　)

 アプリ【どこでもワーク計算編・図形編】をやって，さらに力をつけよう!

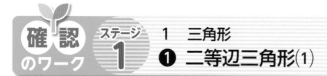

確認のワーク　ステージ1　1 三角形　❶ 二等辺三角形(1)

例1 二等辺三角形の性質
教 p.148〜149 → 基本問題❶❸

定理「二等辺三角形の2つの底角は等しい。」を証明しなさい。

考え方 証明の根拠として，特によく利用されるものを定理という。

　また，二等辺三角形で，長さの等しい2つの辺がつくる角を頂角，頂角に対する辺を底辺，底辺の両端の角を底角という。

　二等辺三角形を2つの三角形に分け，底角が合同な三角形の対応する角であることを示す。

証明 AB=AC である △ABC で，∠A の二等分線を引き，辺 BC との交点をDとする。

△ABD と △ACD において，

仮定から，　　　　AB=①[　　] ①

AD は ∠A の二等分線であるから，

　　　∠BAD=∠②[　　] ②

共通な辺だから，AD=AD ③ ←「AD は共通」としてもよい。

①，②，③より，③[　　　　　　　]がそれぞれ等しいから，

　　　△ABD≡△ACD

したがって，　∠B=∠④[　　] ← 合同な図形では，対応する角は等しい。

二等辺三角形を2つの三角形に分けるとき，辺BCの中点と頂点Aを結ぶことでも証明できるよ。

例2 二等辺三角形
教 p.150 → 基本問題❷

下の図で，∠x，∠y の大きさを求めなさい。

(1) CA=CB

(2) BA=BC

考え方 定理「二等辺三角形の性質」，「三角形の角の性質」を使う。

解き方 (1) CA=CB より，△ABC は二等辺三角形で，2つの底角は等しいから，

　　∠x=∠A=⑤[　　]°

三角形の内角の和は180°だから，

　　∠y=180°−70°×2

　　　=⑥[　　]°

(2) BA=BC より，△ABC は二等辺三角形で，2つの底角は等しいから，

　　∠A=∠C=55°

三角形の外角は，これととなり合わない2つの内角の和に等しいから，

　　∠x=∠A+∠C=⑦[　　]°

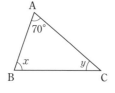
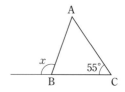

 解答 p.41

1 二等辺三角形の性質　次の□をうめて，二等辺三角形の定義を完成させなさい。 教 p.148Q

2つの ［ア□］ が等しい ［イ□］ を二等辺三角形という。

覚えておこう
用語の意味をはっきり述べたものを，その用語の定義という。

2 二等辺三角形　下の図で，∠x，∠y の大きさを求めなさい。 教 p.150問1

(1)　BA=BD，DA=DC

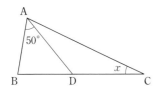

(2)　DA=DB=DC

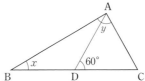

(3)　AB=AC，CB=CD

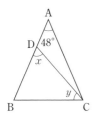

たいせつ
定理　二等辺三角形の底角
二等辺三角形の2つの底角は等しい。

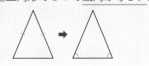

5章

3 二等辺三角形の性質　定理「二等辺三角形の頂角の二等分線は，底辺を垂直に2等分する。」を，次のように証明しました。□をうめて，証明を完成させなさい。 教 p.150問2

〔仮定〕　AB=AC，∠BAD=∠CAD
〔結論〕　BD=CD，AD⊥BC

証明　△ABD と △ACD において，

仮定から，　　　AB=AC　　　①
　　　　　∠BAD=∠CAD　　②

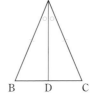

たいせつ
定理　二等辺三角形の頂角の二等分線
二等辺三角形の頂角の二等分線は，底辺を垂直に2等分する。

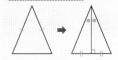

二等辺三角形の2つの底角は等しいから，

∠［ア□］=∠［イ□］　　③

①，②，③より，［ウ□］がそれぞれ等しいから，△ABD≡△ACD

したがって，BD=CD　　④

∠ADB=∠［エ□］　　⑤

⑤と，∠ADB+∠［エ］=［オ□］° から，

AD⊥BC　　⑥

④と⑥から，BD=CD，AD⊥BC

左ページの例の答え　①AC ②CAD ③2組の辺とその間の角 ④C ⑤70 ⑥40 ⑦110

確認 のワーク　ステージ 1 　**1 三角形**
　❶ 二等辺三角形⑵

例 1 2つの角が等しい三角形
教 p.152～153 → 基本問題 ❶❷

　右の図で，AB＝DC，AC＝DB ならば，△EBC は二等辺三角形であることを証明しなさい。

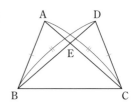

考え方 二等辺三角形であることを証明するには，次のどちらかを示せばよい。

・**2つの辺が等しい**（定義）　　・**2つの角が等しい**（定理）
　↳ EB＝EC　　　　　　　　　　　↳ ∠EBC＝∠ECB

証明 △ABC と △DCB において，

仮定から，　　　　　　AB＝DC　　　①
　　　　　　　　　　　AC＝DB　　　②

共通な辺だから，　　［①　　　　　］　　③

①，②，③より，　3組の辺がそれぞれ等しいから，
　　　　　　　　　　△ABC≡△DCB

したがって，　　　∠ACB＝∠DBC

すなわち，　　　　∠EBC＝∠［②　　　］

2つの［③　　　］が等しいから，△EBC は二等辺三角形である。

たいせつ
定理　二等辺三角形になるための条件
　2つの角が等しい三角形は，二等辺三角形である。

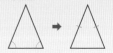

例 2 正三角形の性質
教 p.153～154 → 基本問題 ❸❹

　右の図で，∠A＝∠B＝∠C ならば，AB＝BC＝CA であることを証明しなさい。

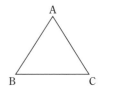

考え方 二等辺三角形になるための条件「2つの角が等しい三角形は二等辺三角形である」を2回利用する。

証明 △ABC を ∠B＝∠C の二等辺三角形と考えると，

　AB＝［④　　　］　　①

△ABC を ∠A＝∠C の二等辺三角形と考えると，

　［⑤　　　　　］　　②

①，②から，
　AB＝BC＝CA

覚えておこう
正三角形の定義
　3つの辺が等しい三角形を正三角形という。

この証明から，
「3つの角が等しい三角形は，正三角形である」
ということがわかるよ。

解答 p.41

基本問題

① 2つの角が等しい三角形 右の図のように，△ABCで，∠B，∠C の二等分線をそれぞれ引き，その交点をPとします。また，Pを通って辺BCに平行な直線を引き，AB，ACとの交点をそれぞれD，Eとします。このとき，△DBP，△ECPはともに二等辺三角形であることを証明しなさい。　教 p.153問5

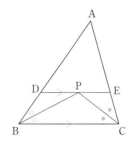

② 折り返したときにできる図形 右の図のように，AB∥DC の台形 ABCDを頂点Cが頂点Aと重なるように折ります。折り目をEFとし，頂点Bが移った先をGとします。△AEF は二等辺三角形であることを証明しなさい。　教 p.153問6

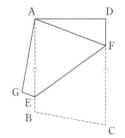

③ 正三角形の性質 正三角形 ABCで，∠B，∠C の二等分線をそれぞれ引き，その交点をPとし，PとAを結びます。このとき，△PAB，△PCB，△PCA はすべて合同であることを証明しなさい。　教 p.154問9

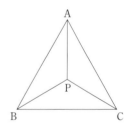

④ 正三角形の性質 右の図で，△ABC，△CDE をそれぞれ正三角形とします。　教 p.154問9

(1) AD＝BE であることを証明しなさい。

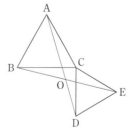

(2) AD と BE の交点をOとするとき，∠AOB の大きさを求めなさい。

確認のワーク　ステージ1　1 三角形　❷ 直角三角形の合同

例1 直角三角形の合同条件　　教 p.155〜156 → 基本問題❶

右の図で，合同な三角形は
どれとどれですか。記号≡を
使って表しなさい。

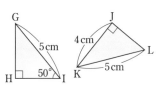

考え方　直角三角形の直角に対する辺を斜辺という。

直角三角形では，まず斜辺に着目し，次に**1つの鋭角**または**他の1辺**を調べる。

解き方　直角三角形の斜辺と ①[　　　　　] が

∠A＝∠H＝90°　BC＝IG　　∠B＝∠I

それぞれ等しいから，

　　△ABC≡△HIG

直角三角形の斜辺と ②[　　　　　] がそれぞ

∠E＝∠J＝90°　DF＝KL　　DE＝KJ

れ等しいから，

　　△DEF≡△③[　　　　]

> **たいせつ**
>
> **定理　直角三角形の合同条件**
> 2つの直角三角形は，次のどちらか1つが成り立てば合同である。
> ①斜辺と1つの鋭角が
> 　それぞれ等しい。
> ②斜辺と他の1辺がそ
> 　れぞれ等しい。

例2 直角三角形の合同条件の利用　　教 p.157 → 基本問題❷❸

∠XOY 内の点Pから，2辺 OX，OY に垂線を引き，OX，OY との交点をそれぞれ A，B とします。このとき，PA＝PB ならば，点 P は ∠XOY の二等分線上にあることを証明しなさい。

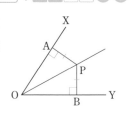

考え方　点Pが ∠XOY の二等分線上にあることを証明するには，∠AOP＝∠BOP であることを示せばよい。

証明　△AOP と △BOP において，

仮定から，　∠PAO＝∠④[　　　　]＝90°　①　← 直角三角形であることを示す

　　　　　　PA＝⑤[　　　　]　　　　　　　②

共通な辺だから，　OP＝OP　　　　　③　← 斜辺

①，②，③より，直角三角形の⑥[　　　　　　]がそれぞれ

等しいから，△AOP≡△BOP

したがって，∠AOP＝∠BOP

よって，点Pは ∠XOY の二等分線上にある。

> 直角三角形のときは，直角三角形の合同条件が使えるか考えるよ。

解答 **p.42**

基本問題

1 直角三角形の合同条件　次の図で，合同な三角形はどれとどれですか。記号≡を使って表しなさい。また，そのときの合同条件をいいなさい。

教 p.156問2

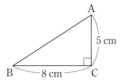
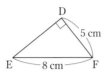

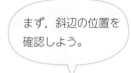

まず，斜辺の位置を確認しよう。

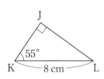
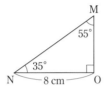
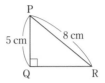

2 直角三角形の合同条件の利用　AB＝AC の二等辺三角形 ABC の辺 BC の中点Mから，辺 AB，AC にそれぞれ垂線 MD，ME を引きます。このとき，MD＝ME であることを，次のように証明しました。☐をうめて，証明を完成させなさい。

教 p.157例1

証明 △MBD と △MCE において，

　仮定から，　　　MB＝^ア☐　　　　①

　　　　　　∠MDB＝∠MEC＝^イ☐°　②

二等辺三角形の底角は等しいから，

　　　　　∠MBD＝∠MCE　　　　　③

①，②，③より，直角三角形の^ウ☐がそれぞれ等しいから，

　　　　△MBD≡△MCE

したがって，^エ☐

3 直角三角形の合同条件の利用　AB＝AC の二等辺三角形 ABC の頂点 B，C から辺 AC，AB にそれぞれ垂線 BD，CE を引きます。このとき，AD＝AE であることを証明しなさい。

教 p.157問4

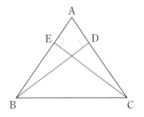

解答 p.42

定着のワーク　ステージ2　1　三角形

1 下の図で，∠x の大きさを求めなさい。

(1) AB＝AC，∠ABD＝∠DBC

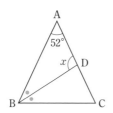

(2) BA＝BC，DA＝DB

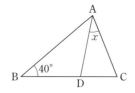

2 AB＝AC の二等辺三角形 ABC の辺 AB，AC 上に，それぞれ点 D，E を BD＝CE となるようにとり，CD と BE の交点をFとします。このとき，△FBC は二等辺三角形であることを証明しなさい。

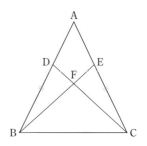

3 正三角形の3つの角が等しく 60° であることを証明するには，どのような定理を使いますか。2つ書きなさい。

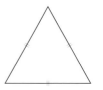

4 正三角形 ABC の辺 BC，CA 上に，それぞれ点 D，E を BD＝CE となるようにとり，AD と BE の交点をFとします。このとき，∠BAD＝∠CBE となることを証明しなさい。

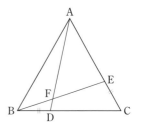

1 (2) ∠x＝∠BAC－∠BAD
3 正三角形は二等辺三角形の特別なものだから，二等辺三角形の性質を考える。
4 正三角形の性質を使って，まず △ABD≡△BCE を証明する。

5 右の図のように，正三角形 ABC の辺 BC 上に点 D をとり，
線分 AD を 1 辺とする正三角形 ADE をつくります。

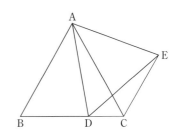

(1) ∠BAD と等しい角をいいなさい。

(2) ∠ACE の大きさを求めなさい。

6 右の図のように，△ABC の辺 BC の中点を M とし，頂点 B, C
から直線 AM にそれぞれ垂線 BD，CE を引きます。このとき，
BD＝CE であることを証明しなさい。

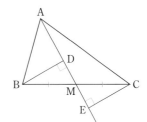

7 右の図のように，AB＝AC の二等辺三角形 ABC で，頂点 B, C から
それぞれ辺 AC，AB に垂線 BE，CD を引きます。BE と CD の交点を
F とするとき，∠DAF＝∠EAF であることを証明しなさい。

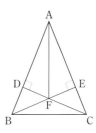

入試問題を やってみよう！

1 右の図のように，AB＝AD，AD∥BC，∠ABC
が鋭角である台形 ABCD があります。対角線 BD
上に点 E を ∠BAE＝90° となるようにとります。

〔北海道〕

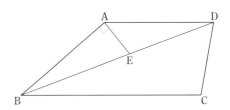

(1) ∠ADB＝20°，∠BCD＝100° のとき，
∠BDC の大きさを求めなさい。

(2) 頂点 A から辺 BC に垂線を引き，対角線 BD，辺 BC との交点をそれぞれ F, G とします。
このとき，△ABF≡△ADE を証明しなさい。

5 2 つの三角形 △ABD と △ACE に注目して考える。
7 まず，△ADC≡△AEB を証明してから，△ADF≡△AEF を証明する。
1 (2) △ABD が二等辺三角形となることと，AD∥BC から錯角が等しいことを使う。

5
章

確認のワーク　ステージ**1**　**2 四角形**
❶ 平行四辺形の性質

例1 平行四辺形の性質
教 p.159〜160 → 基本問題❶

▱ABCD で，対角線 AC を引き，AB＝CD，BC＝DA であることを証明しなさい。

考え方 平行四辺形を表すのに，記号▱を使って，▱ABCD と表す。

　対角線を引いてできる 2 つの三角形の合同を示し，平行四辺形の性質「2 組の対辺はそれぞれ等しい。」を証明する。

証明 対角線 AC を引く。

△ABC と △CDA において，平行線
の ⟨①　　　⟩ は等しいから，

AB∥DC より，∠BAC＝∠DCA　①

BC∥AD より，∠ACB＝∠CAD　②
　└─平行四辺形の定義を仮定として使う。

共通な辺だから，　　AC＝CA　　③

①，②，③より，1 組の辺とその両端の角がそれぞれ等しいから，　　　　△ABC≡△CDA

したがって，AB＝⟨②　　　⟩，BC＝⟨③　　　⟩

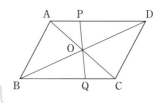

> **覚えておこう**
> 四角形の向かい合う辺を対辺，向かい合う角を対角という。

> 平行四辺形の定義は，
> 「2 組の対辺がそれぞれ平行な四角形」だよ。

例2 平行四辺形の性質の利用
教 p.162 → 基本問題❸

▱ABCD の対角線の交点 O を通る直線と辺 AD，BC との交点をそれぞれ P，Q とするとき，AP＝CQ であることを証明しなさい。

考え方 平行四辺形の性質を使って，AP，CQ をそれぞれ辺にもつ 2 つの三角形の合同を示す。

証明 △AOP と △COQ において，

平行四辺形の 2 つの対角線はそれぞれの中点で交わるから，

　　　　AO＝⟨④　　　⟩　　①

平行線の錯角は等しいから，

AD∥BC より，∠OAP＝∠⟨⑤　　　⟩　②

⟨⑥　　　⟩ は等しいから，

　　　　∠AOP＝∠COQ　　③

①，②，③より，1 組の辺とその両端の角がそれぞれ等しいから，　　　　△AOP≡△COQ

したがって，　　　AP＝CQ

> **たいせつ**
> **定理　平行四辺形の性質**
> ①2 組の対辺はそれぞれ等しい。
>
> ②2 組の対角はそれぞれ等しい。
>
> ③2 つの対角線はそれぞれの中点で交わる。
>

基本問題 ··· 解答 **p.44**

1 平行四辺形の性質の証明　右の □ABCD で，対角線 AC を引く
とき，∠ABC＝∠CDA であることを，△ABC を使って証明
しなさい。　教 p.161問4

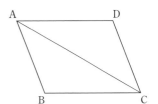

仮定として使える
のは，平行四辺形
の定義だけだよ。

2 平行四辺形の性質　下の図の □**ABCD** で，x，y の値を求めなさい。ただし，2つの対角線
の交点を**O**とします。　教 p.161問5

(1)
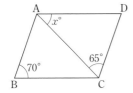

(2)
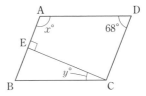

(3)
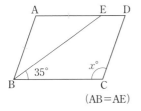
(AB＝AE)

(4)
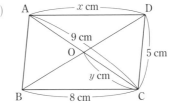

3 平行四辺形の性質の利用　□ABCD の頂点 A，C から対角
線 BD に，それぞれ垂線 AE，CF を引きます。このとき，
AE＝CF であることを証明しなさい。　教 p.162例2

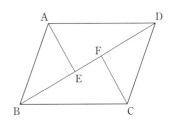

左ページの
例 の答え　① 錯角　② CD　③ DA　④ CO　⑤ OCQ　⑥ 対頂角

5
章

確認のワーク　ステージ1　**2 四角形**
❷ 平行四辺形になるための条件

例1 平行四辺形になるための条件　教 p.164 → 基本問題 ❶❷

四角形 ABCD で，AB∥DC，AB＝DC ならば，四角形 ABCD は平行四辺形であることを証明しなさい。

考え方 2組の対辺が平行であることを導く。
↳ 結論：AD∥BC，AB∥DC

証明 対角線 AC を引く。

△ABC と △CDA において，

仮定から，　　　　　AB＝CD　　　　①

平行線の錯角は等しいから，AB∥DC より，

∠BAC＝∠[①▢]　　　②

共通な辺だから，AC＝CA　　　③

①，②，③より，2組の辺とその間の角がそれぞれ等しいから，

△ABC≡△CDA

したがって，∠ACB＝∠CAD

[②▢] が等しいから，AD∥BC　　④

仮定から，　　　　　AB∥DC　　　　⑤

④，⑤より，2組の対辺がそれぞれ

[③▢] であるから，四角形 ABCD は

平行四辺形である。

> 対角線 BD を引いても，証明できるよ。

例2 平行四辺形になることの証明　教 p.165〜166 → 基本問題 ❸❹

▱ABCD の辺 AD，BC 上に，AP＝CQ となるように点 P，Q をとるとき，四角形 PBQD は平行四辺形であることを証明しなさい。

考え方 辺 PD，BQ に着目する。

証明 仮定から，　　　PD∥[④▢]　　①

　　　　　　　　　　AP＝CQ　　　　②

平行四辺形の対辺は等しいから，

　　　　　　　　　　AD＝BC　　　　③

②，③から，AD−AP＝BC−CQ

PD＝AD−AP，[④▢]＝BC−CQ であるから，

　　　　　　　　　　PD＝[④▢]　　④

①，④より，1組の対辺が[⑤▢]

から，四角形 PBQD は平行四辺形である。

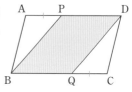

> **たいせつ**
>
> **平行四辺形になるための条件**
> 四角形は，次のどれか1つが成り立てば，平行四辺形である。
> ① 2組の対辺がそれぞれ平行である。…（定義）
> ② 2組の対辺がそれぞれ等しい。
> ③ 2組の対角がそれぞれ等しい。
> ④ 2つの対角線がそれぞれの中点で交わる。
> ⑤ 1組の対辺が平行で等しい。
> ②〜⑤ 定理

基本問題 ･･ 解答 ▶ p.44

1 平行四辺形になるための条件　右の図の四角形 ABCD で，対角線の交点を O とするとき，AO=CO，BO=DO ならば，四角形 ABCD は平行四辺形であることを，平行四辺形の定義を使って証明しなさい。 教 p.165問3

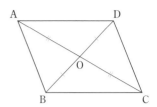

2 平行四辺形になるための条件　四角形 ABCD が平行四辺形になるのは，次のどの場合ですか。ただし，点 O は，対角線 AC，BD の交点とします。 教 p.165問5

　⑦　AB∥DC，AB=5 cm，DC=5 cm

　④　AB=4 cm，BC=4 cm，AD=6 cm，DC=6 cm

　⑨　AO=5 cm，BO=5 cm，CO=7 cm，DO=7 cm

　⑤　∠A=100°，∠B=80°，∠C=100°，∠D=80°

> **たいせつ**
>
> 平行四辺形になるための条件
>
>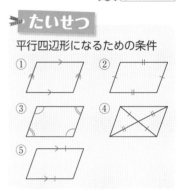

5章

3 平行四辺形になることの証明　▱ABCD をもとにして，次の⑴，⑵のようにしてつくった四角形はどちらも平行四辺形になります。このことを証明するときに使う「平行四辺形になるための条件」をそれぞれ答えなさい。 教 p.166

⑴　四角形 EBCF を平行四辺形とすると，四角形AEFD は平行四辺形

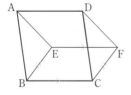

⑵　AE=CG，BF=DH とすると，四角形 EFGH は平行四辺形

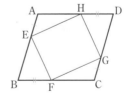

4 平行四辺形になることの証明　▱ABCD の ∠A，∠C の二等分線が辺 BC，DA とそれぞれ E，F で交わっているとき，四角形 AECF は平行四辺形であることを証明しなさい。 教 p.166問7

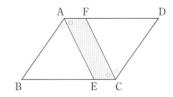

左ページの 例 の答え　①DCA　②錯角　③平行　④BQ　⑤平行で等しい

確認のワーク **ステージ 1** **2 四角形**
❸ 特別な平行四辺形

例 1 特別な平行四辺形 〔教〕 p.167〜168 → **基本 問題 ❶ ❷**

正方形 ABCD で，2 つの対角線 AC と DB は長さが等しいことを
証明しなさい。

考え方 正方形は，4 つの角が等しく，4 つの辺が等
しい四角形であることより，AC＝DB を導く。

証明 △ABC と △DCB において，

仮定から， ∠ABC＝∠DCB ①

正方形の 4 つの辺は等しいから，

$$AB=\boxed{^①} ②$$

共通な辺だから，BC＝CB ③

①，②，③より，2 組の辺とその間の角がそれぞれ
等しいから， △ABC≡△DCB

したがって， $AC=\boxed{^②}$

> **たいせつ**
>
> **特別な平行四辺形の定義**
> ・長方形…4 つの角が等しい四角形
> ・ひし形…4 つの辺が等しい四角形
> ・正方形…4 つの角が等しく，
> 　　　　　4 つの辺が等しい四角形
>
> **特別な平行四辺形の対角線の性質**
> ・長方形の対角線は等しい。
> ・ひし形の対角線は垂直に交わる。
> ・正方形の対角線は等しく，垂直に
> 　交わる。

例 2 特別な平行四辺形になるための条件 〔教〕 p.169 → **基本 問題 ❸ ❹**

▱ABCD に条件 AC⊥BD を加えると，ひし形になることを証明しなさい。

考え方 4 つの辺が等しいことを導く。

証明 ▱ABCD の対角線 AC，BD の交点を O とする。

△ABO と △ADO において，

仮定から， $\angle AOB=\angle\boxed{^③}=90° ①$

平行四辺形の 2 つの対角線はそれぞれの中点で交わるから，

$$BO=\boxed{^④} ②$$

共通な辺だから，AO＝AO ③

①，②，③より，2 組の辺とその間の角がそれぞれ等しい
から， △ABO≡△ADO

したがって， AB＝AD ④

平行四辺形の 2 組の対辺はそれぞれ等しいから，

AB＝DC，AD＝BC ⑤

④，⑤より， AB＝BC＝CD＝DA

4 つの辺が等しいから，▱ABCD はひし形になる。

直角三角形 ABO と ADO
の斜辺が等しいことを導く
のだから，直角三角形の合
同条件は使えない。

④，⑤から，平行四辺形
で，となり合う辺の長さ
が等しい四角形はひし形
になることがわかるね。

基本問題 ··· 解答 p.45

1 **特別な平行四辺形** 正方形 ABCD で，2つの対角線 AC と BD は垂直に交わることを，次のように証明しました。☐をうめて，証明を完成させなさい。ただし，AC と BD の交点をOとします。 教 p.168問2

証明 △ABO と △ADO において，

仮定から，　　　AB＝ ア ①

正方形の2つの対角線はそれぞれの中点で交わるから，

BO＝ イ ②

共通な辺だから，　AO＝AO　　　③

①，②，③より，3組の辺がそれぞれ等しいから，

△ABO≡△ADO

したがって，∠AOB＝∠AOD

∠BOD＝180° だから，

∠AOB＝∠AOD＝ ウ °

すなわち，　　　AC⊥ エ

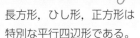
覚えておこう

長方形，ひし形，正方形は特別な平行四辺形である。

2 **特別な平行四辺形** 右の図で，△ABC は ∠B＝90° の直角三角形であり，点Mは斜辺 AC の中点です。∠A＝56° のとき，∠BMC の大きさを求めなさい。 教 p.168

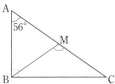

ここがポイント

直角三角形 ABC の斜辺 AC の中点をMとするとき，AM＝BM＝CM

3 **特別な平行四辺形になるための条件** 「2つの対角線の長さが等しく，垂直に交わる四角形は正方形である」は正しいですか。正しくないときは，反例を1つあげなさい。 教 p.169

4 **特別な平行四辺形になるための条件** ▱ABCD の辺 AD の中点をMとするとき，MB＝MC ならば，この ▱ABCD は長方形であることを証明しなさい。 教 p.169

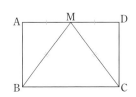

左ページの例の答え ①DC ②DB ③AOD ④DO

5章

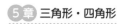

解答▶p.46

定着のワーク　ステージ2　2　四角形

1 次の □ABCD で，同じ印をつけた角が等しいとき，△ABE はどんな三角形ですか。

(1)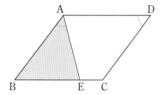

(2)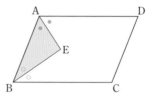

2 右の図で，□ABCD の辺 BC 上に，AB＝AE となるような点 E をとるとき，△ABC≡△EAD であることを証明しなさい。

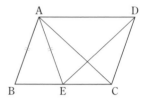

3 四角形 ABCD が平行四辺形になるのは，次の⑦〜㋒のどの場合ですか。ただし，点Oは，対角線 AC，BD の交点とします。

　⑦　AB∥DC，∠A＋∠B＝180°　　　　㋑　∠A＝∠C＝110°，∠B＝70°

　㋒　AD＝BC，AB∥DC　　　　　　　　㋓　OA＝$\frac{1}{2}$AC，OB＝$\frac{1}{2}$BD

4 □ABCD の辺上に点 E，F，G，H をとります。EG と FH が □ABCD の対角線の交点Oで垂直に交わるとき，四角形 EFGH はどんな四角形ですか。

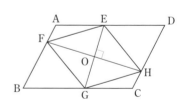

5 右の図で，□ABCD の４つの内角の二等分線で囲まれた四角形 PQRS は長方形であることを証明しなさい。

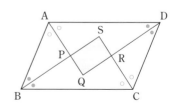

1 (2)　∠BAD＋∠ABC＝180° より，○＋●＝90°
4 □ABCD の対角線 AC と BD を引いてできる三角形を利用する。
5 長方形であることを証明するには，４つの角が 90° であることを導く。

6 右の図のように，長方形 ABCD があります。対角線 BD の中点を E，辺 AD 上の点を F とし，2 点 E，F を通る直線が辺 BC と交わる点を G とします。

(1) BG＝DF であることを証明しなさい。

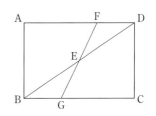

(2) 点 G を通り対角線 BD と平行な直線が辺 CD と交わる点を H とします。辺 AD の延長と線分 GH の延長が交わる点を I とするとき，四角形 DBGI は平行四辺形であることを証明しなさい。

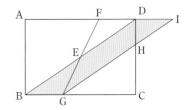

レベルUP (3) 点 F と点 H を結ぶとき，FH＋GH＝BD であることを証明しなさい。

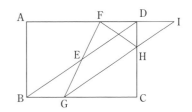

5章

入試問題を やってみよう！ - - - - - - - - - - - -

1 右の図のような平行四辺形 ABCD があります。このとき，∠x の大きさを求めなさい。　〔佐賀〕

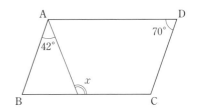

2 右の図のように，平行四辺形 ABCD の対角線の交点を O とし，線分 OA，OC 上に，AE＝CF となる点 E，F をそれぞれとります。このとき，四角形 EBFD は平行四辺形であることを証明しなさい。　〔埼玉2019〕

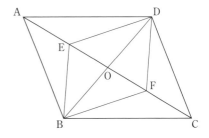

6 (2) 平行四辺形になるための条件のうち，どれが使えるかを考える。
　(3) まず，(1)と(2)で証明したことから，△FHD≡△IHD を証明する。
2 色々な証明の方法があるが，対角線に着目して証明するのが，簡単。

解答 p.47

実力判定テスト　ステージ3　三角形・四角形

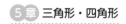

1 右の図の △ABC は AB＝BC の二等辺三角形で，点D は
∠B の二等分線と辺 AC の交点です。　　　4点×2（8点）

(1)　∠x の大きさを求めなさい。

（　　　　　　　）

(2)　AD の長さを求めなさい。

（　　　　　　　）

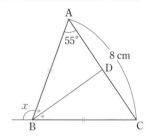

2 右の図のように，AB＝AC の二等辺三角形があります。
∠A の二等分線が辺 BC と交わる点を D，点D を通り辺 AB
に平行な直線が辺 AC と交わる点を E とするとき，△ADE
が二等辺三角形であることを証明しなさい。　　（10点）

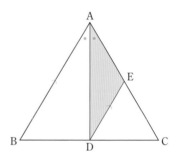

3 △ABC で，AB，AC をそれぞれ1辺とする正三角形
ABD と正三角形 ACE を，△ABC の外側につくります。

10点×2（20点）

(1)　△ABE≡△ADC を証明しなさい。

(2)　DC と BE の交点をO とするとき，∠DOB の大きさを求めなさい。

（　　　　　　　）

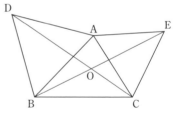

4 右の図で，∠A＝∠D＝90°，BC＝EF のとき，どんな条件をつけ加
えれば，△ABC と △DEF は合同になりますか。加える条件が辺の
場合と角の場合について，それぞれ2通りずつ記号を使って答えなさ
い。　　　　　　　　　　　4点×4（16点）

辺（　　　　　　　）（　　　　　　　）

角（　　　　　　　）（　　　　　　　）

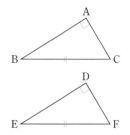

目標 ❶は二等辺三角形の定理から求めよう。
❷, ❸, ❻, ❼, ❾は筋道を立て, きちんと根拠を示して証明できるようにしよう。

自分の得点まで色をぬろう!
⑱がんばろう　⑲もう一歩　⑳合格!
0　　　　　　　　60　　80　　100点

5 右の図で, ▱ABCD の ∠B の二等分線と辺 AD, CD の延長
との交点をそれぞれ E, F とします。　　4点×2(8点)

(1)　∠AEB の大きさを求めなさい。

（　　　　　　　）

(2)　線分 DF の長さを求めなさい。

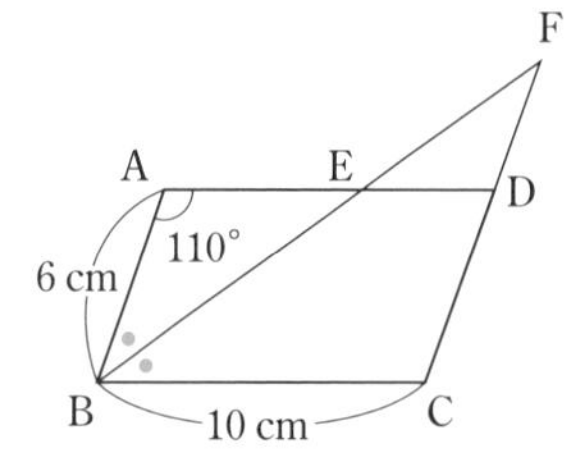

（　　　　　　　）

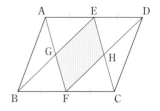

6 ▱ABCD で, 辺 AD, BC の中点をそれぞれ E, F とし, AF
と BE, CE と DF の交点をそれぞれ G, H とするとき, 四角形
EGFH は平行四辺形であることを証明しなさい。　　(10点)

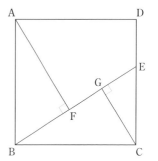

7 右の正方形 ABCD で, 辺 DC 上に点Eをとり, 頂点 A, C
から BE に垂線 AF, CG を引きます。このとき, BF＝CG
であることを証明しなさい。　　(10点)

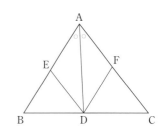

5章

8 四角形 ABCD に次の条件を加えると, それぞれどんな四角形になりますか。ただし, 点
O は, 対角線 AC, BD の交点とします。　　4点×2(8点)

(1)　AO＝CO, BO＝DO, AB＝BC

（　　　　　　　　　　　）

(2)　AB∥DC, AD∥BC, ∠A＝90°

（　　　　　　　　　　　）

9 右の図の △ABC で, ∠A の二等分線と辺 BC との交点をD
とします。D から, 辺 AC, AB に平行な直線を引き, AB, AC
との交点をそれぞれ E, F とするとき, 四角形 AEDF はひし
形であることを証明しなさい。　　(10点)

アプリ【どこでもワーク計算編・図形編】をやって, さらに力をつけよう!

確認のワーク　ステージ1　1　確率
❶ 確率の求め方(1)

例1 確率の求め方　　　　　　　　　　教 p.181〜182 → 基本問題❶❷❸

1 つのさいころを投げるとき，4 以下の目が出る確率を求めなさい。

考え方　起こり得る場合が全部で n 通りあり，そのどれが起こることも同様に確からしいとする。そのうち，あることがらの起こる場合が a 通りあるとき，　← 同じ程度に期待されること

そのことがらの起こる**確率** p は，$p = \dfrac{a}{n}$ である。

解き方　1 つのさいころを投げるとき，起こり得るすべての場合は 6 通りあり，どの目が出ることも同様に確からしい。

このうち，4 以下の目が出る場合は，1，2，[①　　　]，[②　　　]の

[③　　　]通りあるから，

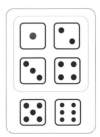

求める確率は，$\dfrac{\boxed{③}}{6} = \boxed{④}$

例2 確率の範囲　　　　　　　　　　教 p.183 → 基本問題❹

1 つのさいころを投げるとき，次の確率を求めなさい。

(1)　素数の目が出る確率　　　　　　　　(2)　10 の目が出る確率

(3)　6 以下の目が出る確率

解き方　起こり得るすべての場合は 6 通りあり，どの目が出ることも同様に確からしい。

(1)　素数の目が出る場合は，2，3，[⑤　　　]の[⑥　　　]通りあるから，

　　　求める確率は，$\dfrac{\boxed{⑥}}{6} = \boxed{⑦}$

思い出そう
1 とその数自身のほかに約数がない数を素数という。1 は素数にふくまない。

(2)　10 の目は決して出ないから，← 10 の目が出る場合は 0 通り

　　　求める確率は，$\dfrac{0}{6} = \boxed{⑧}$

(3)　どの目が出ても必ず 6 以下の目だから，← 6 以下の目が出る場合は，1，2，3，4，5，6 の 6 通り

　　　求める確率は，$\dfrac{6}{6} = \boxed{⑨}$

たいせつ
あることがらの起こる確率 p の範囲は次のようになる。

$$0 \leqq p \leqq 1$$

また，$p = 0$ のとき，そのことがらは決して起こらない。

$p = 1$ のとき，そのことがらは必ず起こる。

基本問題

解答 p.49

1 **同様に確からしい** 次のことがらは，同様に確からしいといえますか。

教 p.181問2

(1) 右のようなボタンを投げたとき，表と裏が出ること

表　　　裏

(2) 正しくつくられたさいころを投げたとき，1 の目と 6 の目が出ること

2 **確率の求め方** ジョーカーを除く 52 枚のトランプを裏返しにしてよく混ぜ，その中から 1 枚を引くとき，次の確率を求めなさい。

教 p.182問4

(1) カードのマークが♣である確率

覚えておこう

あることがらが起こる確率 p

$= \dfrac{\text{そのことがらの起こる場合の数 } a}{\text{起こり得るすべての場合の数 } n}$

(2) カードの数が 3 である確率

(3) カードの数が 8 または 9 である確率

3 **確率の求め方** 1 つのさいころを投げるとき，次の確率を求めなさい。

教 p.182

(1) 奇数の目が出る確率

(2) 3 の倍数の目が出る確率

4 **確率の範囲** 右の図のように，A～D のどの袋にも，赤玉や白玉が合わせて 5 個入っています。袋の中から 1 個の玉を取り出すとき，次の問いに答えなさい。

教 p.183

(1) A の袋で，赤玉の出る確率を求めなさい。

(2) B の袋で，赤玉の出る確率を求めなさい。

(3) C の袋で，赤玉の出る確率を求めなさい。

確率が 0 より小さくなったり，1 より大きくなったりすることはないよ。

(4) D の袋で，確率が 1 になるときはどんなときですか。

6章

確認のワーク　ステージ1

1　確率
❶ 確率の求め方(2)　❷ いろいろな確率(1)

例1　ことがらAの起こらない確率

教 p.184 → 基本問題 ❶ ❷

10本のうち，当たりが3本入っているくじを1本引くとき，次の確率を求めなさい。

(1)　当たる確率　　　　　　　　　(2)　はずれる確率

考え方 (2)　当たる確率とはずれる(当たらない)確率の和は1だから，
↑くじを引けば，当たるかはずれるかのどちらかだから，そのことがらは必ず起こる。

(はずれる確率)＝1－(当たる確率)

解き方 起こり得るすべての場合は10通りあり，どのくじを引くのも同様に確からしい。

(1)　当たる場合は3通りあるから，

求める確率は，[① □]

(2)　(1)より，当たる確率は[① □]だから，

はずれる確率は，$1-\boxed{①}=\boxed{②}$

ここがポイント

あることがらAの起こる確率が p であるとき，Aの起こらない確率は，$1-p$ である。

例2　樹形図をかいて求める

教 p.185 → 基本問題 ❸ ❹

1，2，3の数字を1つずつ書いた3枚のカードがあります。このカードをよくきって，1枚ずつ取り出し，左から順に並べて3桁の整数をつくるとき，できる整数が4の倍数になる確率を，樹形図をかいて求めなさい。

考え方 樹形図をかいて，起こり得るすべての場合をあげる。

解き方

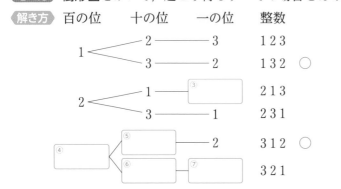

百の位　　十の位　　一の位　　整数

1 ― 2 ― 3 ― 123
　　3 ― 2 ― 132 ○
2 ― 1 ― ③ ― 213
　　3 ― 1 ― 231
④ ― ⑤ ― 2 ― 312 ○
　　⑥ ― ⑦ ― 321

左のような図を樹形図というよ。

上の樹形図のように，起こり得るすべての場合は6通りあり，そのどれが起こることも同様に確からしい。

このうち，4の倍数になる場合は○をつけた2通りあるか
↑下2桁が4の倍数かどうかで見分ける。

ら，求める確率は，$\dfrac{2}{6}=\boxed{⑧}$

知ってると得

倍数の確かめ方

3の倍数…各位の数の和が3の倍数

4の倍数…下2桁が4の倍数

5の倍数…一の位が0か5

6の倍数…偶数で3の倍数

9の倍数…各位の数の和が9の倍数

解答 ▶ p.49

基本問題

1 ことがらAの起こらない確率 　ジョーカーを除く 52 枚のトランプをよくきって，その中から 1 枚を引くとき，次の確率を求めなさい。

教 p.184問8

(1) カードのマークが♠である確率

(2) カードのマークが♠でない確率

ここが ポイント

（カードのマークが♠でない確率）
＝1－（カードのマークが♠である確率）

2 ことがらAの起こらない確率 　1 から 30 までの整数を 1 つずつ書いた 30 枚のカードの中から 1 枚を取り出すとき，次の確率を求めなさい。

教 p.184問8

(1) カードの数が 5 の倍数でない確率

(2) カードの数が 30 の約数でない確率

3 樹形図をかいて求める 　1 枚の硬貨（こうか）を 3 回投げるとき，次の問いに答えなさい。

教 p.186問2

(1) 右の樹形図を完成させなさい。

(2) 3 回とも裏が出る確率を求めなさい。

(3) 1 回だけ表になる確率を求めなさい。

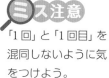

ミス注意

「1 回」と「1 回目」を混同しないように気をつけよう。

1回目	2回目	3回目
	表	表
		裏
表	ア	表
		裏
	ウ	エ
イ		裏
	裏	表
		オ

4 樹形図をかいて求める 　A，B の 2 人がじゃんけんを 1 回するとき，A が勝つ確率を，樹形図をかいて求めなさい。ただし，2 人がグー，チョキ，パーを出すことは同様に確からしいとします。

教 p.186問3

確認のワーク　ステージ1　1　確率

❷ いろいろな確率(2)

例1　表をかいて求める

教 p.186 → 基本問題 ❶ ❷

A，B 2つのさいころを同時に投げるとき，出る目の和が5になる確率を求めなさい。

考え方 起こり得るすべての場合を，表をつくって調べる。

解き方 起こり得るすべての場合は

[①　　　] 通りあり，どの目の組み合

わせが出ることも同様に確からしい。

このうち，目の和が5になる場合は，

$(1, 4), (2, 3), (3, 2), (4, 1)$

（Bの目の数，Aの目の数）を表している。

の [②　　　] 通りあるから，求める確

率は，

$\dfrac{[②　　　]}{[①　　　]} = [③　　　]$

B＼A	⚀	⚁	⚂	⚃	⚄	⚅
⚀	(1, 1)	(1, 2)	(1, 3)	(1, 4)	(1, 5)	(1, 6)
⚁	(2, 1)	(2, 2)	(2, 3)	(2, 4)	(2, 5)	(2, 6)
⚂	(3, 1)	(3, 2)	(3, 3)	(3, 4)	(3, 5)	(3, 6)
⚃	(4, 1)	(4, 2)	(4, 3)	(4, 4)	(4, 5)	(4, 6)
⚄	(5, 1)	(5, 2)	(5, 3)	(5, 4)	(5, 5)	(5, 6)
⚅	(6, 1)	(6, 2)	(6, 3)	(6, 4)	(6, 5)	(6, 6)

起こり得るすべての場合は，(6×6) 通りある。

知ってると得

2つのさいころを同時に投げるときの目の出方は全部で 36 通りある。

例2　くじを引くときの確率

教 p.188 → 基本問題 ❸

当たりが2本，はずれが4本入っているくじがあります。このくじを，A が先に1本引き，次にBが1本引きます。このとき，A，B それぞれが当たる確率を求めなさい。ただし，引いたくじは，もとにもどさないものとします。

考え方 くじに番号をつけ，当たりを①，②，はずれを 3，4，5，6 として，樹形図をかく。

解き方 このくじを A，B が順に引くときの起こり得る場合は，下の図のように 30 通りある。

これらのどれが起こることも同様に確からしい。

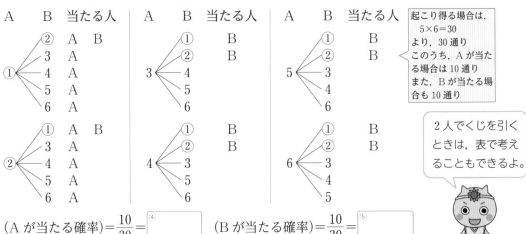

起こり得る場合は，
5×6＝30
より，30 通り
このうち，A が当た
る場合は 10 通り
また，B が当たる場
合も 10 通り

2人でくじを引く
ときは，表で考え
ることもできるよ。

$(\text{A が当たる確率}) = \dfrac{10}{30} = [④　　　]$　　$(\text{B が当たる確率}) = \dfrac{10}{30} = [⑤　　　]$

基本問題

解答 p.50

1 **表をかいて求める** A，B2つのさいころを同時に投げるとき，出る目の差（大きい数から小さい数をひいた差）について，次の問いに答えなさい。

教 p.187問4

(1) 右の表は，出る目の差を調べたものです。空らんをうめて，表を完成させなさい。

(2) 出る目の差が2になる確率を求めなさい。

B＼A	⚀	⚁	⚂	⚃	⚄	⚅
⚀	0	1	2	3	4	5
⚁	1	0	1	2	3	
⚂	2	1	0	1		
⚃	3	2	1			
⚄	4	3				
⚅	5					

(3) 出る目の差が4以上になる確率を求めなさい。

(4) 出る目の差がいくらのとき，確率がもっとも大きくなりますか。

(4)は，それぞれの場合の数を比べればわかるね。

2 **表をかいて求める** 右の図のような展開図を組み立てたさいころがあります。このさいころを2つ同時に投げるとき，もっとも出にくい目ともっとも出やすい目の組み合わせを，次の㋐～㋕から選びなさい。

教 p.187問5

㋐ A A ㋑ A B ㋒ A C
㋓ B B ㋔ B C ㋕ C C

3 **くじを引くときの確率** 当たりが2本，はずれが2本入っているくじがあります。このくじを，Aが先に1本引き，次にBが1本引きます。引いたくじはもとにもどさないものとして，次の確率を求めなさい。

教 p.188～189

(1) Aが当たる確率

(2) Bが当たる確率

(3) A，Bがともに当たる確率

(4) A，Bがともにはずれる確率

　1　確率
❷ いろいろな確率(3)
発展 Tea Break 同じ誕生日の人がいる確率

例1 組み合わせを考えた確率　　　　教 p.190 →基本問題❶❷

5人の生徒 A, B, C, D, E の中から, 2人の代表をくじで選びます。このとき, 生徒B
と生徒Dの2人が選ばれる確率を求めなさい。

考え方　AとBが選ばれることを {A, B} と書き, 場合の数を求める。
　　　　↳ {B, A} は {A, B} と同じと考えて書かない。

解き方　2人の生徒の選ばれ方は, 全部で次の ①□ 通りある。

{A, B}, {A, C}, {A, D}, {A, E}

{B, C}, {B, D}, {B, E}

{C, D}, {C, E}

{D, E}

選ばれる順番は
関係ないんだね。

これらのどれが起こることも同様に確からしい。

このうち, 生徒Bと生徒Dが選ばれる場合は＿＿＿を引いた ②□ 通りであるから,

求める確率は, ③□

発展 例2 同じ誕生日の人がいる確率　　　　教 p.195 →基本問題❸

A, B, C, D の4人の班の中で, 同じ誕生日の人がいる確率を求めなさい。

考え方　1−(4人全員の誕生日が異なる確率) で求める。

解き方　4人全員の誕生日の起こり方の総数は,

$365 \times 365 \times 365 \times 365 = 365^4$ (通り)　←— 1年を365日と考える。

4人全員の誕生日が異なる場合の数を考えると, まず, Aの誕生日は365通り,

そのそれぞれの場合について, Bの誕生日は364通り,

↑—Aの誕生日を除く

さらに, そのそれぞれの場合について, Cの誕生日は ④□ 通り,

↑—A, Bの誕生日を除く

さらに, そのそれぞれの場合について, Dの誕生日は ⑤□ 通りだから,

↑—A, B, Cの誕生日を除く

$365 \times 364 \times$ ④□ $\times$ ⑤□ (通り)

4人全員の誕生日が異なる確率を p とすると,

$p = \dfrac{365 \times 364 \times 363 \times 362}{365^4} = 0.9836\cdots$

したがって, 4人の中に同じ誕生日の人がいる確率は,

$1 - p = 1 - 0.984 =$ ⑥□

人がどの日に
生まれることも
同様に確からし
いとします。

基本問題 ··· 解答 p.51

1 組み合わせを考えた確率 　A，B，C，D，E，F の 6 つの野球チームの中から，2 つの代表チームをくじで選ぶとき，次の確率を求めなさい。　教 p.190問7, 問8

(1)　C が選ばれる確率

(2)　C または F が選ばれる確率

(3)　C と F の 2 チームが選ばれる確率

ミス注意

A−B と B−A が同じか，ちがうかに注意する。

2 組み合わせを考えた確率 　男子 A，B，C，女子 d，e，f，g の 7 人の中から，2 人の委員をくじで選ぶとき，次の確率を求めなさい。　教 p.190問7, 問8

(1)　A が選ばれる確率

(2)　d が選ばれる確率

(3)　男子 2 人が選ばれる確率

(4)　女子 2 人が選ばれる確率

(5)　男子，女子がそれぞれ 1 人ずつ選ばれる確率

発展 **3** 同じ誕生日の人がいる確率 　9 人の野球チームの中で同じ誕生日の人がいる確率を，次のように求めました。□ にあてはまる数を書きなさい。　教 p.195

9 人全員の誕生日の起こり方の総数は，
$$365 \times 365 \times 365 \times \cdots \times 365 = 365^9 \,(通り)$$

9 人全員の誕生日が異なる場合の数は，
$$365 \times 364 \times 363 \times \cdots \times \boxed{}^{ア} \,(通り)$$

9 人全員の誕生日が異なる確率 p は，
$$p = \frac{365 \times 364 \times 363 \times \cdots \times \boxed{}^{ウ}}{\boxed{}^{イ}} = 0.9053\cdots$$

したがって，9 人の中に同じ誕生日の人がいる確率は，
$$1 - p = 1 - 0.905 = \boxed{}^{エ}$$

p.102 例 2 の 4 人のときに比べると，9 人のときの方が高い確率になるね。

6 章

　1　確率

解答　p.52

1 次のことがらは正しいといえますか。

(1) 右のような，各面に 1〜8 の数が 1 つずつ書かれた正六角柱のさいころを
投げるとき，1〜8 のどの目が出ることも同様に確からしい。

(2) 当たりが 3 本入っている何本かのくじから 2 本引いたところ，2 本とも当たりだったから，このくじは，当たる確率の方がはずれる確率より高い。

2 次の確率を求めなさい。

(1) 1 つのさいころを投げるとき，5 以上の目が出る確率

(2) ジョーカーを除く 52 枚のトランプをよくきり，その中から 1 枚を引くとき，カードのマークが♥または◆の絵札である確率

(3) 1 から 50 までの整数を 1 つずつ書いた 50 枚のカードの中から，1 枚を取り出すとき，4 の倍数か 5 の倍数である確率

3 赤玉が 5 個，青玉が 3 個，白玉が 1 個入った袋の中から 1 個の玉を取り出すとき，次の確率を求めなさい。

(1) 黒玉が出る確率　　　　　　　　　(2) 青玉が出ない確率

4 A，B 2 つのさいころを同時に投げるとき，次の確率を求めなさい。

(1) 2 つとも 4 以上の目が出る確率　　(2) 出る目の積が 6 になる確率

(3) 出る目の積が偶数になる確率　　　(4) 出る目の積が 9 の約数になる確率

2 あることがらが起こる確率は，$\dfrac{その\,こと\,がらが起こる場合の数}{起こり得るすべての場合の数}$ で求める。

4 (3) （積が偶数になる確率）＝1−（積が奇数になる確率）

5 1から5までの整数を1つずつ書いた5枚のカードがあります。このカードをよくきって，1枚ずつ2枚取り出し，左から順に並べて2桁の整数をつくるとき，次の確率を求めなさい。

(1) できる整数が45以上になる確率　　　(2) できる整数が3の倍数になる確率

6 7本のうち4本の当たりが入っているくじがあります。そのくじを，姉が先に1本引き，続いて妹が1本引くとき，姉がはずれて妹が当たる確率を求めなさい。ただし，引いたくじは，もとにもどさないものとします。

7 A，B，Cの3人の男子とD，E，Fの3人の女子がいます。この6人の中からくじ引きで2人の委員を選びます。

(1) 男子2人が委員に選ばれる確率を求めなさい。

(2) 男子1人，女子1人が委員に選ばれる確率を求めなさい。

8 数直線上を移動する点Pがあり，いま点Pは原点の位置に止まっています。さいころを投げて，偶数の目が出たら正の方向へ，奇数の目が出たら負の方向へ，出た目の数だけ点Pが移動します。さいころを2回投げるとき，点Pが3より右，7より左にくる確率を求めなさい。

6 章

入試問題を やってみよう！

1 500円，100円，50円，10円の硬貨が1枚ずつある。この4枚を同時に投げるとき，次の各問いに答えなさい。　　　〔三重〕

(1) 4枚のうち，少なくとも1枚は裏となる確率を求めなさい。

(2) 表が出た硬貨の合計金額が，510円以上になる確率を求めなさい。

7 選ぶ順番は関係ないと考える。
8 偶数の目には＋，奇数の目には－の符号をつけて考えるとよい。
1 (1) (少なくとも1枚は裏となる確率)は，1－(4枚とも表になる確率)と同じである。

 ステージ **3** 確率

解答 p.54

40分　／100

1 次のことがらは，同様に確からしいといえますか。　　　　5点×3（15点）

(1) 王冠を投げたときに，表が出ることと裏が出ること。

（　　　　　　　　　）

(2) ①，②，③，④，⑤，⑥のカードを裏返してよく混ぜ，その中から1枚を引くとき，①のカードが出ることと，⑤のカードが出ること。

（　　　　　　　　　）

(3) ①，②，②，③，④，④のカードを裏返してよく混ぜ，その中から1枚を引くとき，①のカードが出ることと，④のカードが出ること。

（　　　　　　　　　）

2 次の確率を求めなさい。　　　　5点×2（10点）

(1) 当たりが4本，はずれが16本入っているくじがあります。このくじを1本引くとき，それが当たる確率

（　　　　　　　　　）

(2) ジョーカーを除く52枚のトランプをよくきり，その中から1枚を引くとき，カードの数が5の倍数である確率

（　　　　　　　　　）

3 A，B，C，Dの文字を1つずつ書いた4枚のカードがあります。このカードをよくきって1枚ずつ4枚取り出し，左から順に並べるとき，次の確率を求めなさい。　　　5点×3（15点）

(1) Bが左から3番目に並ぶ確率

（　　　　　　　　　）

(2) AとDがとなり合って並ぶ確率

（　　　　　　　　　）

(3) AとDがとなり合わないで並ぶ確率

（　　　　　　　　　）

目標 ❶, ❷は確率の基本をしっかり押さえよう。
❸〜❼は樹形図や表，{ }などを使って，場合の数をもれや重複なく調べよう。

自分の得点まで色をぬろう！
⓫がんばろう！　⓬もう一歩　⓭合格！
0　　　　　60　80　100点

❹ 大小2つのさいころを同時に投げるとき，次の確率を求めなさい。　10点×2(20点)

(1) 出る目が同じになる確率

(　　　　　)

(2) 出る目の和が素数になる確率

(　　　　　)

❺ 右の図のように，線分 PQ を直径とする円の周上に5点 A，B，C，D，E があります。また，袋にはこれらの点を示す記号 A，B，C，D，E をそれぞれ書いた5枚のカードが入っています。いま，この袋から，同時に2枚のカードを取り出し，そのカードの記号を示す円周上の2点を結ぶ線分を引くとき，その線分が直径 PQ と交わる確率を求めなさい。　(10点)

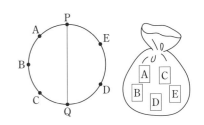

(　　　　　)

❻ 1から5までの整数を1つずつ書いた5枚のカードがあります。このカードをよくきって1枚引き，その数字を読んでもどします。これを2回行い，1回目に引いたカードに書かれた数を十の位，2回目に引いたカードに書かれた数を一の位の数とする2桁の整数をつくるとき，できる整数が偶数になる確率を求めなさい。　(10点)

(　　　　　)

❼ 右の図のような正方形 ABCD があります。1つの石を頂点Aに置き，1から6までの目のついた1つのさいころを2回投げます。出た目の数の和と同じ数だけ，頂点Aに置いた石を頂点 B，C，D，A，… の順に矢印の向きに先へ進めます。　10点×2(20点)

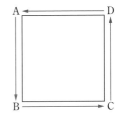

(1) この石が1周して，ちょうど頂点Aに止まる確率を求めなさい。

(　　　　　)

(2) この石がちょうど頂点Bに止まる確率を求めなさい。

(　　　　　)

 アプリ【どこでもワーク計算編】をやって，さらに力をつけよう！

確認のワーク ステージ1 **1 データの分布**
❶ 箱ひげ図

例1 箱ひげ図 教 p.200〜201 → 基本問題 ❶ ❷

次のデータは，生徒10人のテストの得点を，低い順に並べたものです。

(単位：点)

62	66	70	74	77	85	88	91	95	96

(1) このデータの四分位数を求めなさい。

(2) このデータの四分位範囲を求めなさい。

(3) このデータを箱ひげ図で表しなさい。

考え方 (1) データの中央値が第2四分位数である。
また，1〜5番目のデータの中央値が第1四分
位数，6〜10番目のデータの中央値が第3四
分位数である。

(2) 第3四分位数から第1四分位数をひいた値を
四分位範囲という。

(3) 四分位数のほかに，最小値と最大値を使って，箱ひげ図に表す。

> **四分位数**
> データを小さい方から順に並べて4等
> したとき，3つの区切りの値を四分位数
> といい，小さい方から順に，第1四分位
> 数，第2四分位数，第3四分位数という。

解き方 (1) 第2四分位数はデータの中央値だから，

① □ 点 ← $\frac{77+85}{2}$

第1四分位数は，② □ 点 ← 1〜5番目の
データの中央値。

第3四分位数は，③ □ 点 ← 6〜10番目の
データの中央値。

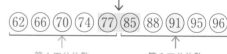

第2四分位数（中央値）
㉖㉒⑥⑦⑦ ⑧⑧㉑㉕㉖
62 66 70 74 77 85 88 91 95 96
↑ 第1四分位数 ↑ 第3四分位数
（前半のデータの中央値） （後半のデータの中央値）

(2) ④ □ － ⑤ □ ＝ ⑥ □ (点)

(3) 最小値は ⑦ □ 点，最大値は ⑧ □ 点

だから，⑦ □ 点〜70点は左のひげ，

70点〜91点は箱，91点〜⑧ □ 点は右のひげの

部分にふくまれる。

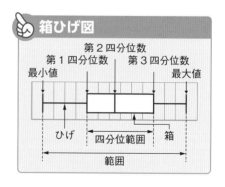

> **箱ひげ図**
> 第2四分位数
> 第1四分位数 第3四分位数
> 最小値 最大値
> ひげ 四分位範囲 箱
> 範囲

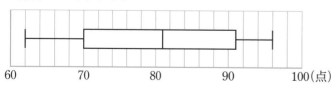

60   70   80   90   100(点)

> データが偶数個の場合の中央値
> は，2つの値の平均値だったね。

解答 p.56

基本問題

1 **箱ひげ図** 次のデータは，ある中学校のA組とB組の一部の生徒について，1年間に図書室で借りた本の冊数を調べて，少ない順に並べたものです。 **数** p.200〜201

（単位：冊）

A組	11	12	19	30	36	42	50	56	60	65
B組	12	22	28	31	35	40	48	52	70	

(1) A組，B組の四分位数をそれぞれ求めなさい。

(2) A組，B組の四分位範囲をそれぞれ求めなさい。

(3) 下の図に，A組とB組のデータを箱ひげ図でそれぞれ表しなさい。

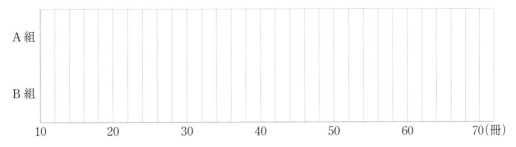

2 **箱ひげ図** 次のデータは，2つの市で，最低気温が25℃以上あった日の日数を1年ごとに集計して，日数の少ない順に並べたものです。 **数** p.200〜201

（単位：日）

A市	16	24	30	30	34	42	48
B市	28	34	40	44	48	48	52

(1) A市，B市の四分位数をそれぞれ求めなさい。

(2) A市，B市の四分位範囲をそれぞれ求めなさい。

(3) A市，B市の範囲をそれぞれ求めなさい。

(4) 右の図に，A市とB市のデータを箱ひげ図でそれぞれ表しなさい。

思い出そう

(3) 最大値から最小値をひいた値を範囲という。

7章

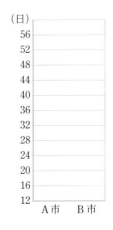

ステージ**1**
1 データの分布
❷ データの傾向の読み取り方
❸ データの活用

例 **1** データの傾向の読み取り方

教 p.202〜203 → 基本問題 ❶

右の図は，ある中学校の 2 年生 100 人の数学，英語，国語のテストの得点のデータを箱ひげ図に表したものです。

(1) 四分位範囲がもっとも小さいのは，どの教科ですか。

(2) 74 点以下の生徒が 50 人以上いるのは，どの教科ですか。

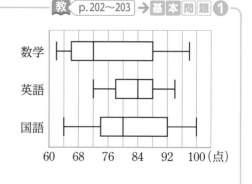

考え方 (1) 箱ひげ図の箱の長さがもっとも短い教科を見つける。

(2) 第 2 四分位数 (中央値) で比べる。
　　最小値から第 2 四分位数までには，全体の約 50% のデータがふくまれる。

解き方 (1) 箱ひげ図の箱の幅を比べると，英語がもっとも短いので，四分位範囲がもっとも小さい教科は

　①[　　　] である。

(2) 各教科のデータの中央値は，数学が②[　　　]点，英語が③[　　　]点，国語が④[　　　]点である。

得点が中央値以下の生徒は半数の 50 人以上いるから，

⑤[　　　] があてはまる。

ミス注意

箱ひげ図は，データを 4 等分してあるので，それぞれの全体に対するデータの百分率は次のようになる。

約 25% 約 25% 約 25% 約 25%

データの数は，ひげや箱の横の長さには関係ないことに注意する。

例 **2** データの活用

教 p.206〜207 → 基本問題 ❷

右の図は，ある都市の過去 3 年間における 3 月と 9 月の日ごとの最高気温を，それぞれ集めて箱ひげ図に表したものです。3 月または 9 月にこの都市を旅行するとき，用意しなければならないと考えられる服装は，次の⑦，⑦のうちどちらですか。

⑦ 半そでのシャツ　　　⑦ 厚手のセーター

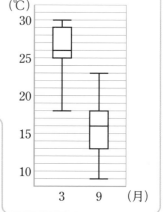

考え方 それぞれの箱ひげ図の最大値と最小値に着目する。

解き方 3 月は，最高気温が 30°C まで上がる日があったので，

⑥[　　　] を用意すべきと考えられる。

9 月は，最高気温が 9°C までしか上がらない日があったので，

⑦[　　　] を用意すべきと考えられる。

基本問題 ・・・・・・・・・・・・・・・・・・・・・・・・・・・・・・・・・・・・・ 解答 p.57

1 データの傾向の読み取り方

　A，B，C の 3 人でテニスのサーブを 50 本打って何本入るかを調べました。右の図は，1 日に 50 本ずつ 30 日間サーブを打ち，日ごとのデータを箱ひげ図に表したものです。

教 p.202〜205

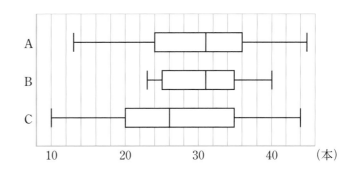

(1)　四分位範囲がもっとも大きいのは誰ですか。

(2)　B の箱ひげ図の左のひげの部分には，全体の約何 % のデータがふくまれていますか。次の⑦〜⑤から選びなさい。

　　⑦　約 10 %　　④　約 15 %　　⑨　約 20 %　　⑤　約 25 %

(3)　20 本以下の日が 8 日以上あったのは誰ですか。

発展 (4)　C の平均値を調べると 27 本でした。+ を使って，C の箱ひげ図の中に平均値を示しなさい。

(5)　右の表は，3 人の記録を度数分布表で表したものです。箱ひげ図や表から，誰のサーブがよりよく入ったといえますか。中央値と表における階級値から平均値を求めて説明しなさい。

階級（本）	度数（日）		
	A	B	C
以上　未満 10〜20	4	0	7
20〜30	10	14	12
30〜40	15	14	9
40〜50	1	2	2
計	30	30	30

2 データの活用　左ページ 例2 のデータのうち，9 月の 3 年間のデータを右のような度数分布表に整理しました。ただし，相対度数は値の小数第 3 位を四捨五入して求めています。　教 p.208 ❷

階級 （℃）	度数 （日）	相対度数	累積度数 （日）	累積 相対度数
以上　未満 5〜10	3	0.03	3	0.03
10〜15	36	0.40	①	③
15〜20	27	0.30	②	④
20〜25	24	0.27	90	1.00
計	90	1.00		

(1)　右の表の①〜④にあてはまる数を求めなさい。

(2)　右上の表を見て，次の文の □ にあてはまる数を書きなさい。

　　・この都市で 9 月に最高気温が 20 ℃ 未満になる確率は，約 [　　] といえる。

左ページの 例 の答え　① 英語　② 72　③ 84　④ 80　⑤ 数学　⑥ ⑦　⑦ ④

7 章

 ステージ **3** データの分布

解答 ▶ p.57

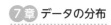

20分　　/100

1 次のデータは，Aさんがあるゲームを12回行ったときの得点です。　11点×8（88点）

（単位：点）

| 10 | 8 | 12 | 25 | 33 | 17 | 2 | 8 | 19 | 26 | 20 | 31 |

(1) 最大値，最小値を求めなさい。

最大値（　　　　　　　）　最小値（　　　　　　　）

(2) 四分位数を求めなさい。

第1四分位数（　　　　　　　）

第2四分位数（　　　　　　　）

第3四分位数（　　　　　　　）

(3) 四分位範囲を求めなさい。

（　　　　　　　）

(4) 下の図に，箱ひげ図で表しなさい。

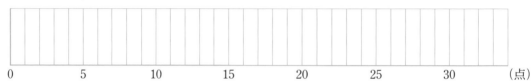

(5) 下の図は，BさんがAさんと同じゲームを12回行ったときの得点のデータを箱ひげ図で表したものです。(4)のAさんの箱ひげ図とどちらの方がデータが広く分布しているといえますか。範囲と四分位範囲をもとに考えなさい。

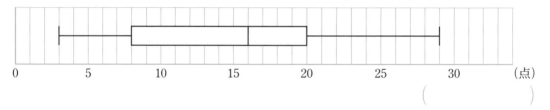

（　　　　　　　）

2 次の箱ひげ図に対応するヒストグラムを，下の㋐〜㋒から選びなさい。　（12点）

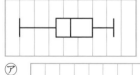

（　　　　　　　）

㋐ 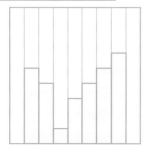　　㋑ 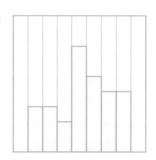　　㋒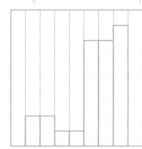

 アプリ【どこでもワーク計算編】をやって，さらに力をつけよう！

1 この「予想問題」で実力を確かめよう！

時間もはかろう

 2 「解答と解説」で答え合わせをしよう！

3 わからなかった問題は戻って復習しよう！

この本での学習ページ

 スキマ時間でポイントを確認！別冊「スピードチェック」も使おう

●予想問題の構成

解答 ▶ p.58

第**1**回
予想問題 ▶ **1章　式の計算**

40分

/100

1 次の計算をしなさい。
2点×10（20点）

(1) $4a-7b+5a-b$

(2) $y^2-5y-4y^2+3y$

(3) $(9x-y)+(-2x+5y)$

(4) $(-2a+7b)-(5a+9b)$

(5) $\begin{array}{r} 7a-6b \\ +)\ -7a+4b \\ \hline \end{array}$

(6) $\begin{array}{r} 34x+\ 4y+9 \\ -)\ 18x-12y-9 \\ \hline \end{array}$

(7) $0.7a+3b-(-0.6a+3b)$

(8) $6(8x-7y)-4(5x-3y)$

(9) $\dfrac{1}{5}(4x+y)+\dfrac{1}{3}(2x-y)$

(10) $\dfrac{9x-5y}{2}-\dfrac{4x-7y}{3}$

(1)		(2)		(3)		(4)	
(5)		(6)		(7)		(8)	
(9)		(10)					

2 次の計算をしなさい。
3点×8（24点）

(1) $(-4x)\times(-8y)$

(2) $(-3a)^2\times(-5b)$

(3) $-15a^2b\div3b$

(4) $-49a^2\div\left(-\dfrac{7}{2}a\right)$

(5) $-\dfrac{3}{14}mn\div\left(-\dfrac{6}{7}m\right)$

(6) $2xy^2\div xy\times5x$

(7) $-6x^2y\div(-3x)\div5y$

(8) $-\dfrac{7}{8}a^2\div\dfrac{9}{4}b\times(-3ab)$

(1)		(2)		(3)		(4)	
(5)		(6)		(7)		(8)	

3　$x = -\dfrac{1}{5}$, $y = \dfrac{1}{3}$ のとき，次の式の値を求めなさい。　　　4点×2（8点）

(1)　$4(3x+y)-2(x+5y)$　　　　　　　　　(2)　$10x^2 \times 3y \div (-2x)$

(1)		(2)	

4　次の等式を〔　〕内の文字について解きなさい。　　　　　3点×8（24点）

(1)　$-2a+3b=4$　　〔a〕　　　　　(2)　$-35x+7y=19$　　〔y〕

(3)　$3a=2b+6$　　〔b〕　　　　　(4)　$c=\dfrac{2a+b}{5}$　　〔b〕

(5)　$\ell=2(a+3b)$　　〔a〕　　　　　(6)　$V=abc$　　〔c〕

(7)　$m=\dfrac{2a+b-5c}{3}$　　〔a〕　　　　　(8)　$c=\dfrac{1}{2}(a+5b)$　　〔a〕

(1)		(2)		(3)		(4)	
(5)		(6)		(7)		(8)	

5　2つのクラス A, B があり，A クラスの人数は 39 人，B クラスの人数は 40 人です。この2つのクラスで数学のテストを行いました。その結果，A クラスの平均点は a 点，B クラスの平均点は b 点でした。2つのクラス全体の平均点を a, b を用いて表しなさい。　　（10点）

6　連続する4つの整数の和から2をひいた数は4の倍数になります。このことを，連続する4つの整数のうちで，もっとも小さい整数を n として説明しなさい。　　（14点）

解答 ▶ p.59

第**2**回 予想問題

2章　連立方程式

40分　/100

1 $\begin{cases} x=6 \\ y=\boxed{} \end{cases}$ が 2 元 1 次方程式 $4x-5y=11$ の解であるとき，$\boxed{}$ にあてはまる数を求めなさい。

(5点)

2 次の連立方程式を解きなさい。

5点×8(40点)

(1) $\begin{cases} 2x+y=4 \\ x-y=-1 \end{cases}$

(2) $\begin{cases} 4x-3y=-13 \\ 3x+5y=12 \end{cases}$

(3) $\begin{cases} y=-2x+2 \\ x-3y=-13 \end{cases}$

(4) $\begin{cases} 3x+5y=1 \\ 5y=6x-17 \end{cases}$

(5) $\begin{cases} 3(2x-y)=5x+y-5 \\ 3(x-2y)+x=0 \end{cases}$

(6) $\begin{cases} x+\dfrac{5}{2}y=2 \\ 3x+4y=-1 \end{cases}$

(7) $\begin{cases} 0.3x-0.4y=-0.2 \\ x=5y+3 \end{cases}$

(8) $\begin{cases} 0.3x-0.2y=-0.5 \\ \dfrac{3}{5}x+\dfrac{1}{2}y=8 \end{cases}$

(1)	(2)	(3)	(4)
(5)	(6)	(7)	(8)

3 連立方程式 $5x-2y=10x+y-1=16$ を解きなさい。

(5点)

4 x，y についての連立方程式 $\begin{cases} ax-by=10 \\ bx+ay=-5 \end{cases}$ の解が，$\begin{cases} x=3 \\ y=-4 \end{cases}$ であるとき，a，b の値を求めなさい。

(10点)

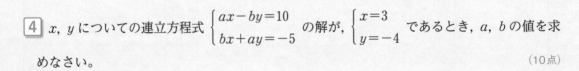

5 1個50円のあめと1個80円のガムを合わせて18個買って，1080円払いました。あめと
ガムをそれぞれ何個買いましたか。 (10点)

6 2桁（けた）の自然数があります。その自然数は，各位の数の和の7倍より6小さく，また，十の
位の数と一の位の数を入れかえてできる自然数は，もとの自然数より18小さくなります。
もとの自然数を求めなさい。 (10点)

7 ある人がA地点とB地点の間を往復しました。A地点と
B地点の間に峠（とうげ）があり，上りは時速3km，下りは時速
5kmで歩いたので，行きは1時間16分，帰りは1時間
24分かかりました。A地点からB地点までの道のりを求め
なさい。 (10点)

8 ある学校の新入生の人数は，昨年度は男女合わせて150人でしたが，今年度は昨年度と比
べて男子が10％増え，女子が5％減ったので，合計では3人増えました。今年度の男子，女
子の新入生の人数をそれぞれ求めなさい。 (10点)

第**3**回 予想問題　3章　1次関数

解答 ▶ p.60

40分　/100

1 次のそれぞれについて，y を x の式で表しなさい。また，y が x の1次関数であるものを
すべて選び，番号で答えなさい。　　　　　　　　　　　　　　　　　　　　　3点×4（12点）

(1)　面積が $10\,cm^2$ の三角形の底辺が $x\,cm$ のとき，高さは $y\,cm$ である。

(2)　地上 $11\,km$ までは，高度が $1\,km$ 増すごとに気温は $6\,℃$ 下がる。地上の気温が $10\,℃$ の
とき，地上からの高さが $x\,km$ の地点の気温が $y\,℃$ である。

(3)　火をつけると1分間に $0.5\,cm$ 短くなるろうそくがある。長さ $12\,cm$ のこのろうそくに
火をつけると，x 分後の長さは $y\,cm$ である。

(1)		(2)		(3)	
	y が x の1次関数であるもの				

2 次の問いに答えなさい。　　　　　　　　　　　　　　　　　　　　　　　　3点×6（18点）

(1)　1次関数 $y=\dfrac{5}{6}x+4$ で，x の値が3から7まで増加したときの変化の割合を求めなさい。

(2)　変化の割合が $\dfrac{2}{5}$ で，$x=10$ のとき $y=6$ となる1次関数の式を求めなさい。

(3)　$x=-2$ のとき $y=5$，$x=4$ のとき $y=-1$ となる1次関数の式を求めなさい。

(4)　点 $(2,\ -1)$ を通り，直線 $y=4x-1$ に平行な直線の式を求めなさい。

(5)　2点 $(0,\ 4)$，$(2,\ 0)$ を通る直線の式を求めなさい。

(6)　2直線 $x+y=-1$，$3x+2y=1$ の交点の座標を求めなさい。

(1)		(2)		(3)	
(4)		(5)		(6)	

③ 右の図の(1)〜(5)の直線の式を書きなさい。 4点×5(20点)

(1)	
(2)	
(3)	
(4)	
(5)	

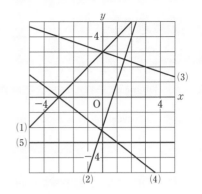

④ 次の方程式のグラフをかきなさい。 4点×5(20点)

(1)　$y = 4x - 1$　　　　(2)　$y = -\dfrac{2}{3}x + 1$

(3)　$4y + x = 4$　　　　(4)　$5y - 10 = 0$

(5)　$4x + 12 = 0$

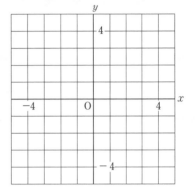

⑤ 縦が6 cm，横が10 cmの長方形ABCDで，点Pは
Dを出発して辺DA上を秒速2 cmでAまで動きます。
PがDを出発してからx秒後の△ABPの面積をy cm²
とします。 (1)7点 (2)5点 (12点)

(1)　yをxの式で表しなさい。

(2)　$0 \leqq x \leqq 5$ のとき，yの変域を求めなさい。

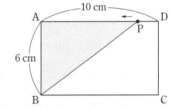

(1)		(2)	

⑥ Aさんは家から駅まで行くのに，家を出発して途中の
P地点までは走り，P地点から駅までは歩きました。右
のグラフは，家を出発してx分後の進んだ道のりをy m
として，xとyの関係を表したものです。 6点×3(18点)

(1)　Aさんの走る速さと歩く速さを求めなさい。

(2)　Aさんが出発してから3分後に，兄が分速300 mの
速さで自転車に乗って追いかけました。兄がAさんに
追いつく地点を，グラフを用いて求めなさい。

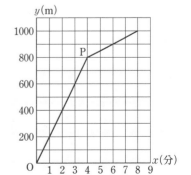

(1)	走る速さ		歩く速さ		(2)	

第**4**回
予想問題

4章　図形の性質の調べ方

40分

/100

1 下の図で，∠x の大きさを求めなさい。　　　　　　　　　　　3点×4（12点）

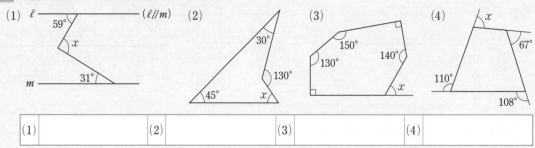

(1) ℓ　59°　x　(ℓ//m)　31°　m　(2) 30°　45°　130°　x　(3) 150°　130°　140°　x　(4) x　67°　110°　108°

(1)		(2)		(3)		(4)	

2 三角形で，2 つの内角の大きさが 35°，45° のとき，その三角形は，鋭角三角形，直角三角形，鈍角三角形のどれですか。　　　　　　　　　　　　　　　　　（4点）

3 次の問いに答えなさい。　　　　　　　　　　　　　　　　4点×4（16点）

(1) 十七角形の内角の和を求めなさい。

(2) 内角の和が 1620° になる多角形は何角形ですか。

(3) 十六角形の外角の和を求めなさい。

(4) 1 つの外角が 20° となる正多角形は正何角形ですか。

(1)		(2)		(3)		(4)	

4 下の図で，合同な三角形の組を見つけ，記号 ≡ を使って表しなさい。また，そのときの合同条件も答えなさい。　　　　　　　　　　　　　　　　　3点×6（18点）

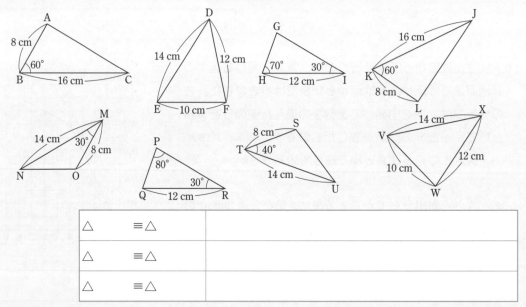

△ 　　≡△	
△ 　　≡△	
△ 　　≡△	

5 右の四角形 ABCD で，∠ABD＝∠CBD，∠ADB＝∠CDB であるとき，合同な三角形の組を，記号 ≡ を使って表しなさい。また，そのときに使った合同条件をいいなさい。　4点×2（8点）

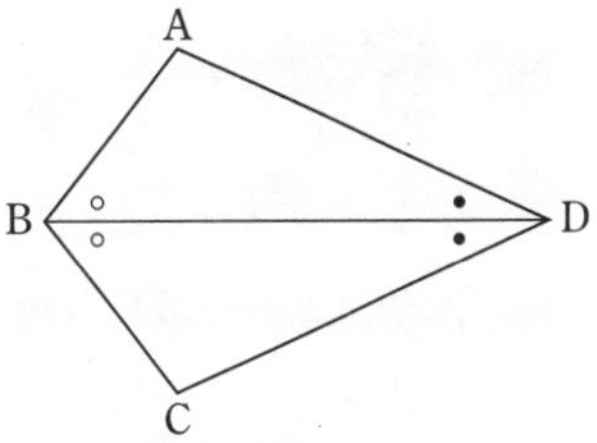

三角形の組	
合同条件	

6 右の図で，AC＝DB，∠ACB＝∠DBC とすると，AB＝DC です。　4点×7（28点）

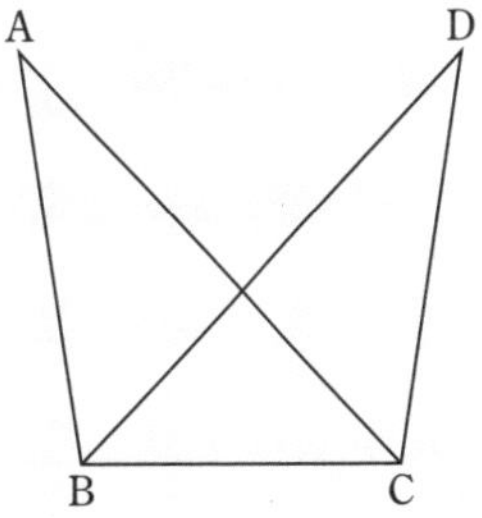

(1) 仮定と結論を答えなさい。

(2) (1)の証明の筋道を，下の図のようにまとめました。図を完成させなさい。

△ABC と △DCB で，

仮定 AC＝DB，∠ACB＝∠DBC　　⑦

根拠1（　　　　⑦　　　　）がそれぞれ等しい。

⑦　2つの三角形は合同

根拠2（　　　　　⑦　　　　　）

結論　⑦

(1)	仮定		結論	
	⑦		⑦	
(2)	⑦		⑦	
	⑦			

7 右の四角形 ABCD で，AB＝DC，∠ABC＝∠DCB です。このとき，この四角形の対角線である AC と DB の長さが等しいことを証明しなさい。　（8点）

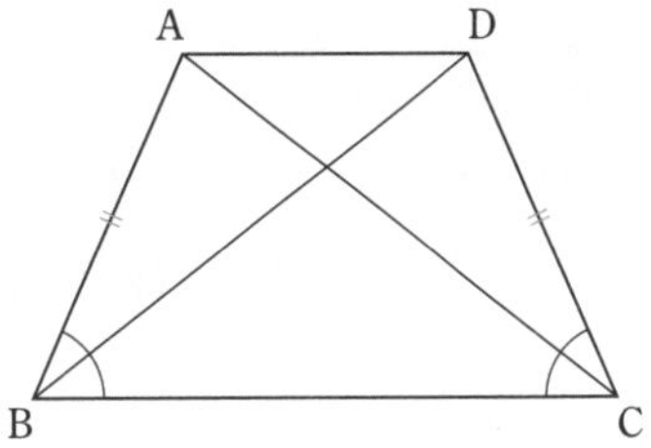

8 「a，b を自然数とするとき，a が奇数，b が偶数ならば，a＋b は奇数である」の逆をいいなさい。また，それが正しいかどうかも答えなさい。　3点×2（6点）

逆	
正しいか	

第5回 予想問題　5章　三角形・四角形

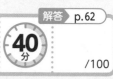

解答▶p.62

40分　/100

1 下の図(1)〜(3)の三角形は，同じ印(しるし)をつけた辺の長さが等しくなっています。また，(4)は紙テープを折った図です。∠a，∠b，∠c，∠d の大きさを求めなさい。　3点×4（12点）

(1)

(2)

(3)

AB＝BC＝CA＝BD

(4)

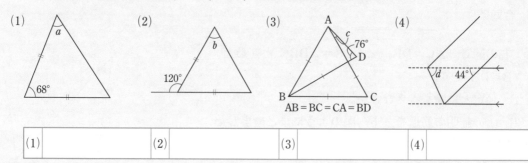

(1)		(2)		(3)		(4)	

2 右の図は，二等辺三角形 ABC の底辺 BC 上に，BD＝CE となるように点 D，E をとったものです。　6点×2（12点）

(1)　△ABD≡△ACE を証明するために使う合同条件をいいなさい。

(2)　△ADE が二等辺三角形になることを証明するには，△ABD≡△ACE から何を示せばよいですか。

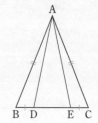

(1)	
(2)	

3 右の図の △ABC で，頂点 B，C から辺 AC，AB にそれぞれ垂線 BD，CE を引きます。　7点×3（21点）

(1)　△ABC で，AB＝AC のとき，△EBC≡△DCB となります。そのときに使う合同条件を答えなさい。

(2)　△ABC で，△EBC≡△DCB のとき，AE と長さの等しい線分を答えなさい。

(3)　△ABC で，∠DBC＝∠ECB とします。このとき，DC＝EB であることを証明しなさい。

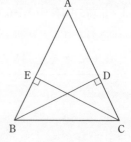

(1)	
(2)	
(3)	

4 右の図の □ABCD で，CD＝CE のとき，∠a，∠b の
大きさと，x，y の値をそれぞれ求めなさい。

3点×4（12点）

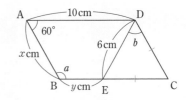

∠a		∠b		x		y	

5 次の⑦〜㋗のうち，四角形 ABCD が平行四辺形になるものをすべて選び，番号で答えな
さい。ただし，対角線 AC と BD の交点をOとします。　　　　　　　　　　　　（16点）

⑦　AD＝BC，AD∥BC
④　AD＝BC，AB∥DC
⑦　AC＝BD，AC⊥BD
㋑　∠A＝∠C，∠B＝∠D
㋔　∠A＝∠B，∠C＝∠D
㋕　AB＝AD，BC＝DC
㋖　∠A＋∠B＝∠C＋∠D＝180°
㋗　∠A＋∠B＝∠B＋∠C＝180°
㋙　AO＝CO，BO＝DO

6 次の問いに答えなさい。　　　　　　　6点×2（12点）

(1)　□ABCD に，∠A＝∠D という条件を加えると，四角
形 ABCD は，どのような四角形になりますか。

(2)　長方形 EFGH の対角線 EG，HF に，どのような条件
を加えると，正方形 EFGH になりますか。

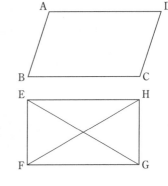

(1)		(2)	

7 □ABCD の辺 AB の中点をMとします。DM の延長と
辺 CB の延長との交点をEとすると，BC＝BE が成り立
つことを証明しなさい。

（15点）

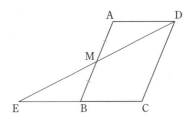

解答　p.63

第6回 予想問題　6章　確率

40分 /100

1 5枚のカード，①，②，③，④，⑤の中からカードを1枚引きます。 4点×3（12点）

(1) ①〜⑤のどのカードを引くことも同様に確からしいといえますか。

(2) カードを引く回数が増えるにつれて，①のカードを引く相対度数はいくつに近づくといえますか。

(3) 「5枚のカードの中から1枚引く」ことを10回行ったとき，③のカードは必ず2回出るといえますか。

(1)	(2)	(3)

2 A，B，C，D，E，F の6人から，委員長と副委員長を選ぶとき，その選び方は何通りありますか。

（4点）

3 A，B，C，D，E，F の6人から，委員を2人選ぶとき，その選び方は何通りありますか。

（4点）

4 ジョーカーを除く52枚のトランプの中から1枚を引くとき，次の確率を求めなさい。

(1) カードのマークが♠または♣である確率 4点×4（16点）

(2) カードの数が5または7である確率

(3) カードの数が6の約数である確率

(4) カードがジョーカーである確率

(1)	(2)	(3)	(4)

5 1枚の硬貨を3回投げるとき，表が2回で裏が1回出る確率を求めなさい。

（5点）

6 袋の中に，赤玉が2個，白玉が2個，黒玉が1個入っています。この袋の中から1個の玉を取り出し，その玉をもとにもどしてから，また1個の玉を取り出します。このとき，次の確率を求めなさい。　　　　　　　　　　　　　　　　5点×3(15点)

(1)　2個とも白玉が出る確率

(2)　はじめに赤玉が出て，次に黒玉が出る確率

(3)　赤玉が1個，黒玉が1個出る確率

(1)		(2)		(3)	

7 2つのさいころ A，B を同時に投げるとき，次の確率を求めなさい。　　5点×4(20点)

(1)　出る目の数の和が9以上になる確率

(2)　Aの目がBの目より1大きくなる確率

(3)　出る目の数の和が3の倍数になる確率

(4)　出る目の数の積が奇数にならない確率

(1)		(2)		(3)		(4)	

8 7本のうち，当たりが3本入っているくじがあります。このくじを，A，Bがこの順に1本ずつ引くとき，次の確率を求めなさい。ただし，引いたくじは，もとにもどさないものとします。　　　　　　　　　　　　　　　　6点×2(12点)

(1)　Bが当たる確率

(2)　A，Bともにはずれる確率

(1)		(2)	

9 箱の中に当たりが2本，はずれが4本入っているくじがあります。このくじを同時に2本引くとき，次の確率を求めなさい。　　　　　　　　　　6点×2(12点)

(1)　2本とも当たる確率

(2)　少なくとも1本が当たりである確率

(1)		(2)	

第7回 予想問題 ▷ 7章 データの分布

20分 /100

1 次のデータは，あるクラスの生徒14人の昨日の家庭学習の時間を少ない順に並べたものです。

(1)(2)8点×5，(3)12点(52点)

(単位：分)

| 30 | 45 | 60 | 60 | 70 | 80 | 90 | 90 | 90 | 100 | 120 | 140 | 150 | 200 |

(1) 最大値と最小値を求めなさい。

(2) 四分位数を求めなさい。

(3) このデータを箱ひげ図で表しなさい。

(1)	最大値			最小値				
(2)	第1四分位数			第2四分位数			第3四分位数	
(3)								

30　　60　　90　　120　　150　　180　　210　(分)

2 下の図は，A中学校とB中学校のそれぞれ60人が行ったソフトボール投げの記録を，箱ひげ図に表したものです。

8点×6(48点)

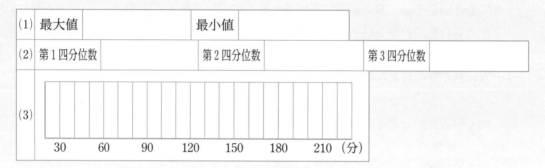

A中学校

B中学校

5　　10　　15　　20　　25　　30　(m)

(1) A中学校の四分位数を求めなさい。

(2) A中学校の四分位範囲を求めなさい。

(3) B中学校の箱ひげ図の右のひげの部分には，B中学校全体のデータの約何％がふくまれると考えられますか。次の⑦〜⑰から選びなさい。

　⑦　約25％　　⑦　約30％　　⑰　約50％

(4) 上の2つの箱ひげ図から，A中学校とB中学校ではどちらが遠くに投げた人が多いといえますか。

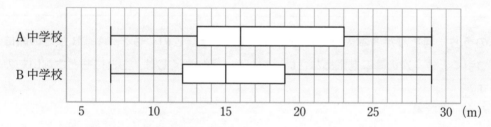

(1)	第1四分位数			第2四分位数			第3四分位数	
(2)		(3)			(4)			

総仕上げテスト①

解答 p.64

20分

/100

1 次の計算をしなさい。　　　　　　　　　　　　　　　　7点×6(42点)

(1) $(3x-y)-(x-8y)$　　　(2) $(10x-15y)\div\dfrac{5}{6}$　　　(3) $3(2x-4y)-2(5x-y)$

(4) $(-7b)\times(-2b)^2$　　　(5) $4xy\div\dfrac{2}{3}x^2\times\left(-\dfrac{1}{6}x\right)$　　　(6) $\dfrac{3x-y}{2}-\dfrac{x-6y}{5}$

(1)		(2)		(3)	
(4)		(5)		(6)	

2 次の連立方程式を解きなさい。　　　　　　　　　　7点×3(21点)

(1) $\begin{cases} 3x+4y=14 \\ -3x+y=11 \end{cases}$　　　(2) $\begin{cases} y=2x-1 \\ 5x-2y=-1 \end{cases}$　　　(3) $\begin{cases} 2x-3y=7 \\ \dfrac{x}{4}+\dfrac{y}{6}=\dfrac{1}{3} \end{cases}$

(1)		(2)		(3)	

3 次の問いに答えなさい。　　　　　　　　　　　　　7点×3(21点)

(1) $a=-\dfrac{1}{3}$, $b=\dfrac{1}{5}$ のとき, $9a^2b\div6ab\times10b$ の値を求めなさい。

(2) 2点 $(-5,-1)$, $(-2,8)$ を通る直線の式を求めなさい。

(3) 直線 $y=\dfrac{3}{2}x+5$ に平行で, x軸との交点が $(2,0)$ である直線の式を求めなさい。

(1)		(2)		(3)	

4 右の図で, 直線 ℓ, m の式はそれぞれ $x-y=-1$, $3x+2y=12$ です。　　　　　8点×2(16点)

(1) 直線 ℓ, m の交点Pの座標を求めなさい。

(2) △PAB の面積を求めなさい。

(1)		(2)	

第**9**回
予想問題

総仕上げテスト②

解答 ▶ p.64

20分

/100

1 下の図で，∠x の大きさを求めなさい。

11点×3（33点）

(1)

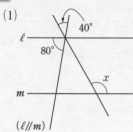

(2)

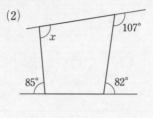

(3)

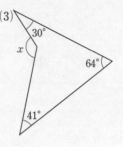

(1)		(2)		(3)	

2 ▱ABCD の辺 AD，BC 上に，AE＝CF となるような点 E，F をとると，AF＝CE となります。このことを，△ABF と △CDE の合同を示すことによって証明しなさい。

(20点)

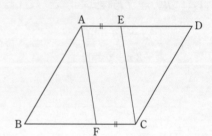

3 A，B 2 つのさいころを同時に投げるとき，出る目の数の和が 10 以下になる確率を求めなさい。

(14点)

4 下の図は，ある中学校の男子 35 人が行った 30 秒間の上体起こしについて，その回数の記録を箱ひげ図に表したものです。

11点×3（33点）

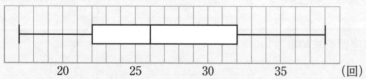

(1) 範囲と四分位範囲を求めなさい。

(2) 35 人のうち，26 回以上の生徒は半分以上いるといえますか。

(1) 範囲		四分位範囲		(2)	

教科書ワーク 数学

特別ふろく①

無料アプリ 数1 数2 数3 図形1 図形2 図形3

どこでもワーク

こちらにアクセスして，ご利用ください。
https://portal.bunri.jp/app.html

---

① 計算編 テンキー入力形式で学習できる！ 重要公式つき！

解き方を穴埋め
形式で確認！

テンキー入力で，
計算しながら
解ける！

重要公式を
その場で確認
できる！

カラーだから
見やすく，
わかりやすい！

---

② 図形編 グラフや図形を自分で動かして，学習理解をサポート！

自分で数値を
決められるから，
いろいろな
グラフの確認が
できる！

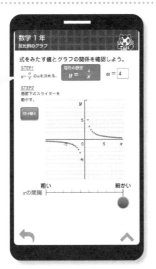

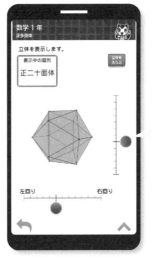

上下左右に回転
させて，様々な
角度から立体を
みることが
できる！

注意 ●アプリは無料ですが，別途各通信会社からの通信料がかかります。
● iPhone の方は Apple ID，Android の方は Google アカウントが必要です。対応 OS や対応機種については，各ストアでご確認ください。
●お客様のネット環境および携帯端末により，アプリをご利用いただけない場合，当社は責任を負いかねます。ご理解，ご了承いただきますよう，お願いいたします。
●正誤判定は，計算編のみの機能となります。
●テンキーの使い方は，アプリでご確認ください。

中学教科書ワーク

解答と解説

この「解答と解説」は，**取りはずして** 使えます。

学校図書版

数学 **2** 年

※ステージ1の例の答えは本冊右ページ下にあります。

1章 式の計算

p.2〜3 ステージ1

❶ 正しくない。

　理由…$10x^2-8x-4$ は，和の形で表すと，

　　　　$10x^2+(-8x)+(-4)$ となるから，

　　　　単項式は $10x^2$，$-8x$，-4 となり，

　　　　これがこの多項式の項である。

❷ (1) $4ab$，-3　　　(2) $-x^2$，$6x$，-2

　(3) $3ab$，$\dfrac{1}{2}a$，$-4b$

　(4) $-\dfrac{1}{3}x^2$，$5xy$，$-7y$

❸ (1) 1　　　(2) 2　　　(3) 3

　(4) 3　　　(5) 2　　　(6) 2

❹ (1) 1次式　(2) 2次式　(3) 3次式

　(4) 2次式　(5) 3次式　(6) 3次式

解説

❷ (1) $4ab-3=4ab+(-3)$
$\underbrace{\qquad}_{\text{項}}$

　(4) $-\dfrac{1}{3}x^2+5xy-7y=-\dfrac{1}{3}x^2+5xy+(-7y)$
$\underbrace{\qquad\qquad}_{\text{項}}$

❸ かけ合わされている文字の個数を調べる。

　(1) $3a=3\times\underset{1つ}{\underline{a}}$ → 次数は 1

　(2) $3ax=3\times\underset{2つ}{\underline{a\times x}}$ → 次数は 2

　(3) $4b^3=4\times\underset{3つ}{\underline{b\times b\times b}}$ → 次数は 3

❹ (1) $\underset{1次}{\underline{-2a}}+\underset{1次}{\underline{3b}}-6$ → 1次式

　(2) $\underset{2次}{\underline{3a^2}}-\underset{1次}{\underline{5a}}-1$ → 2次式

　(3) $\underset{3次}{\underline{x^3}}$ → 3次式

　(6) $\underset{2次}{\underline{-xy}}+\underset{3次}{\underline{\dfrac{2}{3}x^2y}}-\underset{3次}{\underline{\dfrac{4}{5}xy^2}}$ → 3次式

次数のもっとも大きい項の次数に着目しよう。

p.4〜5 ステージ1

❶ (1) $2x$ と $-6x$，$4y$ と $-3y$

　(2) $8a$ と $-7a$，$-b$ と $-5b$

❷ (1) $2x-2y$　　　(2) $6x^2-2$

❸ $5x^2-3x$

❹ (1) $5a-5b$　　　(2) $-7x+4$

　(3) $8a-3b$　　　(4) $-2x-8y+9$

❺ x^2-5x

❻ (1) $-2a+3b$　　　(2) $-5x^2+x-5$

　(3) $3x-2y$　　　(4) $3x-6y-4$

解説

❷ (1) $5x-4y-3x+2y$ ← 項を入れかえる。
　$=5x-3x-4y+2y$ ← 同類項をまとめる。
　$=(5-3)x+(-4+2)y$ ← かっこの中を計算する。
　$=2x-2y$

　(2) $-x^2+6x-2+7x^2-6x$
　$=-x^2+7x^2+6x-6x-2$
　$=(-1+7)x^2+\underset{0}{\underline{(6-6)}}x-2$
　$=6x^2-2$

ミス注意 x^2 と x のように，文字が同じでも次数の異なるものは同類項ではない。

❸ $(2x^2+4x)+(3x^2-7x)$ ← 式の各項をすべて加える。
　$=2x^2+4x+3x^2-7x$ ← 項を入れかえる。
　$=2x^2+3x^2+4x-7x$ ← 同類項をまとめる。
　$=5x^2-3x$

❹ (1) $(3a-4b)+(2a-b)$
　$=3a-4b+2a-b$
　$=3a+2a-4b-b$
　$=5a-5b$

　(2) $(-4x^2-x+9)+(4x^2-6x-5)$
　$=-4x^2-x+9+4x^2-6x-5$
　$=-4x^2+4x^2-x-6x+9-5$
　$=-7x+4$

❺ 多項式の減法は，ひく式の各項の符号を変えて加えればよい。

$$(5x^2-6x)-(4x^2-x)$$
$$=(5x^2-6x)\boxed{+}(\boxed{-4x^2+x})$$
$$=5x^2-6x-4x^2+x$$
$$=5x^2-4x^2-6x+x$$
$$=x^2-5x$$

> ひく式の各項の符号を変えて加える。

> 式をひくときは，必ずかっこをつける。

6 (1) $(3a+7b)-(5a+4b)$
$$=(3a+7b)\boxed{+}(\boxed{-5a-4b})$$ ⎤ 省略してもよい。
$$=3a+7b\underset{\bullet}{-}5a\underset{\bullet}{-}4b$$ ← ひく式の各項の符号を変える。
$$=3a-5a+7b-4b$$
$$=-2a+3b$$

(2) $(-x^2+2x-8)-(4x^2+x-3)$
$$=-x^2+2x-8\underset{\bullet}{-}4x^2\underset{\bullet}{-}x\underset{\bullet}{+}3$$ ←
$$=-x^2-4x^2+2x-x-8+3$$
$$=-5x^2+x-5$$

(3)
$$\begin{array}{r} 6x-7y \\ -)\ 3x-5y \\ \hline \end{array}$$

(4)
$$\begin{array}{r} x-6y+3 \\ -)\ -2x\quad\ +7 \\ \hline \end{array}$$

↓ ↓

$$\begin{array}{r} 6x-7y \\ +)\ -3x+5y \\ \hline 3x-2y \end{array}$$

$$\begin{array}{r} x-6y+3 \\ +)\ 2x\quad\ -7 \\ \hline 3x-6y-4 \end{array}$$

p.6〜7 ステージ1

❶ (1) $12x-3y$　　(2) $-10a-35b$

(3) $20x+4y-8$　　(4) $3a-\dfrac{2}{3}b$

❷ (1) $-5x+4y$　　(2) $-6a+4b$

❸ (1) $9a+3b$　　(2) $2x-13y$

(3) $x-24y+43$

❹ (1) $\dfrac{10x+5y}{12}$ $\left(\text{または，}\ \dfrac{5}{6}x+\dfrac{5}{12}y\right)$

(2) $\dfrac{11y}{6}$ $\left(\text{または，}\ \dfrac{11}{6}y\right)$

(3) $\dfrac{9x+13y}{8}$ $\left(\text{または，}\ \dfrac{9}{8}x+\dfrac{13}{8}y\right)$

(4) $\dfrac{4x-9y}{7}$ $\left(\text{または，}\ \dfrac{4}{7}x-\dfrac{9}{7}y\right)$

❺ $\dfrac{5x+6y}{4}=\dfrac{1}{4}(5x+6y)=\dfrac{5}{4}x+\dfrac{3}{2}y$

より，単項式の和の形で表されるから，多項式である。

━━ 解説 ━━

❶ (1)　　　分配法則を使う。
$$3(4x-y)=3\times 4x+3\times(-y)=12x-3y$$

(2) $-5(2a+7b)=(-5)\times 2a+(-5)\times 7b$
$$=-10a-35b$$

(4) $\dfrac{1}{3}(9a-2b)=\dfrac{1}{3}\times 9a+\dfrac{1}{3}\times(-2b)$
$$=3a-\dfrac{2}{3}b$$

❷ 乗法の形に直して計算する。

(1) $(-15x+12y)\div 3=(-15x+12y)\times\dfrac{1}{3}$
$$=-15x\times\dfrac{1}{3}+12y\times\dfrac{1}{3}$$
$$=-5x+4y$$

(2) $(30a-20b)\div(-5)=(30a-20b)\times\left(-\dfrac{1}{5}\right)$
$$=30a\times\left(-\dfrac{1}{5}\right)-20b\times\left(-\dfrac{1}{5}\right)$$
$$=-6a+4b$$

別解 分数の形にして計算してもよい。

(1) $(-15x+12y)\div 3=-\dfrac{15x}{3}+\dfrac{12y}{3}$
$$=-5x+4y$$

(2) $(30a-20b)\div(-5)=-\dfrac{30a}{5}+\dfrac{20b}{5}$
$$=-6a+4b$$

❸ (1) $3(a+2b)+3(2a-b)$
$$=3a+6b+6a-3b$$ ⎫ かっこをはずす。
$$=3a+6a+6b-3b$$ ⎫ 項を入れかえる。
$$=9a+3b$$ ⎫ 同類項をまとめる。

(2) $-4(3x-2y)+7(2x-3y)$
$$=-12x+8y+14x-21y$$
$$=-12x+14x+8y-21y$$
$$=2x-13y$$

(3) $6(x-4y+3)-5(x-5)$
$$=6x-24y+18-5x+25$$
$$=6x-5x-24y+18+25$$
$$=x-24y+43$$

> かっこをはずすとき，符号に注意する。

❹ (1) $\dfrac{x+2y}{3}+\dfrac{2x-y}{4}$
$$=\dfrac{4(x+2y)}{12}+\dfrac{3(2x-y)}{12}$$ ⎫ 通分する。
$$=\dfrac{4(x+2y)+3(2x-y)}{12}$$ ⎫ 1つの分数にまとめる。
$$=\dfrac{4x+8y+6x-3y}{12}$$ ⎫ かっこをはずす。
$$=\dfrac{10x+5y}{12}$$ ⎫ 同類項をまとめる。

(2) $\dfrac{2x-3y}{6}-\dfrac{x-7y}{3}=\dfrac{2x-3y}{6}-\dfrac{2(x-7y)}{6}$

$\qquad\qquad\qquad =\dfrac{2x-3y-2(x-7y)}{6}$

$\qquad\qquad\qquad =\dfrac{2x-3y-2x+14y}{6}$

$\qquad\qquad\qquad =\dfrac{11y}{6}$

(3) $\dfrac{1}{8}(5x-3y)+\dfrac{1}{2}(x+4y)$

★ $=\dfrac{1}{8}(5x-3y)+\dfrac{4}{8}(x+4y)$

$=\dfrac{5x-3y+4(x+4y)}{8}$

$=\dfrac{5x-3y+4x+16y}{8}$

$=\dfrac{9x+13y}{8}$

別解 上の★印の式のかっこをはずして計算してもよい。

$\dfrac{5}{8}x-\dfrac{3}{8}y+\dfrac{4}{8}x+\dfrac{16}{8}y=\dfrac{9}{8}x+\dfrac{13}{8}y$

(4) $x-y-\dfrac{3x+2y}{7}=\dfrac{7}{7}x-\dfrac{7}{7}y-\dfrac{3x+2y}{7}$

$\qquad\qquad\qquad =\dfrac{7x-7y-(3x+2y)}{7}$

$\qquad\qquad\qquad =\dfrac{7x-7y-3x-2y}{7}$

$\qquad\qquad\qquad =\dfrac{4x-9y}{7}$

p.8〜9 ステージ1

❶ (1) $-15ab$ (2) $14ab$ (3) $0.6xy$
(4) $-6ab$ (5) $6xy$ (6) $4x^5$
(7) $25a^2$ (8) $-12x^2y$ (9) $24x^3$

❷ (1) $-3y$ (2) a^2 (3) $5x$
(4) $-12a$

❸ (1) $4x^3$ (2) $7x^2$ (3) $-6a^2b^2$
(4) $8a$

❹ 正しくない。

理由…除法を乗法に直さずに計算している。
（または，左から順に計算していない。）
正しくは，

$14x^2\div\dfrac{7}{3}x\times2x=14x^2\times\dfrac{3}{7x}\times2x$

$\qquad\qquad\qquad =\dfrac{14x^2\times3\times2x}{7x}$

$\qquad\qquad\qquad =12x^2$

解 説

❶ (1) $3a\times(-5b)=\underline{3\times(-5)}\times\underline{a\times b}=-15ab$
　　　　　　　　　　係数の積　　文字の積

(2) $(-7a)\times(-2b)=(-7)\times(-2)\times a\times b=14ab$

(4) $9a\times\left(-\dfrac{2}{3}b\right)=9\times\left(-\dfrac{2}{3}\right)\times a\times b=-6ab$

(6) $4x^2\times x^3=4\times x\times x\times x\times x\times x=4x^5$

(7) $(5a)^2=(5a)\times(5a)=5\times5\times a\times a=25a^2$

(8) $3xy\times(-4x)=3\times(-4)\times x\times x\times y$

$\qquad\qquad\qquad =-12x^2y$

(9) $6x\times(-2x)^2=6x\times(-2x)\times(-2x)$

$\qquad\qquad\qquad =6\times(-2)\times(-2)\times x\times x\times x$

$\qquad\qquad\qquad =24x^3$

ポイント

単項式どうしの乗法は，係数の積に文字の積をかける。

❷ (1)〜(3) 分数の形に表して約分する。

(1) $12xy\div(-4x)=-\dfrac{12xy}{4x}$

文字も約分できるよ。

$\qquad\qquad\qquad =-\dfrac{\overset{3}{\cancel{12}}\times\cancel{x}\times y}{\underset{1}{\cancel{4}}\times\underset{1}{\cancel{x}}}$

$\qquad\qquad\qquad =-3y$

(2) $(-a^3)\div(-a)=\dfrac{a^3}{a}$

$\qquad\qquad\qquad =\dfrac{\overset{1}{\cancel{a}}\times a\times a}{\underset{1}{\cancel{a}}}$

$\qquad\qquad\qquad =a^2$

(3) $15x^2y\div3xy=\dfrac{15x^2y}{3xy}$

$\qquad\qquad =\dfrac{\overset{5}{\cancel{15}}\times\cancel{x}\times x\times\cancel{y}}{\underset{1}{\cancel{3}}\times\underset{1}{\cancel{x}}\times\underset{1}{\cancel{y}}}$

$\qquad\qquad =5x$

(4) 除法を乗法に直して計算する。

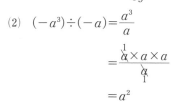

$8a^2\div\left(-\dfrac{2}{3}a\right)=8a^2\times\left(-\dfrac{3}{2a}\right)$

$\qquad\qquad\qquad\qquad -\dfrac{2}{3}a\text{の逆数}$

$\qquad\qquad =-\dfrac{\overset{4}{\cancel{8}}\times\overset{1}{\cancel{a}}\times a\times3}{\underset{1}{\cancel{2}}\times\underset{1}{\cancel{a}}}$

$\qquad\qquad =-12a$

❸ (1)〜(3) 乗法だけの式に直して計算する。

(1) $6xy\div3y\times2x^2=6xy\times\dfrac{1}{3y}\times2x^2$

$\qquad\qquad =\dfrac{6xy\times2x^2}{3y}=4x^3$

(2) $x^3 \times 7x \div x^2 = \dfrac{x^3 \times 7x}{x^2}$

$\qquad\qquad\qquad = 7x^2$

(3) $8ab^2 \div (-4ab) \times 3a^2b$

$\quad = 8ab^2 \times \left(-\dfrac{1}{4ab}\right) \times 3a^2b$

$\quad = -\dfrac{8ab^2 \times 3a^2b}{4ab} = -6a^2b^2$

(4) $(-2a)^2$ を先に計算する。

$\quad 32a^3 \div (-2a)^2 = 32a^3 \div 4a^2 = \dfrac{32a^3}{4a^2} = 8a$

---

p.10~11 ■ステージ2

❶ (1) $4x^2y,\ \dfrac{1}{3}xy,\ -\dfrac{1}{2}y,\ -7$

(2) 3次式

❷ (1) $-7a + 8b + 3c$ (2) $-5x^2 - 9x + 4$

(3) $a^2 - ab$ (4) $-x^2 - x$

❸ (1) $2x^2 + x$ (2) $x - y + 2$

(3) $-2a^2 + 3a + 1$

(4) $-3x^2 + 3xy + 4y^2$

❹ (1) $-72a + 63b$ (2) $13x - 22y - 77$

(3) $3a - 2b + 5$ (4) $5x - 15y$

(5) $\dfrac{5x+8y}{12}$ $\left(\text{または, } \dfrac{5}{12}x + \dfrac{2}{3}y\right)$

(6) $\dfrac{7x-3y}{8}$ $\left(\text{または, } \dfrac{7}{8}x - \dfrac{3}{8}y\right)$

❺ (1) $-9a^3$ (2) $-18x^3$ (3) $-10x^2y$

(4) x^3 (5) $-3x$ (6) $-2ab$

(7) a^2b^3 (8) $\dfrac{x^3}{32y}$

❻ 正しくない。

理由…除法を乗法に直さずに計算している。

(または, 左から順に計算していない。)

正しくは,

$\quad 45x^2 \div 15x \div 3x = 45x^2 \times \dfrac{1}{15x} \times \dfrac{1}{3x}$

$\qquad\qquad\qquad\quad = \dfrac{45x^2}{15x \times 3x}$

$\qquad\qquad\qquad\quad = 1$

● ● ● ● ● ●

① (1) $a + 8b$

(2) $\dfrac{5x-13y}{14}$ $\left(\text{または, } \dfrac{5}{14}x - \dfrac{13}{14}y\right)$

(3) $-70ab^2$ (4) $-12x^3y$

---

❸ (2) $(2x - 3y + 1) - (x - 2y - 1)$

$\quad = 2x - 3y + 1 - x + 2y + 1$

$\quad = x - y + 2$

(4) $\begin{array}{r} x^2 \qquad\ -2y^2 \\ -)\ 4x^2 - 3xy - 6y^2 \end{array}$

$\downarrow$

$\begin{array}{r} x^2 \qquad\ -2y^2 \\ +)\ -4x^2 + 3xy + 6y^2 \\ \hline -3x^2 + 3xy + 4y^2 \end{array}$

❹ (2) $4(2x - 3y - 8) - 5(-x + 2y + 9)$

$\quad = 8x - 12y - 32 + 5x - 10y - 45$

$\quad = 13x - 22y - 77$

(3) $(-21a + 14b - 35) \div (-7)$

$\quad = (-21a + 14b - 35) \times \left(-\dfrac{1}{7}\right)$

$\quad = 3a - 2b + 5$

(4) $(3x - 9y) \div \dfrac{3}{5} = (3x - 9y) \times \dfrac{5}{3}$

$\qquad\qquad\qquad = 5x - 15y$

(5) $\dfrac{2x+5y}{3} - \dfrac{x+4y}{4} = \dfrac{4(2x+5y) - 3(x+4y)}{12}$

$\qquad\qquad\qquad\quad = \dfrac{8x + 20y - 3x - 12y}{12}$

$\qquad\qquad\qquad\quad = \dfrac{5x + 8y}{12}$

(6) $\dfrac{1}{4}(3x + y) + \dfrac{1}{8}(x - 5y)$

$\quad = \dfrac{2}{8}(3x + y) + \dfrac{1}{8}(x - 5y)$

$\quad = \dfrac{2(3x + y) + (x - 5y)}{8}$

$\quad = \dfrac{6x + 2y + x - 5y}{8}$

$\quad = \dfrac{7x - 3y}{8}$

❺ (6) $\left(-\dfrac{3}{4}a^2b^3\right) \div \dfrac{3}{8}ab^2 = \left(-\dfrac{3}{4}a^2b^3\right) \times \dfrac{8}{3ab^2}$

$\qquad\qquad\qquad\qquad = -\dfrac{3a^2b^3 \times 8}{4 \times 3ab^2}$

$\qquad\qquad\qquad\qquad = -2ab$

(7) $9a^3b \times 4ab^2 \div (-6a)^2$ $\}$ $(-6a)^2$ を先に 計算する。

$\quad = 9a^3b \times 4ab^2 \div 36a^2$

$\quad = \dfrac{9a^3b \times 4ab^2}{36a^2}$

$\quad = a^2b^3$

(8) $\left(-\dfrac{1}{4}x\right)^2 \times \dfrac{1}{8}xy \div \left(-\dfrac{1}{2}y\right)^2$

$= \dfrac{1}{16}x^2 \times \dfrac{1}{8}xy \div \dfrac{1}{4}y^2$

$= \dfrac{1}{16}x^2 \times \dfrac{1}{8}xy \times \dfrac{4}{y^2}$

$= \dfrac{x^2 \times xy \times 4}{16 \times 8 \times y^2}$

$= \dfrac{x^3}{32y}$

> $\left(-\dfrac{1}{4}x\right)^2$
> $= \left(-\dfrac{1}{4}x\right) \times \left(-\dfrac{1}{4}x\right)$
> $= \dfrac{1}{16}x^2$
> だね。

① (2) $\dfrac{x-y}{2} - \dfrac{x+3y}{7}$

$= \dfrac{7(x-y) - 2(x+3y)}{14}$

$= \dfrac{7x - 7y - 2x - 6y}{14}$

$= \dfrac{5x - 13y}{14}$

(3) $4a^2b \div \left(-\dfrac{2}{5}ab\right) \times 7b^2$

$= 4a^2b \times \left(-\dfrac{5}{2ab}\right) \times 7b^2$

$= -\dfrac{4a^2b \times 5 \times 7b^2}{2ab}$

$= -70ab^2$

(4) $x^3 \times (6xy)^2 \div (-3x^2y)$

$= x^3 \times 36x^2y^2 \times \left(-\dfrac{1}{3x^2y}\right)$

$= -\dfrac{x^3 \times 36x^2y^2}{3x^2y}$

$= -12x^3y$

p.12〜13　ステージ1

❶ 6

❷ −3

❸ 差が 2 の 3 つの整数のうち，中央の整数を n とすると，差が 2 の 3 つの整数は，$n-2$, n, $n+2$ と表される。それらの和は，

$(n-2) + n + (n+2) = 3n$

n は整数だから，$3n$ は 3 の倍数である。
したがって，差が 2 の 3 つの整数の和は 3 の倍数である。

❹ (1) ある自然数を n とすると，その数を 10 倍した数は $10n$ と表される。それらの和は，

$n + 10n = 11n$

n は自然数だから，$11n$ は 11 の倍数である。

したがって，ある自然数とその数を 10 倍した数の和は 11 の倍数になる。

(2) 2 桁の自然数の十の位の数を a，一の位の数を b とすると，もとの数は，$10a + b$，入れかえてできる数は，$10b + a$ と表される。

もとの数から入れかえてできる数をひくと，

$(10a + b) - (10b + a) = 9a - 9b$
$\qquad\qquad\qquad\qquad = 9(a - b)$

$a - b$ は整数だから，$9(a-b)$ は 9 の倍数である。

したがって，一の位が 0 でない 2 桁の自然数から，その十の位の数と一の位の数を入れかえてできる自然数をひくと，差は 9 の倍数になる。

(3) 連続する 2 つの整数を n, $n+1$ とすると，それらの和は，$n + (n+1) = 2n + 1$

n は整数だから，$2n+1$ は奇数である。
したがって，連続する 2 つの整数の和は奇数になる。

(4) m, n を整数とすると，2 つの奇数は $2m+1$, $2n+1$ と表され，それらの和は，

$(2m+1) + (2n+1) = 2m + 2n + 2$
$\qquad\qquad\qquad\qquad = 2(m + n + 1)$

$m + n + 1$ は整数だから，$2(m+n+1)$ は偶数である。

したがって，奇数と奇数の和は偶数になる。

━━━━●　解 説　●━━━━

❶ $3(2x - y) - (4x - 5y)$
$= 6x - 3y - 4x + 5y$　⎫ 式を簡単にする。
$= 2x + 2y$　⎬ $x = -2$, $y = 5$ を
$= 2 \times (-2) + 2 \times 5$　⎭ 代入する。
$= -4 + 10$
$= 6$

ポイント

式の値を求めるとき，式を簡単にしてから数を代入すると，計算しやすくなることがある。

❷ $(-8x^2y) \div (-2x) = \dfrac{8x^2y}{2x}$

$\qquad\qquad\qquad\quad = 4xy$

$\qquad\qquad\qquad\quad = 4 \times (-3) \times \dfrac{1}{4}$

$\qquad\qquad\qquad\quad = -3$

❹ (1)(2) ●の倍数になることを示すには，式を
●×(整数) の形に変形する。

(3) 奇数になることを示すには，式を
2×(整数)+1 の形に変形する。

(4) 偶数になることを示すには，式を 2×(整数)
の形に変形する。

p.14~15 ステージ1

❶ OP=a とすると，OQ=2a，OR=$\frac{3}{2}a$ と表
される。

OP，OQ をそれぞれ半径とする 2 つの円の
円周の長さの和は，

$$2\pi a+2\pi\times2a=6\pi a \quad ①$$

OR を半径とする円の円周の長さの 2 倍は，

$$2\pi\times\frac{3}{2}a\times2=6\pi a \quad ②$$

①，②より，OP=PQ，PR=RQ のとき，
OP，OQ をそれぞれ半径とする 2 つの円の
円周の長さの和は，OR を半径とする円の円
周の長さの 2 倍と等しくなる。

❷ (1) $x=5+3y$

(2) $x=\dfrac{-3+2y}{5}$ $\left(\text{または，}x=\dfrac{2y-3}{5}\right)$

(3) $x=\dfrac{7+4y}{6}$ $\left(\text{または，}x=\dfrac{7}{6}+\dfrac{2}{3}y\right)$

(4) $x=-4-10y$

❸ (1) $y=\dfrac{16-x}{8}$ $\left(\text{または，}y=2-\dfrac{1}{8}x\right)$

(2) $y=\dfrac{9+4x}{5}$ (3) $a=8+4b$

(4) $a=\dfrac{2c-b}{5}$

❹ (1) $b=\dfrac{2S}{h}-a$ (2) $h=\dfrac{V}{\pi r^2}$

(3) $a=\dfrac{360S}{\pi r^2}$

解説

❶ OP=PQ より，PQ=a だから，
OQ=OP+PQ=$a+a=2a$ となる。

また，PR=RQ より，PR=$\frac{1}{2}$PQ=$\frac{1}{2}a$ だから，

OR=OP+PR=$a+\frac{1}{2}a=\frac{3}{2}a$ となる。

別解 2 つの文字を使って説明してもよい。
OP=a，OQ=b とすると，

$$OR=OP+PR=a+\frac{b-a}{2}=\frac{a+b}{2}$$

OP，OQ をそれぞれ半径とする 2 つの円の円周
の長さの和は，

$$2\pi a+2\pi b=2\pi(a+b) \quad ①$$

OR を半径とする円の円周の長さの 2 倍は，

$$2\pi\times\frac{a+b}{2}\times2=2\pi(a+b) \quad ②$$

❷ (2) $5x-2y=-3$ ⟩ $-2y$ を移項する。
$5x=-3+2y$
$x=\dfrac{-3+2y}{5}$ ⟩ 両辺を 5 でわる。

(3) $-6x+4y=-7$ ⟩ $4y$ を移項する。
$-6x=-7-4y$
$x=\dfrac{7+4y}{6}$ ⟩ 両辺を -6 でわる。

(4) $-x-10y=4$ ⟩ $-10y$ を移項する。
$-x=4+10y$
$x=-4-10y$ ⟩ 両辺を -1 でわる。

x をふくむ項を左辺，ふくまない項を右辺に移項する。

❸ (1) $x=16-8y$ ⟩ x，$-8y$ を移項する。
$8y=16-x$
$y=\dfrac{16-x}{8}$ ⟩ 両辺を 8 でわる。

(2) $4x-5y=-9$ ⟩ $4x$ を移項する。
$-5y=-9-4x$
$y=\dfrac{9+4x}{5}$ ⟩ 両辺を -5 でわる。

(3) $\dfrac{a}{4}-b=2$ ⟩ $-b$ を移項する。
$\dfrac{a}{4}=2+b$
$a=8+4b$ ⟩ 両辺に 4 をかける。

(4) $\dfrac{5a+b}{2}=c$ ⟩ 両辺に 2 をかける。
$5a+b=2c$ ⟩ b を移項する。
$5a=2c-b$
$a=\dfrac{2c-b}{5}$ ⟩ 両辺を 5 でわる。

ポイント

等式をある文字について解くときは，方程式を解く
ときと同じ手順で式を変形する。

❹ (1)
$$S=\frac{(a+b)h}{2}$$

　両辺を入れかえる。

$$\frac{(a+b)h}{2}=S$$

　両辺に 2 をかける。

$$(a+b)h=2S$$

　両辺を h でわる。

$$a+b=\frac{2S}{h}$$

　a を移項する。

$$b=\frac{2S}{h}-a$$

(2) $V=\pi r^2 h$

$$\pi r^2 h=V$$

$$h=\frac{V}{\pi r^2}$$

(3) $S=\dfrac{\pi a r^2}{360}$

$$\frac{\pi a r^2}{360}=S$$

$$\pi a r^2=360S$$

$$a=\frac{360S}{\pi r^2}$$

---

p.16~17 ≣ステージ2

❶ (1) -53　　　　　(2) 168

❷ $\dfrac{5}{6}$

❸ (1) n を整数とし，連続する 3 つの奇数のうち，もっとも小さい奇数を $2n+1$ とすると，連続する 3 つの奇数は，$2n+1$，$2n+3$，$2n+5$ と表される。それらの和は，
$$(2n+1)+(2n+3)+(2n+5)=6n+9$$
$$=3(2n+3)$$
$2n+3$ は整数だから，$3(2n+3)$ は 3 の倍数である。
したがって，連続する 3 つの奇数の和は 3 の倍数である。

(2) 2 桁の自然数の十の位の数を a，一の位の数を b とすると，2 桁の自然数は，$10a+b$ と表される。ここから各位の数の和をひくと，
$$10a+b-(a+b)=9a$$
a は整数だから，$9a$ は 9 の倍数である。
したがって，2 桁の自然数から，その数の各位の数の和をひくと 9 の倍数になる。

❹ 4 つの数のうち，もっとも小さい数を n とすると，4 つの数は，n，$n+1$，$n+7$，$n+8$ と表される。それらの和は，
$$n+(n+1)+(n+7)+(n+8)=4n+16$$
$$=4(n+4)$$

$n+4$ は整数だから，$4(n+4)$ は 4 の倍数である。
したがって，カレンダーで図のように囲んだ 4 つの数の和は 4 の倍数になる。

❺ 正四角錐Aの体積は，
$$\frac{1}{3}\times a\times a\times h=\frac{1}{3}a^2 h\ (\text{cm}^3)\qquad ①$$
正四角錐Bの体積は，
$$\frac{1}{3}\times 2a\times 2a\times \frac{1}{2}h=\frac{2}{3}a^2 h\ (\text{cm}^3)\quad ②$$
②が①の 2 倍だから，Bの体積はAの体積の 2 倍になる。

❻ (1) $x=\dfrac{6y}{5}$　　　　(2) $c=2a-b$

(3) $b=\dfrac{\ell}{2}-a$　　　(4) $y=x-7z+35$

(5) $a=\dfrac{2S}{h}$

(6) $b=\dfrac{-6d+4a}{9c}$

$$\left(\text{または，}\ b=\frac{4a-6d}{9c},\ b=\frac{4a}{9c}-\frac{2d}{3c}\right)$$

❼ (1) $h=\dfrac{3V}{\pi r^2}$　　　(2) 6 cm

・・・・・・

① -4

② A$\cdots n+4$

　a$\cdots 5$　　b$\cdots 2$　　c$\cdots 3$　　d$\cdots 5$

③ $b=\dfrac{2a-c}{3}$

◀◀◀◀◀◀ 解 説 ▶▶▶▶▶▶

① (1) $2(a-3b)+3(2a+b)=2a-6b+6a+3b$
$$=8a-3b$$
$$=8\times(-4)-3\times 7$$
$$=-53$$

② $(3xy)^2\div(-3x^2 y)\times 2x^2=9x^2 y^2\times\left(-\dfrac{1}{3x^2 y}\right)\times 2x^2$
$$=-\frac{9x^2 y^2\times 2x^2}{3x^2 y}$$
$$=-6x^2 y$$
$$=-6\times\left(-\frac{5}{6}\right)^2\times\left(-\frac{1}{5}\right)$$
$$=-6\times\frac{25}{36}\times\left(-\frac{1}{5}\right)$$
$$=\frac{5}{6}$$

❸ (1) 連続する整数を表すときは，1つの文字を使う。

❹ カレンダーの日付を右のように囲むと，どこの場所でも，㋐は $n+1$，㋑は $n+7$，㋒は $n+8$ となる。

❻ (1) $5x-6y=0$

$5x=6y$

$x=\dfrac{6y}{5}$

(2) $2a=b+c$

$b+c=2a$

$c=2a-b$

(3) $\ell=2(a+b)$

$2(a+b)=\ell$

$a+b=\dfrac{\ell}{2}$

$b=\dfrac{\ell}{2}-a$

> ある文字について解くときは，
> ・移項する。
> ・左辺と右辺を入れかえる。
> ・両辺に同じ数をかける。
> ・両辺を同じ数でわる。
> などを使うよ。

(4) $\dfrac{x-y}{7}=z-5$

$x-y=7(z-5)$

$x-y=7z-35$

$-y=-x+7z-35$

$y=x-7z+35$

(5) $S=\dfrac{1}{2}ah$

$\dfrac{1}{2}ah=S$

$ah=2S$

$a=\dfrac{2S}{h}$

(6) $\dfrac{2}{3}a-\dfrac{3}{2}bc=d$

$4a-9bc=6d$ ⟩両辺に6をかける。

★ $-9bc=6d-4a$ ⟩$4a$ を移項する。

$9bc=-6d+4a$ ⟩両辺を -1 でわる。

$b=\dfrac{-6d+4a}{9c}$ ⟩両辺を $9c$ でわる。

別解 上の★印の式の両辺を $-9c$ でわって，

$b=-\dfrac{6d-4a}{9c}$

① $3(2x-3y)-(x-8y)=6x-9y-x+8y$

$=5x-y$

$=5\times\left(-\dfrac{1}{5}\right)-3$

$=-1-3$

$=-4$

② 連続する5つの自然数は，もっとも小さい数が n より，n, $n+1$, $n+2$, $n+3$, $n+4$ と表される。連続する5つの自然数の和は $5(n+2)$ と表されて，$n+2$ は小さい方から3番目の数だから，$5(n+2)$ は，小さい方から3番目の数の5倍であるといえる。

③ $a=\dfrac{3b+c}{2}$

$\dfrac{3b+c}{2}=a$

$3b+c=2a$

$3b=2a-c$

$b=\dfrac{2a-c}{3}$

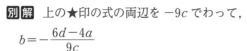

p.18〜19 ステージ3

① (1) a^3, $-4b^2$, $3ab^3$, -1

(2) 4次式

② (1) $-2a+9b$

(2) $-x^2+5x+6$

(3) $-3x^2+4x$

(4) $9a-2b$

(5) $\dfrac{a-27b}{6}$ $\left(\text{または，}\dfrac{1}{6}a-\dfrac{9}{2}b\right)$

(6) $-10a^3$

(7) $-4x^2y$

(8) 2

③ (1) -10

(2) -32

(3) 4

(4) 16

④ (1) $y=\dfrac{-21+6x}{5}$ $\left(\text{または，}y=\dfrac{6x-21}{5}\right)$

(2) $b=10-a-c$

(3) $b=\dfrac{-3a-c+3}{2}$ $\left(\text{または，}b=-\dfrac{3a+c-3}{2}\right)$

(4) $a=-\dfrac{2S}{\ell}+r$ $\left(\text{または，}a=r-\dfrac{2S}{\ell}\right)$

⑤ m, n を整数とすると，3でわって1余る数は $3m+1$，3でわって2余る数は $3n+2$ と表される。それらの和は，

$(3m+1)+(3n+2)$

$=3m+3n+3$

$=3(m+n+1)$

$m+n+1$ は整数だから，$3(m+n+1)$ は3の倍数である。

したがって，3でわって1余る数と，3でわって2余る数の和は，3の倍数である。

6 もとの直角三角形の直角をはさむ2辺の長さを a，b とすると，面積は，

$$\frac{1}{2} \times a \times b = \frac{1}{2}ab \quad ①$$

2辺の長さをそれぞれ3倍にすると，面積は，

$$\frac{1}{2} \times 3a \times 3b = \frac{9}{2}ab \quad ②$$

②が①の9倍だから，直角三角形の直角をはさむ2辺の長さをそれぞれ3倍にすると，面積はもとの直角三角形の9倍になる。

7 AB$=a$，BC$=b$，CD$=c$ とすると，AB，BC，CD をそれぞれ直径とする3つの半円の弧の長さの和は，

$$\frac{1}{2}\pi a + \frac{1}{2}\pi b + \frac{1}{2}\pi c \quad ①$$

AD を直径とする半円の弧の長さは，

$$\frac{1}{2}\pi(a+b+c)$$
$$= \frac{1}{2}\pi a + \frac{1}{2}\pi b + \frac{1}{2}\pi c \quad ②$$

①と②より，AB，BC，CD をそれぞれ直径とする3つの半円の弧の長さの和は，AD を直径とする半円の弧の長さと等しくなる。

▶━━━━━━ **解説** ◀━━━━━━

1 (2) 次数のもっとも大きい項は $3ab^3$ だから，4次式である。
　　　　　　　　　　　　↳$3 \times \underline{a} \times \underline{b} \times \underline{b} \times \underline{b}$

2 (2) $(3x^2-2x+5)-(4x^2-7x-1)$
$$= 3x^2-2x+5-4x^2+7x+1$$
$$= -x^2+5x+6$$

(4) $3(a+2b)+2(3a-4b)=3a+6b+6a-8b$
$$\qquad\qquad\qquad\qquad = 9a-2b$$

(5) $\dfrac{a-5b}{2} - \dfrac{a+6b}{3} = \dfrac{3(a-5b)}{6} - \dfrac{2(a+6b)}{6}$
$$= \dfrac{3a-15b-2a-12b}{6}$$
$$= \dfrac{a-27b}{6}$$

(8) $(-a^2b) \times (-8b) \div (-2ab)^2$
$$= (-a^2b) \times (-8b) \div 4a^2b^2$$
$$= (-a^2b) \times (-8b) \times \dfrac{1}{4a^2b^2}$$
$$= \dfrac{a^2b \times 8b}{4a^2b^2}$$
$$= 2$$

得点アップの**コツ**

式の計算では，符号に注意しよう。
・多項式の減法は，ひく式の各項の符号を変えて加える。
・$(-2a)^2=4a^2$ と，$-(2a)^2=-4a^2$ のちがいをおさえておこう。

3 (3) $3(xy-2y)-5xy+3y$
$$= 3xy-6y-5xy+3y$$
$$= -2xy-3y$$
$$= -2 \times (-2) \times 4 - 3 \times 4 = 4$$

〔式を簡単にしてから，値を代入する。〕

(4) $\left(\dfrac{1}{2}x^2y - xy\right) \div \dfrac{1}{2} + 2xy$ 〕わる数の逆数をかける。

$$= \left(\dfrac{1}{2}x^2y - xy\right) \times 2 + 2xy$$ 〕かっこをはずす。

$$= x^2y - 2xy + 2xy$$ 〕同類項をまとめる。

$$= x^2y$$

$$= (-2)^2 \times 4 = 16$$ 〕代入する。

4 (3) $a = \dfrac{-2b-c+3}{3}$

$$\dfrac{-2b-c+3}{3} = a$$
$$-2b-c+3 = 3a$$
$$-2b = 3a+c-3$$
$$b = \dfrac{-3a-c+3}{2}$$

(4) $S = \dfrac{1}{2}\ell(r-a)$

$$\dfrac{1}{2}\ell(r-a) = S$$
$$\ell(r-a) = 2S$$
$$r-a = \dfrac{2S}{\ell}$$
$$-a = \dfrac{2S}{\ell} - r$$
$$a = -\dfrac{2S}{\ell} + r$$

〔解く文字を左辺に移すと解きやすいよ。〕

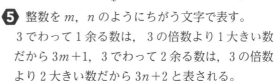

5 整数を m，n のようにちがう文字で表す。

3でわって1余る数は，3の倍数より1大きい数だから $3m+1$，3でわって2余る数は，3の倍数より2大きい数だから $3n+2$ と表される。

得点アップの**コツ**

2つ以上の一般的な数を表すときは，2つ以上のちがう文字を使う。
「連続する」，「差が2」などの条件がつくときは同じ文字を使う。

2章 連立方程式

❶ (1) ①

x	0	1	2	3	4	5
y	5	4	3	2	1	0

②

x	0	1	2	3	4	5
y	6	4	2	0	-2	-4

(2) $\begin{cases} x=1 \\ y=4 \end{cases}$

❷ ㋑

❸ (1) $\begin{cases} x=3 \\ y=7 \end{cases}$　(2) $\begin{cases} x=1 \\ y=2 \end{cases}$

(3) $\begin{cases} x=3 \\ y=-1 \end{cases}$　(4) $\begin{cases} x=1 \\ y=-1 \end{cases}$

(5) $\begin{cases} x=4 \\ y=-1 \end{cases}$　(6) $\begin{cases} x=-3 \\ y=2 \end{cases}$

解説

❶ (2) (1)の表から，①，②の式を同時に成り立たせる x，y の値の組は，$\begin{cases} x=1 \\ y=4 \end{cases}$

❷ それぞれの値を $\begin{cases} 2x+y=12 & ① \\ x+y=7 & ② \end{cases}$ に代入すると，

㋐ ① 左辺…$2×4+3=11$，右辺…12
　└ 成り立たない ┘
　② 左辺…$4+3=7$，右辺…7

㋑ ① 左辺…$2×7-2=12$，右辺…12
　② 左辺…$7-2=5$，右辺…7
　　└ 成り立たない ┘

㋒ ① 左辺…$2×5+2=12$，右辺…12
　② 左辺…$5+2=7$，右辺…7

❸ 上の式を①，下の式を②とする。
　左辺どうし，右辺どうしを加えたりひいたりして，文字を1つ消去し，1元1次方程式にする。

(1) ①+②　$\begin{array}{r} 3x-y=\ 2 \\ +)\ x+y=10 \\ \hline 4x\quad\ =12 \end{array}$ ← y を消去
　　　　　　　$x\ \ =\ 3$

$x=3$ を②に代入すると，← ②に代入する方が，計算が簡単になる。
　$3+y=10$
　　　$y=10-3$
　　　$y=7$

(2) ①-②　$\begin{array}{r} x+4y=\ 9 \\ -)\ x-\ y=-1 \\ \hline 5y=10 \end{array}$ ← x を消去
　　　　　　　　$y=\ 2$

$y=2$ を②に代入すると，
　$x-2=-1$　$x=-1+2$　$x=1$

(5) ①+②　$\begin{array}{r} 2x-3y=\ 11 \\ +)\ -2x+5y=-13 \\ \hline 2y=\ -2 \end{array}$ ← 係数に着目する。
　　　　　　　　　$y=\ -1$

$y=-1$ を①に代入すると，
　$2x-3×(-1)=11$　$2x=8$　$x=4$

(6) ①+②　$\begin{array}{r} 4x+3y=-\ 6 \\ +)\ 2x-3y=-12 \\ \hline 6x\quad\ =-18 \end{array}$
　　　　　　　$x\quad\ =-\ 3$

$x=-3$ を②に代入すると，
　$2×(-3)-3y=-12$
　　　　　$-3y=-6$
　　　　　　$y=2$

解を①，②に代入して答えの確かめをしよう。

❶ (1) $\begin{cases} x=2 \\ y=-1 \end{cases}$　(2) $\begin{cases} x=4 \\ y=5 \end{cases}$

(3) $\begin{cases} x=3 \\ y=-4 \end{cases}$　(4) $\begin{cases} x=1 \\ y=-2 \end{cases}$

(5) $\begin{cases} x=-1 \\ y=-3 \end{cases}$　(6) $\begin{cases} x=4 \\ y=3 \end{cases}$

❷ (1) $\begin{cases} x=2 \\ y=3 \end{cases}$　(2) $\begin{cases} x=3 \\ y=2 \end{cases}$

(3) $\begin{cases} x=-1 \\ y=-2 \end{cases}$　(4) $\begin{cases} x=2 \\ y=1 \end{cases}$

(5) $\begin{cases} x=-2 \\ y=2 \end{cases}$　(6) $\begin{cases} x=3 \\ y=-2 \end{cases}$

❸ 連立方程式の上の式を①，下の式を②とすると，①×7-②×2 をして x を消去しているが，どちらも右辺を整数倍していないので正しくない。
　正しくは，
　①×7　$\begin{array}{r} 14x+21y=\ 7 \\ \end{array}$
　②×2　$\begin{array}{r} -)\ 14x+22y=\ 4 \\ \hline -\ y=\ 3 \end{array}$
　　　　　　　　　　$y=-3$

$y=-3$ を①に代入すると，
　$2x+3×(-3)=1$　$2x=10$　$x=5$

━━━━━━━━━━━━━━━━━ 解 説 ━━━━━━━━━━━━━━━━━

上の式を①，下の式を②とする。

❶ 一方の式の両辺を何倍かして，消去する文字の係数の絶対値が等しくなるようにする。

(1) ①×2 $2x+10y=-6$ ← x の係数の絶対値をそろえる。
   ② $-)2x+\ \ y=\ \ \ 3$
   ――――――――――――
       $9y=-9$ ← x を消去
       $y=-1$

 $y=-1$ を①に代入すると，
   $x+5\times(-1)=-3$ $x=-3+5$ $x=2$

ミス注意！ ①を2倍するとき，左辺だけでなく，右辺も2倍するのを忘れないようにする。

(2) ① $5x-3y=\ \ 5$ ← y の係数の絶対値をそろえる。
   ②×3 $-)6x-3y=\ \ 9$
   ――――――――――――
       $-x\ \ \ =-4$ ← y を消去
       $x\ \ \ =\ \ 4$

 $x=4$ を②に代入すると，
   $2\times4-y=3$ $-y=3-8$ $y=5$

(3) ①×4 $12x-4y=52$
   ② $+)\ 7x+4y=\ \ 5$
   ――――――――――――
       $19x\ \ \ =57$
       $x\ \ \ =\ \ 3$

 $x=3$ を①に代入すると，
   $3\times3-y=13$ $-y=4$ $y=-4$

(4) ①×2 $4x+10y=-16$
   ② $-)4x-\ 3y=\ \ 10$
   ――――――――――――
       $13y=-26$
       $y=-\ 2$

 $y=-2$ を①に代入すると，
   $2x+5\times(-2)=-8$ $2x=2$ $x=1$

(5) ①×2 $-10x+6y=-8$
   ② $+)\ \ \ 7x-6y=\ 11$
   ――――――――――――
       $-3x\ \ \ =\ \ 3$
       $x\ \ \ =-1$

 $x=-1$ を①に代入すると，
   $-5\times(-1)+3y=-4$ $3y=-9$ $y=-3$

(6) ①×3 $9x-24y=-36$
   ② $-)9x-\ 7y=\ \ 15$
   ――――――――――――
       $-17y=-51$
       $y=\ \ \ 3$

 $y=3$ を①に代入すると，
   $3x-8\times3=-12$ $3x=12$ $x=4$

❷ どちらかの文字の係数の絶対値をそろえて，左辺どうし，右辺どうしを加えたりひいたりして，その文字を消去する。

(1) ①×2 $16x-6y=14$
   ②×3 $+)15x+6y=48$
   ――――――――――――
       $31x\ \ \ =62$
       $x\ \ \ =\ 2$

 $x=2$ を①に代入すると，
   $8\times2-3y=7$ $-3y=-9$ $y=3$

参考 x を消去すると，下のように数が大きくなる。
   ①×5 $40x-15y=\ \ 35$
   ②×8 $-)40x+16y=128$

y を消去した方が計算が簡単だね。

(2) ①×4 $12x-16y=\ \ 4$
   ②×3 $+)-12x+15y=-6$
   ――――――――――――
       $-\ \ y=-2$
       $y=\ \ 2$

 $y=2$ を①に代入すると，
   $3x-4\times2=1$ $3x=9$ $x=3$

(3) ①×5 $-35x+10y=\ \ 15$
   ②×2 $+)\ \ 8x-10y=\ \ 12$
   ――――――――――――
       $-27x\ \ \ =\ \ 27$
       $x\ \ \ =-\ 1$

 $x=-1$ を①に代入すると，
   $-7\times(-1)+2y=3$ $2y=-4$ $y=-2$

(4) ①×5 $35x-20y=50$
   ②×4 $-)24x-20y=28$
   ――――――――――――
       $11x\ \ \ =22$
       $x\ \ \ =\ 2$

 $x=2$ を①に代入すると，
   $7\times2-4y=10$ $-4y=-4$ $y=1$

(5) ①×3 $15x+18y=\ \ 6$
   ②×5 $-)15x+40y=\ \ 50$
   ――――――――――――
       $-22y=-44$
       $y=\ \ 2$

 $y=2$ を①に代入すると，
   $5x+6\times2=2$ $5x=-10$ $x=-2$

(6) ①×3 $12x+\ 9y=\ \ 18$
   ②×2 $-)12x-10y=\ \ 56$ ← x の係数の絶対値を4と6の最小公倍数にそろえる。
   ――――――――――――
       $19y=-38$
       $y=-\ 2$

 $y=-2$ を①に代入すると，
   $4x+3\times(-2)=6$ $4x=12$ $x=3$

ポイント

加減法による解き方

① どちらの文字を消去するかを決める。
　このとき，両辺にかける数がなるべく小さくなるように考える。
② 消去する文字の係数の絶対値をそろえるため，それぞれの式の両辺を何倍かする。
③ 左辺どうし，右辺どうしを加えたりひいたりして1元1次方程式を導く。

p.24～25 ■ステージ1■

❶ (1) $\begin{cases} x=3 \\ y=7 \end{cases}$ 　(2) $\begin{cases} x=-2 \\ y=1 \end{cases}$

(3) $\begin{cases} x=2 \\ y=-4 \end{cases}$ 　(4) $\begin{cases} x=-3 \\ y=-2 \end{cases}$

(5) $\begin{cases} x=2 \\ y=-1 \end{cases}$ 　(6) $\begin{cases} x=-6 \\ y=-5 \end{cases}$

❷ (1) $\begin{cases} x=4 \\ y=-2 \end{cases}$ 　(2) $\begin{cases} x=2 \\ y=1 \end{cases}$

(3) $\begin{cases} x=-2 \\ y=9 \end{cases}$

❸ (1) 例 上の式を①，下の式を②とする。

$$\begin{array}{r} ① \qquad 2x- \ y= \ 8 \\ ②×2 \ \underline{-)\, 2x+10y=-14} \\ -11y= \ 22 \\ y=- \ 2 \end{array}$$

$y=-2$ を②に代入すると，
$x+5×(-2)=-7$ 　$x=3$

①も②も $ax+by=c$ の形になっているので，加減法を選んだ。

(2) 例 上の式を①，下の式を②とする。
②を①に代入すると，
$3(8y-3)-4y=11$ 　$20y=20$ 　$y=1$
$y=1$ を②に代入すると，
$x=8×1-3=5$
②の式が $x=$ ▨ の形になっているので，代入法を選んだ。

◀ 解説 ▶

上の式を①，下の式を②とする。

❶ 一方の式を他方の式に代入する。

(1) ①で，y は $2x+1$ と等しいから，②の y を $2x+1$ におきかえて，y を消去する。
①を②に代入すると，

$3x-(2x+1)=2$ 　$x=2+1$ 　$x=3$
$x=3$ を①に代入すると，
$y=2×3+1=7$

(3) ①を②に代入すると，
$2x-8=-5x+6$ 　$7x=14$ 　$x=2$
$x=2$ を①に代入すると，
$y=2×2-8=-4$

(5) $\begin{cases} 2x=y+5 & ① \ \leftarrow 2x は y+5 と等しい。\\ 2x+3y=1 & ② \end{cases}$

①を②に代入すると，
$\underset{2x}{(y+5)}+3y=1$ 　$4y=-4$ 　$y=-1$

$y=-1$ を①に代入すると，
$2x=-1+5$ 　$2x=4$ 　$x=2$

(6) $\begin{cases} 3y=4x+9 & ① \ \leftarrow 3y は 4x+9 と等しい。\\ 3y=5x+15 & ② \end{cases}$

①を②に代入すると，
$\underset{3y}{4x+9}=5x+15$ 　$-x=6$ 　$x=-6$

$x=-6$ を①に代入すると
$3y=4×(-6)+9$ 　$3y=-15$ 　$y=-5$

❷ 一方の式を $x=$ ▨ ，または $y=$ ▨ の形に変形する。

(1) ①を x について解くと，←①は $x=$ ▨ の形に変形しやすい。
$x=-3y-2$ 　③
③を②に代入すると，
$2(-3y-2)-y=10$ 　$-7y=14$ 　$y=-2$
$y=-2$ を③に代入すると，
└①を変形したあとの③に代入すると簡単
$x=-3×(-2)-2=4$

(3) ②を y について解くと，←②は $y=$ ▨ の形に変形しやすい。
$y=-2x+5$ 　③
③を①に代入すると，
$3x+4(-2x+5)=30$ 　$-5x=10$ 　$x=-2$
$x=-2$ を③に代入すると，
$y=-2×(-2)+5=9$

❸ (1) 代入法で解くこともできるが，x または y について解いてから代入する必要があるので，加減法の方が簡単に解くことができる。

(2) 加減法で解くこともできるが，②の $8y$ を移項してから係数をそろえる必要があるので，代入法の方が簡単に解くことができる。

ポイント

代入法による解き方

1 $x=\boxed{}$, $y=\boxed{}$ の形の式がないときは，一方の式を x，または y について解く。

2 $x=\boxed{}$, または $y=\boxed{}$ を他方の式に代入してどちらかの文字を消去し，1元1次方程式を導く。

> 代入法で解くとき，x，y の一方の値を求めたあと，残りの値を求めるときは，$x=\boxed{}$, または $y=\boxed{}$ の式に代入すると簡単に計算できるよ。

p.26〜27 ステージ**1**

❶ (1) $\begin{cases} x=1 \\ y=4 \end{cases}$ (2) $\begin{cases} x=3 \\ y=-2 \end{cases}$

(3) $\begin{cases} x=2 \\ y=-5 \end{cases}$ (4) $\begin{cases} x=3 \\ y=-1 \end{cases}$

(5) $\begin{cases} x=3 \\ y=1 \end{cases}$ (6) $\begin{cases} x=1 \\ y=-2 \end{cases}$

❷ (1) $\begin{cases} x=-1 \\ y=2 \end{cases}$ (2) $\begin{cases} x=5 \\ y=4 \end{cases}$

(3) $\begin{cases} x=3 \\ y=-2 \end{cases}$ (4) $\begin{cases} x=4 \\ y=3 \end{cases}$

(5) $\begin{cases} x=5 \\ y=2 \end{cases}$ (6) $\begin{cases} x=-4 \\ y=12 \end{cases}$

━━━ 解 説 ━━━

上の式を①，下の式を②とする。

❶ 分配法則を使ってかっこをはずし，式を整理してから解く。　←$ax+by=c$ の形にする。

(1) ①のかっこをはずして整理すると，

$2x-3y=-10$ ③

③×2　　$4x-6y=-20$
②　　$-)4x+\ y=\ \ \ \ 8$　←③と②を連立方程式として解く。
　　　　$-7y=-28$
　　　　　　$y=\ \ \ \ 4$

$y=4$ を②に代入すると，

$4x+4=8$　$4x=4$　$x=1$

(2) ①のかっこをはずして整理すると，

$5x+3y=9$ ③

③　　$5x+3y=\ 9$
②　$+)2x-3y=12$
　　　$7x\ \ \ \ =21$
　　　　$x\ \ \ =\ 3$

$x=3$ を②に代入すると，

$2\times3-3y=12$　$-3y=6$　$y=-2$

(3) ②のかっこをはずして整理すると，

$7x+3y=-1$ ③

③×2　　$14x+6y=-\ 2$
①×3　$-)\ 9x+6y=-12$
　　　　　$5x\ \ \ \ \ =\ \ 10$
　　　　　　$x\ \ \ \ \ =\ \ \ 2$

$x=2$ を①に代入すると，

$3\times2+2y=-4$　$2y=-10$　$y=-5$

(4) ②のかっこをはずして整理すると，

$2x+5y=1$ ③

③×3　　$6x+15y=\ \ 3$
①×2　$-)6x+\ 8y=\ 10$
　　　　　　$7y=-\ 7$
　　　　　　　$y=-\ 1$

$y=-1$ を①に代入すると，

$3x+4\times(-1)=5$　$3x=9$　$x=3$

(5) ①，②のかっこをはずして整理すると，

① → $x+2y=5$ ③

② → $x-2y=1$ ④

③　　　$x+2y=5$
④　$+)x-2y=1$
　　$2x\ \ \ \ \ =6$
　　$x\ \ \ \ \ =3$

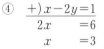

> 減法で x を消去してもいいよ。

$x=3$ を③に代入すると，

$3+2y=5$　$2y=2$　$y=1$

別解 式を整理するときに，①を $x=-2y+5$ として，代入法で解いてもよい。

(6) ①，②のかっこをはずして整理すると，

① → $-2x+3y=-8$ ③

② → $5x+3y=-1$ ④

③　　$-2x+3y=-8$
④　$-)\ \ 5x+3y=-1$
　　　$-7x\ \ \ \ \ =-7$
　　　　$x\ \ \ \ \ =\ 1$

$x=1$ を③に代入すると，

$-2\times1+3y=-8$　$3y=-6$　$y=-2$

❷ 係数を整数に直してから解く。

(1) ②の両辺に 10 をかけると，

$4x-7y=-18$ ③

③　　　　$4x-\ 7y=-18$
①×2　$-)4x-18y=-40$
　　　　　$11y=\ \ 22$
　　　　　　$y=\ \ \ 2$

$y=2$ を①に代入すると，

$2x-9\times2=-20$　$2x=-2$　$x=-1$

(2) ②の両辺に 100 をかけると，

$$3x+4y=31 \quad ③$$

$$③×2 \quad 6x+\ 8y=\ 62$$
$$①×3 \quad -)6x+15y=\ 90$$
$$\overline{\qquad -7y=-28}$$
$$y=\ \ 4$$

$y=4$ を①に代入すると，

$$2x+5×4=30 \quad 2x=10 \quad x=5$$

(3) ②の両辺に 6 をかけると，

<u>↑ 分母の 3 と 2 の最小公倍数</u>

$$4x+3y=6 \quad ③$$

$$③ \quad 4x+3y=\ \ 6$$
$$①×2 \quad -)4x-2y=\ 16$$
$$\overline{\qquad 5y=-10}$$
$$y=-\ 2$$

$y=-2$ を①に代入すると，

$$2x-(-2)=8 \quad 2x=6 \quad x=3$$

ミス注意！ ②の両辺に 6 をかけるとき，右辺
にも 6 をかけるのを忘れないようにする。

(4) ①の両辺に 12 をかけると，

$$3x+8y=36 \quad ③$$

$$③ \quad 3x+\ 8y=\ 36$$
$$②×3 \quad -)3x+15y=\ 57$$
$$\overline{\qquad -7y=-21}$$
$$y=\ \ 3$$

$y=3$ を②に代入すると，

$$x+5×3=19 \quad x=4$$

(5) ①の両辺に 8 をかけると，

$$2x-y=8 \quad ③$$

$$③×2 \quad 4x-2y=16$$
$$② \quad -)4x-5y=10$$
$$\overline{\qquad 3y=\ 6}$$
$$y=\ 2$$

$y=2$ を③に代入すると，

$$2x-2=8 \quad 2x=10 \quad x=5$$

(6) ②の両辺に 12 をかけると，

$$3x-2y=-36 \quad ③$$

$$③ \quad 3x-2y=-36$$
$$① \quad +)5x+2y=\ \ \ 4$$
$$\overline{\qquad 8x\ \ \ \ =-32}$$
$$x\ \ \ \ =-\ 4$$

$x=-4$ を①に代入すると，

$$5×(-4)+2y=4 \quad 2y=24 \quad y=12$$

---

p.28～29 ■ステージ**1**

❶ (1) $\begin{cases} x=-3 \\ y=2 \end{cases}$ (2) $\begin{cases} x=-3 \\ y=2 \end{cases}$

❷ (1) $\begin{cases} x=3 \\ y=6 \end{cases}$ (2) $\begin{cases} x=8 \\ y=2 \end{cases}$

(3) $\begin{cases} x=2 \\ y=-3 \end{cases}$ (4) $\begin{cases} x=7 \\ y=4 \end{cases}$

❸ (1) $\begin{cases} x=-2 \\ y=5 \\ z=0 \end{cases}$ (2) $\begin{cases} x=-3 \\ y=1 \\ z=2 \end{cases}$

(3) $\begin{cases} x=-2 \\ y=1 \\ z=-1 \end{cases}$ (4) $\begin{cases} x=3 \\ y=2 \\ z=1 \end{cases}$

■ **解 説** ■

❶ $x+5y=-x+2y=7$ を $A=B=C$ の形の連立
方程式とみる。

(1) $\begin{cases} A=C \\ B=C \end{cases}$ とみる ➡ $\begin{cases} x+5y=7 \quad ① \\ -x+2y=7 \quad ② \end{cases}$

$$① \quad x+5y=\ 7$$
$$② \quad +)-x+2y=\ 7$$
$$\overline{\qquad 7y=14}$$
$$y=\ 2$$

$y=2$ を①に代入すると，

$$x+5×2=7 \quad x=-3$$

(2) $\begin{cases} A=B \\ A=C \end{cases}$ とみる ➡ $\begin{cases} x+5y=-x+2y \quad ① \\ x+5y=7 \quad\quad\quad ② \end{cases}$

①を整理すると，

$$x+x+5y-2y=0$$
$$2x+3y=0 \quad ③$$

$$③ \quad 2x+\ 3y=\ \ 0$$
$$②×2 \quad -)2x+10y=\ 14$$
$$\overline{\qquad -\ 7y=-14}$$
$$y=\ 2$$

$y=2$ を②に代入して，$x=-3$ ←(1)と同様

> (2)より(1)の組み
> 合わせの方が，
> 簡単に解ける。

❷ 計算しやすい組み合わせをつくって解く。

(1) $\begin{cases} 4x+2y=24 \quad ① \\ 6x+y=24 \quad ② \end{cases}$ として解くと，

$$①÷2 \quad 2x+y=\ 12$$
$$② \quad -)6x+y=\ 24$$
$$\overline{\qquad -4x\ \ \ \ =-12}$$
$$x\ \ \ \ =\ 3$$

> ←①の両辺を 2 でわっ
> て y の係数の絶対値
> をそろえると，数が
> 小さくなって計算し
> やすい。

$x=3$ を $2x+y=12$ に代入すると，

$$2×3+y=12 \quad y=6$$

(2) $\begin{cases} 6x+5y=58 & ① \\ 4x+13y=58 & ② \end{cases}$ として解くと，

①×2 　　$12x+10y=\ \ 116$
②×3 　$-)\,12x+39y=\ \ 174$
　　　　　　　$-29y=-\ 58$
　　　　　　　　　$y=\ \ \ \ \ 2$

$y=2$ を①に代入すると，
　$6x+5\times2=58$ 　$6x=48$ 　$x=8$

(3) $\begin{cases} 2x-y=10+y & ① \\ 4x-1=10+y & ② \end{cases}$ として解くと，

①，②を整理して，

① → $2x-2y=10$ 　③
② → $4x-y=11$ 　④

③÷2 　　$x-y=\ \ \ 5$
④ 　$-)\,4x-y=\ \ 11$
　　　　$-3x\ \ \ \ =-\ 6$
　　　　　　$x\ \ \ \ =\ \ \ 2$

$x=2$ を $x-y=5$ に代入すると，
　$2-y=5$ 　$-y=3$ 　$y=-3$

(4) $\begin{cases} 2x+3y=7y-2 & ① \\ 5+3x=7y-2 & ② \end{cases}$ として解くと，

①，②を整理して，

① → $2x-4y=-2$ 　③
② → $3x-7y=-7$ 　④

③×3 　　$6x-12y=-\ 6$
④×2 　$-)\,6x-14y=-14$
　　　　　　　$2y=\ \ \ 8$
　　　　　　　　$y=\ \ \ 4$

$y=4$ を③に代入すると，
　$2x-4\times4=-2$ 　$2x=14$ 　$x=7$

❸ 3つの式を上から順に①，②，③とする。
　どれか1つの文字を消去して，文字が2つの連立方程式をつくる。

(1) ① 　　$x+y\ \ \ \ \ =\ \ 3$
② 　$-)\ \ \ \ \ y+z=\ \ 5$
　　　　$x\ \ \ -z=-2$ 　④ ←yを消去

③，④を x，z についての連立方程式として解く。

③ 　　$x+z=-2$
④ 　$+)\,x-z=-2$
　　　　$2x\ \ \ \ =-4$ ←zを消去
　　　　　$x\ \ \ \ =-2$

$x=-2$ を③に代入すると，$-2+z=-2$ 　$z=0$
$x=-2$ を①に代入すると，$-2+y=3$ 　$y=5$

別解 ① 　　$x+\ y\ \ \ \ \ =\ \ 3$
② 　　　　$y+\ z=\ \ 5$
③ 　$+)\,x\ \ \ \ \ +\ z=-2$
　　　$2x+2y+2z=\ \ 6$

両辺を2でわると，
　　　$x+\ y+\ z=\ \ 3$ 　④

④ 　　$x+y+z=3$
① 　$-)\,x+y\ \ \ \ =3$
　　　　　　$z=0$ ←xとyを消去

$z=0$ を②に代入すると，
　$y+0=5$ 　$y=5$ ←④－③をして求めてもよい。

$z=0$ を③に代入すると，
　$x+0=-2$ 　$x=-2$ ←④－②をして求めてもよい。

(2) ① 　　$x-3y+z=-\ 4$
② 　$+)\,2x+\ y-z=-\ 7$
　　　$3x-2y\ \ \ \ \ =-11$ 　④ ←zを消去

① 　　$x-3y+z=-4$
③ 　$-)-x-2y+z=\ \ 3$
　　　$2x-\ y\ \ \ \ \ =-7$ 　⑤

④，⑤を x，y についての連立方程式として解く。

④ 　　　　$3x-2y=-11$
⑤×2 　$-)\,4x-2y=-14$
　　　　　$-x\ \ \ \ =\ \ \ 3$ ←yを消去
　　　　　　$x\ \ \ \ =-\ 3$

$x=-3$ を⑤に代入すると，
　$2\times(-3)-y=-7$ 　$-y=-1$ 　$y=1$

$x=-3$，$y=1$ を①に代入すると，
　$-3-3\times1+z=-4$ 　$z=2$

(3) ③を①に代入すると，
　$3x+(x-3z)-z=-4$
　　　$4x-4z=-4$ 　④ ←yを消去

③を②に代入すると，
　$x-2(x-3z)+3z=-7$
　　　$-x+9z=-7$ 　⑤

④，⑤を x，z についての連立方程式として解く。

④÷4 　　$x-\ z=-1$ ←④の両辺を4でわる。
⑤ 　$+)-x+9z=-7$
　　　　　$8z=-8$ ←xを消去
　　　　　$z=-1$

$z=-1$ を $x-z=-1$ に代入すると，
　$x-(-1)=-1$ 　$x=-2$

$x=-2$，$z=-1$ を③に代入すると，
　$y=-2-3\times(-1)=1$

(4) ①　　　　　　　$x-3y+2z=-1$

②×2　$-)-2x+10y+2z=16$

　　　　　$3x-13y\ \ \ \ \ \ =-17$　④

①　　　　　$x-3y+2z=-1$

③　　　$+)3x+y-2z=9$

　　　　　$4x-2y\ \ \ \ \ \ =8$　　　⑤

④, ⑤を x, y についての連立方程式として解く。

④×4　　　$12x-52y=-68$

⑤×3　$-)12x-6y=24$

　　　　　　$-46y=-92$

　　　　　　　$y=2$

$y=2$ を⑤に代入すると,

　$4x-2\times2=8$　$4x=12$　$x=3$

$x=3$, $y=2$ を②に代入すると,

　$-3+5\times2+z=8$　$z=1$

p.30~31 ステージ2

❶　ウ

❷　(1) $\begin{cases} x=2 \\ y=5 \end{cases}$　　(2) $\begin{cases} x=2 \\ y=-1 \end{cases}$

　(3) $\begin{cases} x=-2 \\ y=3 \end{cases}$　　(4) $\begin{cases} x=2 \\ y=4 \end{cases}$

　(5) $\begin{cases} x=3 \\ y=2 \end{cases}$　　(6) $\begin{cases} x=5 \\ y=2 \end{cases}$

　(7) $\begin{cases} x=1 \\ y=-1 \end{cases}$　　(8) $\begin{cases} x=2 \\ y=6 \end{cases}$

　(9) $\begin{cases} x=3 \\ y=2 \end{cases}$

❸　(1) $\begin{cases} x=3 \\ y=-1 \end{cases}$　　(2) $\begin{cases} x=-2 \\ y=-1 \end{cases}$

　(3) $\begin{cases} x=3 \\ y=1 \end{cases}$　　(4) $\begin{cases} x=3 \\ y=2 \end{cases}$

　(5) $\begin{cases} x=-4 \\ y=4 \end{cases}$　　(6) $\begin{cases} x=8 \\ y=6 \end{cases}$

❹　連立方程式の上の式を①, 下の式を②とすると, ①は小数をふくむので, 両辺を 10 倍する必要があるが, 右辺を 10 倍していないので正しくない。正しくは,

①×10　$6x-7y=10$　③

③　　　　$6x-7y=10$

②×2　$-)6x-4y=-2$

　　　　　$-3y=12$

　　　　　　$y=-4$

$y=-4$ を②に代入すると,

　$3x-2\times(-4)=-1$　$3x=-9$　$x=-3$

❺　(1) $\begin{cases} x=6 \\ y=-2 \end{cases}$　　(2) $\begin{cases} x=-1 \\ y=-2 \end{cases}$

❻　(1) $a=3$, $b=-2$　　(2) $a=2$, $b=-4$

・・・・・・

① (1) $\begin{cases} x=-3 \\ y=5 \end{cases}$　　(2) $\begin{cases} x=-3 \\ y=6 \end{cases}$

② $a=7$, $b=-4$

解説

❷ 上の式を①, 下の式を②とする。

(1) ①　　　　$2x+y=9$

②　$+)6x-y=7$

　　　$8x\ \ \ \ \ =16$

　　　$x\ \ \ \ \ =2$

$x=2$ を①に代入すると,

　$2\times2+y=9$　$y=5$

(2) ①　　　　　$4x+3y=5$

②×3　$-)6x+3y=9$

　　　　$-2x\ \ \ \ \ \ =-4$

　　　　　$x\ \ \ \ \ \ =2$

$x=2$ を②に代入すると,

　$2\times2+y=3$　$y=-1$

(3) ①　　　　　$4x-7y=-29$

②×2　$-)4x-6y=-26$

　　　　　　$-y=-3$

　　　　　　　$y=3$

$y=3$ を②に代入すると,

　$2x-3\times3=-13$　$2x=-4$　$x=-2$

(4) ①×2　　　$14x-6y=4$

②×3　$-)9x-6y=-6$

　　　　$5x\ \ \ \ \ \ =10$

　　　　　$x\ \ \ \ \ \ =2$

$x=2$ を①に代入すると,

　$7\times2-3y=2$　$-3y=-12$　$y=4$

(5) ①×2　　　$10x+12y=54$

②×5　$+)-10x+25y=20$

　　　　　　$37y=74$

　　　　　　　$y=2$

$y=2$ を②に代入すると,

　$-2x+5\times2=4$　$-2x=-6$　$x=3$

(6) ①, ②を整理すると,

　① → $3x-8y=-1$　③ ←

　② → $4x-7y=6$　④ ←

加減法で解くために, $ax+by=c$ の形にする。

③×4　　　$12x-32y=-4$
④×3　　$-)12x-21y=\ \ 18$
　　　　　　　　$-11y=-22$
　　　　　　　　　　　$y=\ \ \ 2$

$y=2$ を③に代入すると，
　　$3x-8×2=-1$　$3x=15$　$x=5$

(7)　①を②に代入すると，
　　$3(3y+4)-2y=5$　$7y=-7$　$y=-1$
　　$y=-1$ を①に代入すると，
　　　$x=3×(-1)+4=1$

(8)　①を②に代入すると，
　　　$4x-2=-2x+10$　$6x=12$　$x=2$
　　$x=2$ を①に代入すると，
　　　$y=4×2-2=6$

(9)　①を②に代入すると，
　　$5x+(3x-5)=19$　　←①より，$2y$ は $3x-5$ と
　　　$2y\rfloor$　　$8x=24$　　　等しい。
　　　　　　　$x=3$
　　$x=3$ を①に代入すると，
　　　$2y=3×3-5$　$2y=4$　$y=2$

❸　上の式を①，下の式を②とする。

(1)　②のかっこをはずして整理すると，
　　　$2x+3y=3$　③　　→ 加減法で解くため
　　　　　　　　　　　　　　に，$ax+by=c$
　　③×2　　　　$4x+6y=\ \ 6$　　の形にする。
　　①　　　　$-)5x+6y=\ \ 9$
　　　　　　　　$-x\ \ \ \ =-3$
　　　　　　　　　　$x\ \ =\ \ 3$
　　$x=3$ を③に代入すると，
　　　$2×3+3y=3$　$3y=-3$　$y=-1$

(2)　①，②のかっこをはずして整理すると，
　　①　→　$x-6y=4$　　　③
　　②　→　$6x+3y=-15$　④
　　③　　　　　$x-6y=\ \ \ 4$
　　④×2　$+)12x+6y=-30$
　　　　　　　$13x\ \ \ \ =-26$
　　　　　　　　$x\ \ =-\ 2$
　　$x=-2$ を③に代入すると，
　　　$-2-6y=4$　$-6y=6$　$y=-1$

(3)　①×10　$19x-2y=55$　③　←係数を整数にする。
　　③　　$19x-2y=55$
　　②　$-)\ 5x-2y=13$
　　　　　$14x\ \ \ \ =42$
　　　　　　$x\ \ =\ \ 3$
　　$x=3$ を②に代入すると，
　　　$5×3-2y=13$　$-2y=-2$　$y=1$

(4)　①×10　　$7x+6y=33$　③
　　②×100　$2x+5y=16$　④
　　③×2　　　$14x+12y=\ \ 66$
　　④×7　$-)14x+35y=\ 112$
　　　　　　　　$-23y=-46$
　　　　　　　　　　$y=\ \ \ 2$
　　$y=2$ を④に代入すると，
　　　$2x+5×2=16$　$2x=6$　$x=3$

(5)　②×4　$2x-3y=-20$　③　←係数を整数
　　　　　　　　　　　　　　　　　にする。
　　③×3　　　$6x-\ 9y=-60$
　　①×2　$-)6x+10y=\ \ 16$
　　　　　　　$-19y=-76$
　　　　　　　　　$y=\ \ \ 4$
　　$y=4$ を①に代入すると，
　　　$3x+5×4=8$　$3x=-12$　$x=-4$

(6)　①×12　$3x-2y=12$　③
　　②×15　$3x=5y-6$　　④
　　④を③に代入すると，
　　　$(5y-6)-2y=12$
　　　　　　　$3y=18$
　　　　　　　　$y=6$
　　$y=6$ を④に代入すると，
　　　$3x=5×6-6$　$3x=24$　$x=8$

加減法で
解いても
いいよ。

ポイント

いろいろな連立方程式
・かっこをふくむ式は，かっこをはずして整理して
　から解く。
・係数に小数をふくむ式は，両辺に 10 や 100 をか
　けて，係数を整数に直してから解く。
・係数に分数をふくむ式は，両辺に分母の最小公倍
　数をかけて，係数を整数に直してから解く。

❺　$A=B=C$ の形の連立方程式は，
$\begin{cases}A=B\\A=C\end{cases}$　$\begin{cases}A=B\\B=C\end{cases}$　$\begin{cases}A=C\\B=C\end{cases}$ のうち，
計算しやすい組み合わせをつくって解く。

(1)　$\begin{cases}4x+5y=14&①\\3x+2y=14&②\end{cases}$

の組み合わせにすると計算しやすくなる。
①×2-②×5 をして求めるとよい。

C が数のときは $\begin{cases}A=C\\B=C\end{cases}$ にするとよい。

(2)　$\begin{cases}3x-4y=x-2y+2&①\\3x-4y=2x+y+9&②\end{cases}$ として解くと，

①，②を整理して，

① → $2x-2y=2$ ③

② → $x-5y=9$ ④

③÷2 $\quad x-\ y=\ 1$

④ $\quad\underline{-)\,x-5y=\ 9}$

$\qquad\qquad 4y=-8$

$\qquad\qquad\ y=-2$

$y=-2$ を $x-y=1$ に代入すると,

$\quad x-(-2)=1\quad x=-1$

❻ (1) 連立方程式に $x=2$, $y=-1$ を代入する

と, $\begin{cases}2a-b=8 & ① \\ 2b+a=-1 & ②\end{cases}$ ← $a,\ b$についての
連立方程式

① $\qquad\quad 2a-\ b=\ 8$

②×2 $\quad\underline{-)\,2a+4b=-2}$

$\qquad\qquad\quad -5b=\ 10$

$\qquad\qquad\qquad\ b=-2$

$b=-2$ を②に代入すると,

$\quad 2\times(-2)+a=-1\quad a=3$

(2) 4つの方程式が同じ解をもつから, どの2つ

を組み合わせてもよい。

$\begin{cases}2x+5y=-1 \\ 3x+7y=-2\end{cases}$ ← $x,\ y$の2つの文字
だけの式を選ぶ。

これを解くと, $\begin{cases}x=-3 \\ y=1\end{cases}$

$x=-3$, $y=1$ を $ax-by=-2$, $bx-ay=10$

にそれぞれ代入して, $a,\ b$ についての連立方程

式をつくると,

$\begin{cases}-3a-b=-2 \\ -3b-a=10\end{cases}$ これを解くと, $\begin{cases}a=2 \\ b=-4\end{cases}$

① 上の式を①, 下の式を②とする。

(1) ②を①に代入すると,

$\quad 2x+3(3x+14)=9\quad 11x=-33\quad x=-3$

$x=-3$ を②に代入すると,

$\quad y=3\times(-3)+14=5$

(2) ①×12 $\quad 2x-3y=-24$ ③

③×3 $\qquad 6x-9y=-72$

②×2 $\quad\underline{-)\,6x+4y=\ \ 6}$

$\qquad\qquad -13y=-78$

$\qquad\qquad\qquad y=\ \ 6$

$y=6$ を②に代入すると,

$\quad 3x+2\times6=3\quad 3x=-9\quad x=-3$

② 連立方程式に $x=5$, $y=-3$ を代入すると,

$\begin{cases}5a+3b=23 & ① \\ 10+3a=31 & ②\end{cases}$

②より a を求めると,

$\quad 3a=21\quad a=7$

$a=7$ を①に代入すると,

$\quad 5\times7+3b=23\quad 3b=-12\quad b=-4$

p.32~33 ═══ステージ1

❶ (1) $\quad x+y=13$

(2) $\quad 170x+80y=1400$

(3) もも4個, かき9個

❷ 例 プリンを x 個, ゼリーを y 個買うとする

と,

$\begin{cases}x+y=14 \\ 150x+200y=3000\end{cases}$

これを解くと, $\begin{cases}x=-4 \\ y=18\end{cases}$

プリンの個数が負の数になってしまうから,

プリンとゼリーを合わせて14個買い, 代

金の合計が3000円になることはない。

❸ 6人の班3つ, 5人の班4つ

❹ 鉛筆1本60円, ノート1冊110円

❺ A1個50g, B1個10g

━━━━━━━━━━━━━━━━ **解 説** ━━━

❶ (3) $\begin{cases}x+y=13 & ① \\ 170x+80y=1400 & ②\end{cases}$

として連立方程式を解くと,

①×8 $\qquad 8x+8y=\ 104$

②÷10 $\quad\underline{-)\,17x+8y=\ 140}$

$\qquad\qquad -9x\quad\ \ =-36$

$\qquad\qquad\quad\ x\quad\ \ =\ \ \ 4$

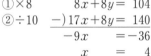

なるべく簡単な式で計算しよう。

$x=4$ を①に代入して, $y=9$

もも4個, かき9個は, 問題に適している。

❷ (プリンの個数)+(ゼリーの個数)=14個 から,

$\quad x+y=14$ $\qquad\qquad$ ①

(プリンの代金)+(ゼリーの代金)=3000円 から,

$\quad\underline{150x}+\underline{200y}=3000$ ②

(代金)=(1個の値段)×(個数)

①×3 $\qquad 3x+3y=\ \ 42$

②÷50 $\quad\underline{-)\,3x+4y=\ \ 60}$

$\qquad\qquad -\ \ y=-18$

$\qquad\qquad\quad\ y=\ \ 18$

$y=18$ を①に代入して, $x=-4$

別解 理由を「ゼリーの個数が合計の個数の14

個より多くなってしまうから」としてもよい。

❸ 6人の班の数を x 班，5人の班の数を y 班とすると，

（6人の班の数）＋（5人の班の数）＝7班 から，

$x+y=7$ ①

（6人の班の合計人数）＋（5人の班の合計人数）
＝38人 から，

$6x+5y=38$ ②

①，②を連立方程式として解くと，

$$
\begin{array}{rr}
①×5 & 5x+5y= 35 \\
② & -)6x+5y= 38 \\
\hline
& -x =-3 \\
& x = 3
\end{array}
$$

$x=3$ を①に代入して，$y=4$

6人の班3つ，5人の班4つは，問題に適している。

❹ 鉛筆1本の値段を x 円，ノート1冊の値段を y 円とすると，

（鉛筆5本の代金）＋（ノート2冊の代金）＝520円 から，

$5x+2y=520$ ①

（鉛筆3本の代金）＋（ノート7冊の代金）＝950円 から，

$3x+7y=950$ ②

①，②を連立方程式として解くと，

$$
\begin{array}{rr}
①×3 & 15x+ 6y= 1560 \\
②×5 & -)15x+35y= 4750 \\
\hline
& -29y=-3190 \\
& y= 110
\end{array}
$$

$y=110$ を①に代入して，$x=60$

鉛筆1本60円，ノート1冊110円は，問題に適している。

❺ A1個の重さを x g，B1個の重さを y g とすると，

（A3個の重さ）＋（B4個の重さ）＝190g から，

$3x+4y=190$ ①

（A7個の重さ）＋（B6個の重さ）＝410g から，

$7x+6y=410$ ②

①，②を連立方程式として解くと，

$$
\begin{array}{rr}
①×3 & 9x+12y= 570 \\
②×2 & -)14x+12y= 820 \\
\hline
& -5x =-250 \\
& x = 50
\end{array}
$$

$x=50$ を①に代入して，$y=10$

A1個50g，B1個10gは，問題に適している。

---

p.34〜35 ステージ**1**

❶ (1) A町からB町までの道のり 30 km，
B町からC駅までの道のり 2 km

(2) A町からB町までの道のり 30 km，
B町からC駅までの道のり 2 km

❷ 3 km

❸ 男子 171 人，女子 182 人

❹ 10 % の食塩水 180 g，5 % の食塩水 120 g

解 説

❶ (1) 数量の関係をもとに，A町からB町までの道のりを x km，B町からC駅までの道のりを y km として整理すると，次の表のようになる。

	A〜B	B〜C	合 計
道のり (km)	x	y	32
速さ (km/h)	40	4	
時間 (時間)	$\dfrac{x}{40}$	$\dfrac{y}{4}$	$1\dfrac{15}{60}$

←（時間）$=\dfrac{（道のり）}{（速さ）}$

上の表から，次のような連立方程式ができる。

$$
\begin{cases}
x+y=32 & ① \\
\dfrac{x}{40}+\dfrac{y}{4}=1\dfrac{15}{60} & ②
\end{cases}
$$

← $1\dfrac{15}{60}=1\dfrac14=\dfrac54$

$$
\begin{array}{rr}
① & x+ y= 32 \\
②×40 & -)x+10y= 50 \\
\hline
& -9y=-18 \\
& y= 2
\end{array}
$$

$y=2$ を①に代入して，$x=30$

A町からB町までの道のり 30 km，B町からC駅までの道のり 2 km は，問題に適している。

(2) 数量の関係をもとに，バスに乗った時間を x 時間，歩いた時間を y 時間として整理すると，次の表のようになる。

	バ ス	歩 き	合 計
時間 (時間)	x	y	$1\dfrac{15}{60}$
速さ (km/h)	40	4	
道のり (km)	$40x$	$4y$	32

←（道のり）$=$（速さ）×（時間）

上の表から，次のような連立方程式ができる。

$$
\begin{cases}
x+y=1\dfrac{15}{60} & ① \\
40x+4y=32 & ②
\end{cases}
$$

$$
\begin{array}{rr}
①×4 & 4x+4y= 5 \\
② & -)40x+4y= 32 \\
\hline
& -36x =-27 \\
& x = \dfrac34
\end{array}
$$

$\dfrac34$ 時間，$\dfrac12$ 時間は問題の答えではない。

$x=\dfrac{3}{4}$ を①に代入して，$y=\dfrac{1}{2}$

したがって，A町からB町までの道のりは，

$40x=40\times\dfrac{3}{4}=30\,(\text{km})$

B町からC駅までの道のりは，

$4y=4\times\dfrac{1}{2}=2\,(\text{km})$

これは，問題に適している。

(1)の方が解きやすいね。

ポイント

ふつうは求める数量を x，y とする。
求めるものでない数量を x，y として方程式をつくるときは，方程式の解をそのまま問題の答えとしないように注意する。

❷ A町からC地点までの道のりを $x\,\text{km}$，C地点からB町までの道のりを $y\,\text{km}$ として，数量の関係を整理すると，次の表のようになる。

	A〜C	C〜B	合 計
行きにかかった時間(時間)	$\dfrac{x}{3}$	$\dfrac{y}{5}$	$\dfrac{52}{60}$
帰りにかかった時間(時間)	$\dfrac{x}{5}$	$\dfrac{y}{3}$	$\dfrac{44}{60}$

ミス注意 行きの上り坂は帰りには下り坂，行きの下り坂は帰りには上り坂になる。

上の表から，次のような連立方程式ができる。

$$\begin{cases} \dfrac{x}{3}+\dfrac{y}{5}=\dfrac{52}{60} \\ \dfrac{x}{5}+\dfrac{y}{3}=\dfrac{44}{60} \end{cases}$$

これを解くと，$\begin{cases} x=2 \\ y=1 \end{cases}$

したがって，A町からB町までの道のりは，
$2+1=3\,(\text{km})$

ミス注意 連立方程式を解いたら，何を答えとするかを必ず確認する。

❸ 昨年の男子を x 人，女子を y 人として，数量の関係を整理すると，次の表のようになる。

	男 子	女 子	合 計
昨年の人数(人)	x	y	355
今年増えた人数(人)	$-\dfrac{5}{100}x$	$\dfrac{4}{100}y$	-2

「増えた」人数だから，「減った」ことを表すときは「−」の符号をつける。

上の表から，次のような連立方程式ができる。

$$\begin{cases} x+y=355 \\ -\dfrac{5}{100}x+\dfrac{4}{100}y=-2 \end{cases}$$

これを解くと，$\begin{cases} x=180 \\ y=175 \end{cases}$

したがって，今年の男子は，

$180\times\left(1-\dfrac{5}{100}\right)=171\,(\text{人})$

今年の女子は，

$175\times\left(1+\dfrac{4}{100}\right)=182\,(\text{人})$

別解 昨年の人数の関係から，
$x+y=355$ ①
今年の人数の関係から，

$\dfrac{95}{100}x+\dfrac{104}{100}y=\underset{\underset{355-2}{\uparrow}}{353}$ ②

①，②を連立方程式として解いてから，上と同様にして今年の人数を求める。

ポイント

・割合を式に表すとき，百分率を分数，または小数で表す。
・割合の問題では，もとにする量(昨年の生徒数)を x，y で表す方が解きやすくなることが多い。

❹ 10 % の食塩水を $x\,\text{g}$，5 % の食塩水を $y\,\text{g}$ として，数量の関係を整理すると，次の表のようになる。

濃 度	10 %	5 %	8 %
食塩水(g)	x	y	300
食塩(g)	$\dfrac{10}{100}x$	$\dfrac{5}{100}y$	$300\times\dfrac{8}{100}$

上の表から，次のような連立方程式ができる。

$$\begin{cases} x+y=300 \\ \dfrac{10}{100}x+\dfrac{5}{100}y=24 \end{cases}$$

これを解くと，$\begin{cases} x=180 \\ y=120 \end{cases}$

これは，問題に適している。

ポイント

食塩水の濃度(%)＝$\dfrac{\text{食塩の量(g)}}{\text{食塩水全体の量(g)}}\times100$

⬇

食塩水にふくまれる食塩の量(g)

＝食塩水全体の量(g)$\times\dfrac{\text{食塩水の濃度(%)}}{100}$

1 ばら1本230円, カーネーション1本180円
2 りんご1個120円, かき1個80円
3 鉛筆1本120円, ノート1冊150円
4 祖母70歳, 孫14歳
5 歩いた道のり960 m, 走った道のり1040 m
6 男子50人, 女子60人
7 男子840人, 女子564人
8 Aの食塩水20 %, Bの食塩水15 %
9 もとの自然数の十の位の数をx, 一の位の数をyとすると,

$$\begin{cases} x+y=14 \\ 10y+x=10x+y+54 \end{cases}$$

これを解くと, $\begin{cases} x=4 \\ y=10 \end{cases}$

yは一の位の数なので, 1桁でなくてはならない。したがって, 問題の□□の中のような2桁の自然数は存在しない。

・・・・・・

① もとの自然数の十の位の数をx, 一の位の数をyとすると,

$$\begin{cases} x+y=4y-8 \\ 10y+x+10x+y=132 \end{cases}$$

これを解くと, $\begin{cases} x=7 \\ y=5 \end{cases}$

これは, 問題に適しているので, もとの自然数は75である。

② 学校から休憩所まで64 km,
休憩所から目的地まで34 km

■■■■ 解説 ■■■■

1 ばら1本の値段をx円, カーネーション1本の値段をy円とすると,

$\begin{cases} 3x+6y=1770 \\ 5x+7y=2410 \end{cases}$ これを解くと, $\begin{cases} x=230 \\ y=180 \end{cases}$

これは, 問題に適している。

2 りんご1個の値段をx円, かき1個の値段をy円とすると,

$\begin{cases} 12x+8y=2080 \\ 8x+12y=1920 \end{cases}$ これを解くと, $\begin{cases} x=120 \\ y=80 \end{cases}$

これは, 問題に適している。

3 鉛筆1本の値段をx円, ノート1冊の値段をy円とすると,

$$\begin{cases} 6x+4y=1320 \\ x:y=4:5 \ \rightarrow \ 5x=4y \end{cases}$$

これを解くと, $\begin{cases} x=120 \\ y=150 \end{cases}$

これは, 問題に適している。

4 現在の祖母の年齢をx歳, 孫の年齢をy歳とすると,

$$\begin{cases} x=5y \\ x+14=3(y+14) \end{cases}$$ ← 14年後の年齢は, 現在の年齢に14をたす。

これを解くと, $\begin{cases} x=70 \\ y=14 \end{cases}$

これは, 問題に適している。

5 歩いた道のりをx m, 走った道のりをy mとすると,

$$\begin{cases} x+y=2000 & ← 道のりの関係 \\ \dfrac{x}{60}+\dfrac{y}{130}=24 & ← 時間の関係 \end{cases}$$

これを解くと, $\begin{cases} x=960 \\ y=1040 \end{cases}$

これは, 問題に適している。

6 2年生全体の男子の人数をx人, 女子の人数をy人とすると,

$$\begin{cases} \dfrac{10}{100}x+\dfrac{15}{100}y=14 & ← テニス部員の人数の関係 \\ x+y=110 & ← 全体の人数の関係 \end{cases}$$

これを解くと, $\begin{cases} x=50 \\ y=60 \end{cases}$

これは, 問題に適している。

7 昨年の男子の受験者数をx人, 女子の受験者数をy人とする。

今年の受験者数は, 全体で昨年より4 %増加し, 1404人になったから, 昨年の受験者数は,

$$1404÷\dfrac{104}{100}=1350(人)$$

昨年の受験者数と, 増加数の関係から,

$$\begin{cases} x+y=1350 \\ \dfrac{12}{100}x-\dfrac{6}{100}y=54 \end{cases}$$ $1350×\dfrac{4}{100}=54$ または, $1404-1350=54$

これを解くと, $\begin{cases} x=750 \\ y=600 \end{cases}$

したがって, 今年の男子の受験者数は,

$$750×\left(1+\dfrac{12}{100}\right)=840(人)$$

今年の女子の受験者数は,

$$600 \times \left(1 - \frac{6}{100}\right) = 564 \,(人) \quad \longleftarrow \begin{array}{l} 1404-840=564\,(人) \\ と求めてもよい。 \end{array}$$

❽ Aの食塩水の濃度を x %,Bの食塩水の濃度を y %とする。

20 %の食塩水にふくまれる食塩の量,11 %の食塩水にふくまれる食塩の量から,

$$\begin{cases} 200 \times \dfrac{x}{100} + 400 \times \dfrac{y}{100} = \underline{500} \times \dfrac{20}{100} \\[2mm] \qquad\qquad \small\begin{array}{l}水を\,100\,g\,蒸発させると,\\ 食塩水全体の量は,(200+400-100)\,g \end{array} \\[4mm] 400 \times \dfrac{x}{100} + 200 \times \dfrac{y}{100} = \underline{1000} \times \dfrac{11}{100} \\[2mm] \qquad\qquad \small\begin{array}{l}水を\,400\,g\,加えると,\\ 食塩水全体の量は,(400+200+400)\,g \end{array} \end{cases}$$

これを解くと, $\begin{cases} x=20 \\ y=15 \end{cases}$

これは,問題に適している。

> 水を蒸発させたり,加えたりしても,食塩水にふくまれる食塩の量は変わらない。

❾ もとの数は $10x+y$,十の位の数と一の位の数を入れかえた数は $10y+x$ と表される。

また,方程式 $10y+x=10x+y+54$ は整理すると, $-9x+9y=54$

両辺を9でわって $-x+y=6$

② 学校から休憩所までの道のりを x km,休憩所から目的地までの道のりを y km とすると,

$$\begin{cases} x+y=98 & \longleftarrow 道のりの関係 \\[2mm] \dfrac{x}{60} + \dfrac{y}{40} + \dfrac{20}{60} = 2\dfrac{15}{60} & \longleftarrow 時間の関係 \end{cases}$$

これを解くと, $\begin{cases} x=64 \\ y=34 \end{cases}$

これは,問題に適している。

p.38~39 ═════ステージ❸═════

❶ (1) ㋐,㋓ (2) ㋓

❷ (1) $\begin{cases} x=1 \\ y=4 \end{cases}$ (2) $\begin{cases} x=0 \\ y=-\dfrac{1}{2} \end{cases}$

(3) $\begin{cases} x=1 \\ y=-1 \end{cases}$ (4) $\begin{cases} x=-5 \\ y=1 \end{cases}$

(5) $\begin{cases} x=9 \\ y=6 \end{cases}$ (6) $\begin{cases} x=2 \\ y=-3 \end{cases}$

(7) $\begin{cases} x=-1 \\ y=6 \end{cases}$ (8) $\begin{cases} x=2 \\ y=-3 \end{cases}$

(9) $\begin{cases} x=5 \\ y=2 \end{cases}$ (10) $\begin{cases} x=3 \\ y=1 \end{cases}$

❸ $a=1$, $b=4$

❹ みかん1個 60 円,りんご1個 120 円

❺ 大人 36 人,中学生 60 人

❻ A市からB市までの道のり 140 km,
B市からC市までの道のり 30 km

❼ 男子 261 人,女子 276 人

❽ 5 %の食塩水 200 g,10 %の食塩水 300 g

════════════▶ 解 説 ◀════════════

❶ (1) ㋐~㋓の解を1つずつ代入して成り立つものを選ぶ。

(2) (1)の解㋐,㋓のうち,方程式 $x+y=-4$ の解であるものを選ぶ。

❷ 上の式を①,下の式を②とする。

(1) ①+② をして求めるとよい。

(2) 　　　① 　　　　$7x-4y=\ \ 2$
　　　②×2 $\underline{+)\,2x+4y=-2}$
　　　　　　　　$9x\ \ \ \ \ \ \ =\ \ 0$
　　　　　　　　　$x\ \ \ \ \ \ =\ \ 0$

$x=0$ を②に代入すると,

$$0+2y=-1 \quad y=-\dfrac{1}{2}$$

(3) ①×2−②×5 をして求めるとよい。

(4) ①を②に代入すると,

$2(3y-8)+7y=-3 \quad 13y=13 \quad y=1$

$y=1$ を①に代入すると,

$x=3\times1-8=-5$

(5) ①を②に代入して求めるとよい。

(6) ①,②を整理すると,

　　① → $3x-y=9$ 　③

　　② → $2x-5y=19$ 　④

　③×5 　　　$15x-5y=45$
　④ 　　　$\underline{-)\ \ 2x-5y=19}$
　　　　　　$13x\ \ \ \ \ \ =26$
　　　　　　　$x\ \ \ \ \ =\ 2$

$x=2$ を③に代入すると,

$3\times2-y=9 \quad -y=3 \quad y=-3$

(7) ①の両辺に3をかけると,

$y=3-3x$ 　　③

②の両辺に 12 をかけると,

$3x-2y=-15$ 　④

③を④に代入すると,

$3x-2(3-3x)=-15$　$9x=-9$　$x=-1$

$x=-1$ を③に代入すると,

$y=3-3\times(-1)=6$

(8) ①の両辺に 10 をかけて整理すると,

$3x-y=9$　③

②の両辺に 10 をかけると,

$x+2y=-4$　④

$$\begin{array}{r}④\qquad\quad x+2y=-\ 4\\③\times2\quad +)\ 6x-2y=\ \ 18\\\hline 7x\qquad\quad=\ \ 14\\x\qquad=\ \ \ 2\end{array}$$

$x=2$ を③に代入すると,

$3\times2-y=9$　$-y=3$　$y=-3$

(9) ①の両辺に 3 をかけると,

$x-4y=-3$　③

②の両辺に 10 をかけると,

$5x-2y=21$　④

$$\begin{array}{r}③\qquad\qquad x-4y=-\ 3\\④\times2\quad -)\ 10x-4y=\ \ 42\\\hline -9x\qquad\quad=-45\\x\qquad=\ \ \ 5\end{array}$$

$x=5$ を③に代入すると,

$5-4y=-3$　$-4y=-8$　$y=2$

(10) $\begin{cases}2x-y=5 & ①\\x+2y=5 & ②\end{cases}$ として解くと,

$$\begin{array}{r}①\times2\qquad 4x-2y=10\\②\qquad\quad +)\ x+2y=\ 5\\\hline 5x\qquad=15\\x\qquad=\ 3\end{array}$$

$x=3$ を①に代入すると,

$2\times3-y=5$　$-y=-1$　$y=1$

得点アップのコツ

・かっこをふくむ式は,まずかっこをはずして同類項をまとめる。

・係数を整数に直すため両辺に同じ数をかけるとき,右辺へのかけ忘れに注意する。

・$A=B=C$ を $\begin{cases}A=B\\A=C,\end{cases}\begin{cases}A=B\\B=C,\end{cases}\begin{cases}A=C\\B=C\end{cases}$ のいずれかの組み合わせにするときは,簡単な式を 2 回使うとよい。

3 連立方程式に $x=2,\ y=1$ を代入し,$a,\ b$ についての連立方程式 $\begin{cases}4a+b=8\\2a-3b=-10\end{cases}$ を解いて,$a,\ b$ の値を求める。

4 みかん 1 個の値段を x 円,りんご 1 個の値段を y 円とすると,

$\begin{cases}5x+2y=540\\8x+5y=1080\end{cases}$

これを解くと,$\begin{cases}x=60\\y=120\end{cases}$

これは,問題に適している。

5 大人の入場者数を x 人,中学生の入場者数を y 人とすると,

$\begin{cases}y=x+24 & \leftarrow\text{人数の関係}\\300x+200y=22800 & \leftarrow\text{入場料の関係}\end{cases}$

これを解くと,$\begin{cases}x=36\\y=60\end{cases}$

これは,問題に適している。

6 A市からB市までの道のりを x km,B市からC市までの道のりを y km とすると,

$\begin{cases}x+y=170 & \leftarrow\text{道のりの関係}\\\dfrac{x}{80}+\dfrac{y}{40}=2\dfrac{30}{60} & \leftarrow\text{時間の関係}\end{cases}$

これを解くと,$\begin{cases}x=140\\y=30\end{cases}$

これは,問題に適している。

7 昨年の男子を x 人,女子を y 人とすると,

$\begin{cases}x+y=530\\-\dfrac{10}{100}x+\dfrac{15}{100}y=7\end{cases}$　$\underset{537-530=7}{\uparrow}$

これを解くと,$\begin{cases}x=290\\y=240\end{cases}$

したがって,今年の男子は,

$290\times\left(1-\dfrac{10}{100}\right)=261$（人）

今年の女子は,

$240\times\left(1+\dfrac{15}{100}\right)=276$（人）　$\leftarrow\ \underset{\text{と求めてもよい。}}{537-261=276（人）}$

8 5 % の食塩水を x g,10 % の食塩水を y g 混ぜるとすると,

$\begin{cases}x+y=500\\\dfrac{5}{100}x+\dfrac{10}{100}y=500\times\dfrac{8}{100}\end{cases}\leftarrow$

これを解くと,$\begin{cases}x=200\\y=300\end{cases}$　$\underset{\text{としてもよい。}}{0.05x+0.1y=500\times0.08}$

これは,問題に適している。

3章 1次関数

❶ ㋐，㋒

❷ (1) $y=0.5x+3$ ○
 (2) $y=-2x+20$ ○
 (3) $y=6x^2$

❸ (1) -2　　　　(2) -2
 (3) -2　　　　(4) -2

❹ (1) $\dfrac{3}{2}$
 (2) x の値が1増加したときの y の増加量
 (3) 6

解説

❶ y が x の1次式で表されているものを選ぶ。
$\uparrow$ $y=ax+b$, $y=ax$

ミス注意! 比例 $y=ax$ は，1次関数 $y=ax+b$ で，$b=0$ の場合だから，比例も1次関数である。

❷ (1) 水は1分間に0.5 L ずつ増えるから，
 $y=3+0.5x$ すなわち，$\underline{y=0.5x+3}$
 $y=ax+b$ の形だから，1次関数である。$\uparrow$

 (2) 水は1分間に2 L ずつ減るから，
 $y=20-2x$ すなわち，$\underline{y=-2x+20}$
 $y=ax+b$ の形だから，1次関数である。$\uparrow$

 (3) 立方体の表面積は，正方形の面積 $x^2\,\text{cm}^2$ の
 6倍だから，$\underline{y=6x^2}$
 $\uparrow$ 右辺が x の1次式ではないから，1次関数ではない。

❸ (変化の割合)$=\dfrac{(y\text{の増加量})}{(x\text{の増加量})}$ から求める。

 (1) $x=1$ のとき $y=0$，$x=2$ のとき $y=-2$ だ
 から，(変化の割合)$=\dfrac{-2-0}{2-1}=-2$

 (4) $x=-4$ のとき $y=10$，$x=4$ のとき $y=-6$
 だから，(変化の割合)$=\dfrac{-6-10}{4-(-4)}=-2$

 $y=ax+b$ の変化の割合は一定で，x の係数 a
 に等しい。(1)〜(4)の変化の割合は -2 で等しい。

❹ (1) $y=\dfrac{3}{2}x-2$
 $\uparrow$ 変化の割合

 (3) (2)より，x の値が1増加すると，y の値は $\dfrac{3}{2}$
 増加するから，x の増加量が4のとき，y の増
 加量は，$\dfrac{3}{2}\times 4=6$

別解 (変化の割合)$=\dfrac{(y\text{の増加量})}{(x\text{の増加量})}$ より，
 $(y\text{の増加量})=(\text{変化の割合})\times(x\text{の増加量})$
 $=\dfrac{3}{2}\times 4=6$

❶ (1)

x	-3	-2	-1	0	1	2	3
y	-7	-5	-3	-1	1	3	5

 (2)

x	-3	-2	-1	0	1	2	3
y	6	5	4	3	2	1	0

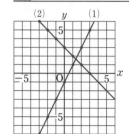

❷ (1) 切片…4
 (2) 切片…-2

❸ (1) 8　　　　　　(2) ㋐
 (3) ㋐ $\dfrac{1}{2}$　　㋑ -4　　㋒ $-\dfrac{2}{3}$

解説

❷ $y=ax+b$
 $\uparrow$ 切片

 (1) $y=3x$ のグラフを y 軸の正の向きに4だけ
 平行移動したグラフをかく。$\uparrow$ 上に4

 (2) $y=3x$ のグラフを y 軸の正の向きに -2 だ
 け平行移動したグラフをかく。$\uparrow$ 下に2

❸ (1) 変化の割合は -4 だから，x の値が1増加
 すると，y の値は -4 増加する。
 したがって，グラフは，グラフ上のある点から，
 右へ1進むと，上に -4 進むので，
 右へ2進むと，上に -8 進む。
 $\uparrow$ -4×2

 上に -8 進むことは，下に8進むことと同じ。

 (2) 1次関数のグラフは，$a>0$ のとき右上がり

になる。

(3) $y = ax + b$
  ↑傾き

ポイント

1次関数 $y = ax + b$ の a
・変化の割合は一定で，a に等しい。
・x の値が1増加したときの y の増加量は a。
・グラフの傾きは a。
・グラフは，右に1進むと，上に a 進む。

p.44〜45 ステージ1

❶
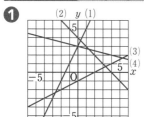

❷ ① $y = x + 2$　　② $y = -3x - 2$

　③ $y = -\dfrac{1}{2}x + 4$　④ $y = \dfrac{2}{3}x - 2$

❸ (1) $\dfrac{2}{3}$ 増加する。　(2) $y = \dfrac{2}{3}x + 5$

　(3) $y = 13$

━━━━ 解説 ━━━━

❶ 切片と傾きからグラフが通る2点を決め，直線を引く。

(2) 切片が4だから，点 $(0, 4)$ を通る。
　傾きが -1 だから，点 $(0, 4)$ から右へ1，下へ1だけ進んだ点 $(1, 3)$ も通る。
　参考 傾きからもう1点を決めるとき，次のように，切片から離れた点にすると，グラフがかきやすくなる。
　傾きが -1 だから，点 $(0, 4)$ から右へ4，下へ4だけ進んだ点 $(4, 0)$ も通る。

(3) 切片が -1 だから，点 $(0, -1)$ を通る。
　傾きが $\dfrac{1}{2}$ だから，点 $(0, -1)$ から右へ2，上へ1だけ進んだ点 $(2, 0)$ も通る。

❷ それぞれ求める式を $y = ax + b$ とする。
① グラフが点 $(0, 2)$ を通るから，$b = 2$
　点 $(0, 2)$ から右へ1進むと上へ1進むから，
　$a = 1$
　したがって，$y = x + 2$

② グラフが点 $(0, -2)$ を通るから，$b = -2$
　点 $(-1, 1)$ から右へ1進むと下へ3進むから，
　$a = -3$ 　　　　　　　　　↑上へ -3
　したがって，$y = -3x - 2$

③ グラフが点 $(0, 4)$ を通るから，$b = 4$
　点 $(0, 4)$ から右へ2進むと下へ1進むから，
　$a = -\dfrac{1}{2}$

　したがって，$y = -\dfrac{1}{2}x + 4$

ポイント

・直線の式を求めるときは，$\boxed{y = ax + b}$ とおく。
・切片がグラフからわかるときは，まず切片 b を読み取る。
　次に，x 座標，y 座標がともに整数である直線上の1点を決め，傾き a を求める。

❸ (1) グラフの1めもりは5だから，点 $(0, 5)$ と点 $(15, 15)$ に着目すると，右へ 15，上へ10進むことがわかる。

　したがって，右へ1，上へ $\dfrac{10}{15} = \dfrac{2}{3}$ 進む。
　　　　　　　　↑ $10 \div 15$

(2) y 軸上の点は $(0, 5)$ だから，切片は5
　(1)より，傾きは $\dfrac{2}{3}$

(3) $x = 12$ を(2)の式に代入して求める。
　$y = \dfrac{2}{3} \times 12 + 5 = 13$

グラフをかいたり，グラフから式を求めたあとは，次のことを確認しよう。
・式の傾きが正 ↔ グラフは右上がり
・式の傾きが負 ↔ グラフは右下がり

p.46〜47 ステージ1

❶ (1) $y = 3x - 1$　　(2) $y = -2x + 9$

　(3) $y = -\dfrac{3}{2}x - 2$　(4) $y = 2x - 5$

❷ (1) $\dfrac{1}{2}$　　(2) $y = \dfrac{1}{2}x + 1$

❸ (1) $y = 2x - 1$　　(2) $y = -\dfrac{1}{2}x + \dfrac{5}{2}$

　(3) $y = -2x - 2$　　(4) $y = x + 6$

❹ ① $y = \dfrac{3}{4}x + \dfrac{3}{4}$　② $y = -5x + 15$

◀━━━━━━━━━━━ **解説** ━━━━━━━━━━▶

❶ それぞれ求める式を $y=ax+b$ とする。

(1) 傾きが3だから，$a=3$ となり，$y=3x+b$
点 $(1, 2)$ を通るから，$x=1$，$y=2$ を
$y=3x+b$ に代入すると，
$\quad 2=3\times1+b \quad b=-1$
したがって，$y=3x-1$

(3) 傾きが $-\dfrac{3}{2}$ だから，$y=-\dfrac{3}{2}x+b \leftarrow a=-\dfrac{3}{2}$
点 $(2, -5)$ を通るから，$x=2$，$y=-5$ を
$y=-\dfrac{3}{2}x+b$ に代入すると，
$\quad -5=-\dfrac{3}{2}\times2+b \quad b=-2$
したがって，$y=-\dfrac{3}{2}x-2$

(4) $y=2x-1$ に平行だから，$y=2x+b$
$\quad\underset{\text{傾きは等しい}}{\underbrace{\qquad\qquad\qquad}}$
点 $(2, -1)$ を通るから，$x=2$，$y=-1$ を
$y=2x+b$ に代入すると，
$\quad -1=2\times2+b \quad b=-5$
したがって，$y=2x-5$

❷ 直線の式を $y=ax+b$ とする。

(1) 2点 $(-6, -2)$，$(4, 3)$ を通るから，
$\quad a=\dfrac{3-(-2)}{4-(-6)}=\dfrac{5}{10}=\dfrac{1}{2}$

(2) 点 $(4, 3)$ を通るから，$x=4$，$y=3$ を
$y=\dfrac{1}{2}x+b$ に代入すると，
$\quad 3=\dfrac{1}{2}\times4+b \quad b=1$
したがって，$y=\dfrac{1}{2}x+1$

❸ それぞれ求める式を $y=ax+b$ とする。

(1), (2) まず傾き a を求める。

(1) 2点 $(1, 1)$，$(3, 5)$ を通るから，
$\quad a=\dfrac{5-1}{3-1}=\dfrac{4}{2}=2$
$x=1$，$y=1$ を $y=2x+b$ に代入すると，
$\quad 1=2\times1+b \quad b=-1$
したがって，$y=2x-1$
別解 $x=1$ のとき $y=1$ だから，
$\quad 1=a+b$ ①
$x=3$ のとき $y=5$ だから，
$\quad 5=3a+b$ ②

$\boxed{\begin{array}{l}y=ax+b \text{ に2点}\\ \text{の }x\text{ 座標，}y\text{ 座標}\\ \text{の値を代入する。}\end{array}}$

①，②を連立方程式として解くと，$\begin{cases}a=2\\b=-1\end{cases}$
したがって，$y=2x-1$

(2) 2点 $(1, 2)$，$(7, -1)$ を通るから，
$\quad a=\dfrac{-1-2}{7-1}=\dfrac{-3}{6}=-\dfrac{1}{2}$
$x=1$，$y=2$ を $y=-\dfrac{1}{2}x+b$ に代入すると，
$\quad 2=-\dfrac{1}{2}\times1+b \quad b=\dfrac{5}{2}$
したがって，$y=-\dfrac{1}{2}x+\dfrac{5}{2}$

ポイント

> 2点の座標から直線の式を求めるには，次の2通り
> の方法がある。
> ・まず傾き a を求め，次に傾きと1点の座標から切
> 片 b を求める。
> ・$y=ax+b$ に2点の x 座標，y 座標の値をそれぞ
> れ代入し，a，b についての連立方程式を解く。

(3), (4) 切片を通ることに着目する。

(3) 点 $(0, -2)$ を通るから，$y=ax\underline{-2} \leftarrow b$ は -2
点 $(-2, 2)$ を通るから，$x=-2$，$y=2$ を
$y=ax-2$ に代入すると，
$\quad 2=a\times(-2)-2 \quad a=-2$
したがって，$y=-2x-2$
別解 a は次のように求めてもよい。
2点 $(-2, 2)$，$(0, -2)$ を通るから，
$\quad a=\dfrac{-2-2}{0-(-2)}=\dfrac{-4}{2}=-2$

(4) 点 $(0, 6)$ を通るから，$y=ax\underline{+6} \leftarrow b$ は6
点 $(-6, 0)$ を通るから，$x=-6$，$y=0$ を
$y=ax+6$ に代入すると，
$\quad 0=a\times(-6)+6 \quad a=1$
したがって，$y=x+6$

❹ それぞれ求める式を $y=ax+b$ とし，グラフ
から2点の座標を読み取って求める。

① 2点 $(-1, 0)$，$(3, 3)$ を通るから，
$\quad a=\dfrac{3-0}{3-(-1)}=\dfrac{3}{4}$ ← x 座標，y 座標ともに整数
である点を選ぶとよい。
$x=-1$，$y=0$ を $y=\dfrac{3}{4}x+b$ に代入すると，
$\quad 0=\dfrac{3}{4}\times(-1)+b \quad b=\dfrac{3}{4}$
したがって，$y=\dfrac{3}{4}x+\dfrac{3}{4}$

② 2点 $(2, 5)$, $(3, 0)$ を通るから,

$$a = \frac{0-5}{3-2} = -5$$

$x=3$, $y=0$ を $y=-5x+b$ に代入すると,

$0 = -5 \times 3 + b$　$b=15$

したがって, $y=-5x+15$

---

p.48～49 ■■■**ステージ2**

❶ (1) $y=2x$ ○

(2) $y=x^3$

(3) $y=-8x+48$ ○

(4) $y=-x+8$ ○

❷ (1) ① 1　　　② $-\dfrac{5}{2}$

(2) ① 6　　　② -15

(3) ① 傾き…1, 切片…-5

② 傾き…$-\dfrac{5}{2}$, 切片…3

❸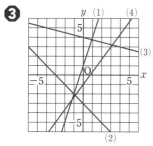

❹ (1) ① $y=\dfrac{3}{2}x+2$　② $y=-\dfrac{3}{4}x-3$

(2) $y=-\dfrac{1}{2}x+2$　(3) $y=4x-6$

(4) $y=\dfrac{2}{3}x-4$

❺ (1) $a=\dfrac{2}{3}$　　(2) $y=-2x-5$

● ● ● ● ● ●

① ⑦, ⑤

② $a=2$, $b=-1$

━━━━ **解説** ━━━━

❶ y が x の1次式で表されれば, y は x の1次関数である。

(1) $y=\dfrac{1}{2} \times 4 \times x \rightarrow y=\underline{2x}$
　　　　　　　　　　　　↑x の1次式

(2) $y=x \times x \times x \rightarrow y=\underline{x^3}$
　　　　　　　　　　↑1次式ではない

(3) 針金6 m の重さは $8 \times 6 = 48$ (g) だから,

$y = 48 - 8x \rightarrow y = \underline{-8x+48}$
　　　　　　　　　　　↑x の1次式

(4) 時速4 km で歩いた道のりは $(16-4x)$ km だから,

$$y = 4 + \frac{16-4x}{4}$$

$y = \underline{-x+8}$
　　↑x の1次式

❷ (1) 1次関数 $y=ax+b$ の変化の割合は一定で, a に等しい。

(2) $(変化の割合) = \dfrac{(y の増加量)}{(x の増加量)}$ より,

$(y の増加量) = (変化の割合) \times (x の増加量)$

① 上の式より, $(y の増加量) = 1 \times 6 = 6$

② 上の式より, $(y の増加量) = -\dfrac{5}{2} \times 6 = -15$

別解 x の値が1増加したときの y の増加量から考えてもよい。

① x の値が1増加したときの y の増加量は1だから, 6増加したときの y の増加量は,
$1 \times 6 = 6$　　$y=x-5$ の x の係数1と等しい。

② ①と同じように考えて, $-\dfrac{5}{2} \times 6 = -15$

(3) 1次関数 $y=ax+b$ のグラフは, 傾きが a, 切片が b の直線である。

① $y=x-5$ で x の係数は1だから, 傾きは1

❸ 切片 b と傾き a から, グラフが通る2点を見つける。

(3) 切片が4だから, 点 $(0, 4)$ を通る。

傾きが $-\dfrac{1}{4}$ だから, 点 $(0, 4)$ から右へ4, 下へ1だけ進んだ点 $(4, 3)$ も通る。

(4) 切片が -1 だから, 点 $(0, -1)$ を通る。

傾きが $\dfrac{4}{3}$ だから, 点 $(0, -1)$ から右へ3, 上へ4だけ進んだ点 $(3, 3)$ も通る。

❹ それぞれ求める式を $y=ax+b$ とする。

(1) ① グラフから, $b=2$

点 $(0, 2)$ から右へ2進むと上へ3進むから,

$$a = \frac{3}{2}$$

(3) $y=4x+1$ に平行だから, $a=4$

$x=3$, $y=6$ を $y=4x+b$ に代入すると,

$6 = 4 \times 3 + b$　$b=-6$

(4) $a = \dfrac{0-(-10)}{6-(-9)} = \dfrac{2}{3}$

$x=6$, $y=0$ を $y = \dfrac{2}{3}x + b$ に代入すると,

$0 = \dfrac{2}{3} \times 6 + b$ $b = -4$

連立方程式で
求めてもいいよ。

❺ (1) 点Aは直線①上の点だから, $x=2$ を
$y = -2x + 7$ に代入すると,
$y = -2 \times 2 + 7$ $y = 3$
したがって, A(2, 3)
直線②は点Aを通るから, $x=2$, $y=3$ を
$y = ax + \dfrac{5}{3}$ に代入すると,
$3 = a \times 2 + \dfrac{5}{3}$ $a = \dfrac{2}{3}$

(2) 直線 BC の式を $y = cx + d$ とする。
直線 BC は直線①に平行だから, $c = -2$
点Bは, 直線②と x 軸との交点だから,
↳ $y=0$

$y=0$ を $y = \dfrac{2}{3}x + \dfrac{5}{3}$ に代入すると,

$0 = \dfrac{2}{3}x + \dfrac{5}{3}$ $x = -\dfrac{5}{2}$

したがって, B$\left(-\dfrac{5}{2},\ 0\right)$

直線 BC は点Bを通るから, $x = -\dfrac{5}{2}$, $y=0$ を
$y = -2x + d$ に代入すると,
$0 = -2 \times \left(-\dfrac{5}{2}\right) + d$ $d = -5$
したがって, 直線 BC の式は, $y = -2x - 5$

① ⑦ グラフで x 座標が 4 のとき, y 座標は,
$y = 4 \times 4 + 5 = 21$ だから, 正しくない。

⑦ 傾きが正だから, グラフは右上がりとなる。

⑦ x の増加量は, $1-(-2)=3$ で, このときの
y の増加量は, $4 \times 3 = 12$ となり, 正しくない。
↳ (変化の割合)×(x の増加量)

② 点 $(0, -1)$ を通るから, $b = -1$
点 $(0, -1)$ から右に 1 進むと上に 2 進むから,
$a = 2$

❶

❷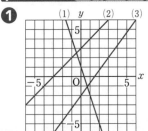

❸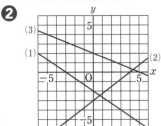

解説

❶ 2 元 1 次方程式を y について解く。

(1) $3x + y = 1$
$y = -3x + 1$ ← $y = ax + b$ の形にする。
したがって, グラフは, 傾きが -3, 切片が 1 の
直線となる。

(2) $x - y = -3$
$-y = -x - 3$
$y = x + 3$
したがって, グラフは, 傾きが 1, 切片が 3 の直
線となる。

(3) $4x - 3y = 6$
$-3y = -4x + 6$
$y = \dfrac{4}{3}x - 2$

したがって, グラフは, 傾きが $\dfrac{4}{3}$, 切片が -2
の直線となる。

❷ (1) 方程式 $2x + 3y = -6$ で,
$x=0$ のとき, $y = -2$ ⎱ 0 を代入すると, 簡単に
$y=0$ のとき, $x = -3$ ⎰ グラフが通る 2 点がわかる。
したがって, グラフは, 2 点 $(0, -2)$, $(-3, 0)$

を通る直線となる。

(2) 方程式 $3x-4y=12$ で，

$x=0$ のとき，$y=-3$

$y=0$ のとき，$x=4$

したがって，グラフは，2点 $(0, -3)$, $(4, 0)$ を通る直線となる。

(3) 方程式 $2x+5y=10$ で，

$x=0$ のとき，$y=2$

$y=0$ のとき，$x=5$

したがって，グラフは，2点 $(0, 2)$, $(5, 0)$ を通る直線となる。

❸ 2元1次方程式 $ax+by=c$ のグラフは，$a=0$ のときは x 軸に平行な直線，$b=0$ のときは y 軸に平行な直線となる。

(1) $y=2$ のグラフは，点 $(0, 2)$ を通り，x 軸に平行な直線となる。

(2) $4y=-20$

$y=-5$

> $y=h$ のグラフは x 軸に平行な直線

グラフは，点 $(0, -5)$ を通り，x 軸に平行な直線となる。

(3) $x=-2$ のグラフは，点 $(-2, 0)$ を通り，y 軸に平行な直線となる。

(4) $3x-3=0$

$3x=3$

$x=1$

> $x=k$ のグラフは y 軸に平行な直線

グラフは，点 $(1, 0)$ を通り，y 軸に平行な直線となる。

p.52~53 ステージ1

❶ (1) $\begin{cases} x=2 \\ y=-2 \end{cases}$ (2) $\begin{cases} x=-3 \\ y=-5 \end{cases}$

❷ (1) $\ell \cdots y=-\dfrac{5}{3}x+5$, $m\cdots y=\dfrac{1}{3}x+1$

(2) $P\left(2, \dfrac{5}{3}\right)$

❸ (1)

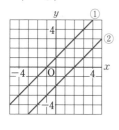

解…⑦

説明…連立方程式の2つの式をグラフに表したとき，2直線が平行になると，連立方程式の解はない。

(2)

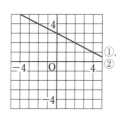

解…⑦

説明…連立方程式の2つの式をグラフに表したとき，2直線が重なると，連立方程式の解は無数にある。

解説

❶ 連立方程式の解は，①，②のグラフの交点の x 座標，y 座標の組である。

(1) ①，②の交点の座標は右の図のように $(2, -2)$ だから，

$\begin{cases} x=2 \\ y=-2 \end{cases}$

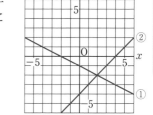

(2) ①，②の交点の座標は右の図のように $(-3, -5)$ だから，

$\begin{cases} x=-3 \\ y=-5 \end{cases}$

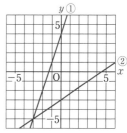

❷ (1) $\ell\cdots$ 点 $(0, 5)$ を通るから，切片は 5

点 $(0, 5)$ から右へ 3，下へ 5 進むから，

傾きは $-\dfrac{5}{3}$

したがって，$y=-\dfrac{5}{3}x+5$

$m\cdots$ 点 $(0, 1)$ を通るから，切片は 1

点 $(-3, 0)$ から右へ 3，上へ 1 進むから，

傾きは $\dfrac{1}{3}$

したがって，$y=\dfrac{1}{3}x+1$

(2) $y=-\dfrac{5}{3}x+5$ と $y=\dfrac{1}{3}x+1$ を連立方程式として解くと，$\begin{cases} x=2 \\ y=\dfrac{5}{3} \end{cases}$ ⟶ $P\left(2, \dfrac{5}{3}\right)$

❸ 連立方程式の解は，それぞれの式をグラフに表したときの交点の座標に対応していて，解の数も交点の数と対応している。

❶ (1)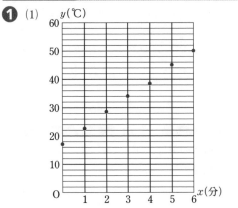

(2) $y=\dfrac{11}{2}x+17$　　(3) 約 **13 分後**

❷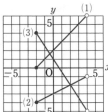

(1) $0\leqq y<6$

(2) $-4\leqq y<-1$

(3) $-5<y\leqq4$

❸ $-3\leqq y<2$

━━━ 解説 ━━━

❶ (2) 点 $(0,\ 17)$ を通るから，切片は 17

$\dfrac{50-17}{6-0}=\dfrac{33}{6}=\dfrac{11}{2}$ より，傾きは $\dfrac{11}{2}$

(3) $y=90$ を $y=\dfrac{11}{2}x+17$ に代入すると，

$90=\dfrac{11}{2}x+17$　$x=13.27\cdots$

❷ (1) $x=-2$ のとき，$y=-2+2=0$

$x=4$ のとき，$y=4+2=6$

したがって，グラフは，2 点 $\underline{(-2,\ 0)}$, $\underline{(4,\ 6)}$ を結べばよい。

グラフから，y の変域は，$0\leqq y<6$

(2) $x=-2$ のとき，$y=\dfrac{1}{2}\times(-2)-3=-4$

$x=4$ のとき，$y=\dfrac{1}{2}\times4-3=-1$

したがって，グラフは，2 点 $\underline{(-2,\ -4)}$, $\underline{(4,\ -1)}$ を結べばよい。

グラフから，y の変域は，$-4\leqq y<-1$

(3) $x=-2$ のとき，$y=-\dfrac{3}{2}\times(-2)+1=4$

$x=4$ のとき，$y=-\dfrac{3}{2}\times4+1=-5$

したがって，グラフは，2 点 $\underline{(-2,\ 4)}$,

$\underline{(4,\ -5)}$ を結べばよい。

グラフから，y の変域は，$-5<y\leqq4$

ミス注意！ 不等号を，x と同じ $-5\leqq y<4$ としないこと。右下がりのグラフは特に注意する。

❸ 1 次関数 $y=-x+2$ のグラフは，右のような右下がりの直線になる。$x=0$ のとき，

$y=\underline{2}$ ← 切片

$x=5$ のとき，$y=-5+2=-3$

グラフから，y の変域は，$-3\leqq y<2$

❶ (1) ① $0\leqq x\leqq3$ のとき，$y=3x$

② $3\leqq x\leqq9$ のとき，$y=9$

③ $9\leqq x\leqq12$ のとき，$y=-3x+36$

(2)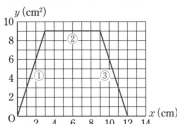

❷ (1) **9 分間**

(2) 行き … 分速 **225 m**，帰り … 分速 **180 m**

(3) 下の図

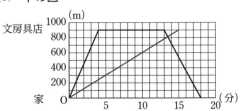

(4) **13.5 分後**

━━━ 解説 ━━━

❶ (1) ① $y=\dfrac{1}{2}\times6\times x \to y=3x$

② $y=\dfrac{1}{2}\times6\times3 \to y=9$ ← 面積は 9 cm² で一定

③ PD の長さは，

$(3+6+3)-x=12-x$ (cm) だから，

$y=\dfrac{1}{2}\times6\times(12-x) \to y=-3x+36$

(2) ①　$x=3$ のとき，$y=3\times3=9$

　　　原点Oと点 $(3,\ 9)$ を結ぶ線分をかく。

②　2点 $(3,\ 9)$，$(9,\ 9)$ を結ぶ線分をかく。

③　$x=9$ のとき，$y=-3\times9+36=9$

　　　$x=12$ のとき，$y=-3\times12+36=0$

　　　2点 $(9,\ 9)$，$(12,\ 0)$ を結ぶ線分をかく。

❷ (1)　$13-4=9$（分間）

(2)　行き … $900\div4=225$（m/分）

　　　帰り … $900\div5=180$（m/分）

(4)　(3)のグラフから，姉が文房具店から家に帰る
　　途中で2人が<u>出会う</u>ことがわかる。
　　　　　　　　　↑グラフが交わる。
　　姉の帰りのグラフは，2点 $(13,\ 900)$，$(18,\ 0)$
　　を通るから，<u>$y=-180x+3240$</u>　①
　　$\begin{cases}900=13a+b\\0=18a+b\end{cases}$ を解いて，$\begin{cases}a=-180\\b=3240\end{cases}$
　　また，妹のグラフは，$y=60x$　②

①，②を連立方程式として解くと，$\begin{cases}x=13.5\\y=810\end{cases}$

ポイント

2人が進んだようすを表すグラフで，「出会う」，「追いつく」などは，グラフの交点である。

p.58～59 ステージ2

❶
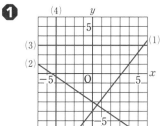

❷ (1)　$(2,\ 1)$　　　　　　(2)　$y=-3x+10$

(3)　$a=-3$

❸ $(10,\ -6)$

❹ $a=-\dfrac{5}{18}$，$b=\dfrac{17}{18}$

❺ (1)　分速 80 m　　　　(2)　9 時 39 分

❻ (1)　$a=\dfrac{1}{4}$　　　　　(2)　$-\dfrac{1}{5}\leqq a\leqq\dfrac{1}{10}$

- - - - - - -

① (1)　$0\leqq x\leqq3$ のとき，$y=12x$

　　　$3\leqq x\leqq9$ のとき，$y=6x+18$

(2)
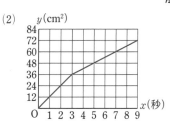

解説

❶ (1), (2)　式を $y=ax+b$ の形に変形し，傾きや切片をもとにして2点を決めてかく。

(3)　$3y-9=0\ \rightarrow\ y=3$ ←x軸に平行な直線

(4)　$2x+8=0\ \rightarrow\ x=-4$ ←y軸に平行な直線

❷ (1)　連立方程式 $\begin{cases}2x-y=3\\3x+2y=8\end{cases}$ を解くと，

$\begin{cases}x=2\\y=1\end{cases}$ ←交点のx座標
←交点のy座標

(2)　連立方程式 $\begin{cases}x-2y=1\\2x+y=7\end{cases}$ を解くと，$\begin{cases}x=3\\y=1\end{cases}$

直線の傾きは -3 だから，$y=-3x+b$ に
$x=3$，$y=1$ を代入すると，
$1=-3\times3+b$　$b=10$

(3)　直線 $2x-y=2$ が<u>x軸と交わる点</u>は，
$2x-0=2$，$x=1$ より，$(1,\ 0)$　←$y=0$
この点を直線 $ax-y=-3$ も通るから，
$x=1$，$y=0$ を $ax-y=-3$ に代入すると，
$a\times1-0=-3$　$a=-3$

ポイント

2直線の交点の座標は，直線の式を連立方程式として解いたときの解として求める。

❸ まず，2直線 ℓ，m の交点のy座標を求める。
直線 ℓ の式 $y=x+2$ に $x=1$ を代入して，$y=3$
次に，直線 m の式を $y=ax+b$ とおくと，直線
m は，ℓ との交点 $(1,\ 3)$ と点 $(4,\ 0)$ を通るから，
$a=\dfrac{0-3}{4-1}=-1$，$3=-1\times1+b$ より $b=4$

したがって，直線mの式は，$y=-x+4$　①
2直線 ℓ，n の交点のx座標は，ℓ の式に $y=0$
を代入して，$0=x+2$ より $x=-2$
直線nの式を $y=cx+d$ とおくと，ℓ との交点
$(-2,\ 0)$ と点 $(0,\ -1)$ を通るから，
$c=\dfrac{-1-0}{0-(-2)}=-\dfrac{1}{2}$，$d=-1$

したがって，直線nの式は，$y=-\dfrac{1}{2}x-1$　②

3
章

①，②を連立方程式として解くと，$\begin{cases} x=10 \\ y=-6 \end{cases}$

4 $a<0$ より，$x=-2$ のとき

$y=\dfrac{3}{2}$

x，y の値を $y=ax+b$ に代入すると，

$\dfrac{3}{2}=-2a+b$ ①

また，$x=7$ のとき $y=-1$ だから，

$-1=7a+b$ ②

①，②を連立方程式として解くと，$\begin{cases} a=-\dfrac{5}{18} \\ b=\dfrac{17}{18} \end{cases}$

別解 $7-(-2)=9$，$-1-\dfrac{3}{2}=-\dfrac{5}{2}$ より，

$a=-\dfrac{5}{2}\div 9=-\dfrac{5}{18}$

$x=7$，$y=-1$ を $y=-\dfrac{5}{18}x+b$ に代入すると，

$-1=-\dfrac{5}{18}\times 7+b$　$b=\dfrac{17}{18}$

5 (2) グラフから，弟が兄に追いつくのは，兄の休憩後であることがわかる。　←グラフが交わる

$35\leqq x\leqq 55$ のとき，兄のグラフは2点
└→式を $y=ax+b$ とする。

$(35,\ 1200)$，$(55,\ 2400)$ を通るから，連立方程式

$\begin{cases} 1200=35a+b \\ 2400=55a+b \end{cases}$ を解いて，$\begin{cases} a=60 \\ b=-900 \end{cases}$

したがって，このときの兄のグラフの式は，

$y=60x-900$ ①

また，弟のグラフは2点 $(30,\ 0)$，$(45,\ 2400)$ を通るから，同様にして式を求めると，

$y=160x-4800$ ②

①，②を連立方程式として解くと，$\begin{cases} x=39 \\ y=1440 \end{cases}$

ミス注意！ 時刻を答えるのだから，「39分後」は誤答となる。

6 (1) △ABC の底辺を BC とみる。

BC＝$\underline{5-2}=3$ ←（点Bのy座標）－（点Cのy座標）

高さを h とすると，$\dfrac{1}{2}\times 3\times h=6$　$h=4$
　　　　　　　　　　　↑
　　　　　　　　　　　BC

$a>0$ より，点Aの x 座標は4だから，y 座標は，

$y=-\dfrac{1}{2}x+5$ に $x=4$ を代入して，$y=3$

$y=ax+2$ も $A(4,\ 3)$ を通るから，

$3=4a+2$ より，$a=\dfrac{1}{4}$

(2) 直線 $y=ax+2$ が線分 MD と交わるのは，右の図の▨にあるときである。

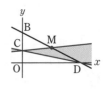

点Dは，直線 $y=-\dfrac{1}{2}x+5$ 上の点で y 座標が0だから，x 座標は，

$0=-\dfrac{1}{2}x+5$ より，$x=10$ となる。

したがって，直線 CD の傾きは，$-\dfrac{2}{10}=-\dfrac{1}{5}$
　　　　　　　　　　　　　　　　　　　　↑
　　　　　　　　　　　　　　　右へ10進むと
　　　　　　　　　　　　　　　下へ2進む。

点Mは線分 BD の中点より，

x 座標は $\dfrac{10}{2}=5$，y 座標は $\dfrac{5}{2}$

よって，直線 CM の傾きは，$\left(\dfrac{5}{2}-2\right)\div 5=\dfrac{1}{10}$
　　　　　　　　　　　　　　　　↑
　　　　　　　　　　　　右へ5進むと上
　　　　　　　　　　　　に $\left(\dfrac{5}{2}-2\right)$ 進む。

これより，$-\dfrac{1}{5}\leqq a\leqq \dfrac{1}{10}$

1 台形 ABQP＝$\dfrac{1}{2}$(AP+BQ)$\times$CD＝3(AP+BQ)
　　　　　　　　　　　　　　　　↑
　　　　　　　　　　　　　　　　6

(1) BE＝9 cm だから，点Qは3秒で点Eに到達
　　　　　　　　　　　↑
　　　　　　　　　9÷3=3

し，その後秒速1 cm で頂点Cまで進む。

$0\leqq x\leqq 3$ のとき，AP＝x cm，

BQ＝$3x$ cm だから，

$y=3(x+3x)\ \to\ y=12x$

$3\leqq x\leqq 9$ のとき，AP＝x cm

BQ＝$9+(x-3)=6+x$ (cm) だから，

$y=3\{x+(6+x)\}\ \to\ y=6x+18$

ミス注意！ $3\leqq x\leqq 9$ のとき，BQ＝$9+x$ (cm) としないこと。点Qは，Bを出発して3秒後に，Bから9 cmの点Eを出発すると考える。

---

p.60~61 ＝ステージ3

1 (1) $y=\dfrac{32}{x}$　　　　(2) $y=49x$ ○

(3) $y=-60x+1000$ ○

2 (1) -5　　　　(2) -20

(3) **例** y 軸の正の向きに -2 だけ平行移動した直線

(4) $-7\leqq y\leqq 13$

3 (1) $y=-2x-1$　　　(2) $y=\dfrac{4}{3}x+2$

(3)　$y=-3x+5$

(4)　$y=2x+8$

(5)　$y=\dfrac{3}{2}x-7$

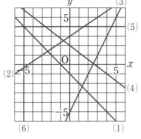

4 右の図

5 $P\left(3,\ -\dfrac{3}{2}\right)$

6 (1)　BC 上 … $0\leqq x\leqq8$ のとき, $y=3x$

　　CD 上 … $8\leqq x\leqq14$ のとき, $y=24$

　　DA 上 … $14\leqq x\leqq22$ のとき,

　　　　　　$y=-3x+66$

(2)

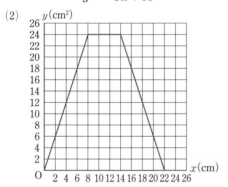

(3)　**5 cm, 17 cm**

◆━━━━ 解説 ━━━━◆

1 (1)　$xy=32 \rightarrow y=\dfrac{32}{x}$ ← 右辺は x の 1 次式
　　　　　　　　　　　　　　　　ではない。

2 (4)　$x=-3$ のとき, $y=-5\times(-3)-2=13$

　　$x=1$ のとき, $y=-5\times1-2=-7$

3 それぞれ求める式を $y=ax+b$ とする。

(1)　グラフが点 $(0,\ -1)$ を通るから, $b=-1$

　　点 $(0,\ -1)$ から右へ 1 進むと下へ 2 進むから,

　　$a=-2$

(2)　グラフが点 $(0,\ 2)$ を通るから, $b=2$

　　点 $(0,\ 2)$ から右へ 3 進むと上へ 4 進むから,

　　$a=\dfrac{4}{3}$

(3)　傾きが -3 だから, $a=-3$

　　点 $(2,\ -1)$ を通るから, $x=2$, $y=-1$ を

　　$y=-3x+b$ に代入すると, $b=5$

(4)　$a=\dfrac{6-(-2)}{-1-(-5)}=2$

　　$x=-1$, $y=6$ を $y=2x+b$ に代入すると,

　　$b=8$

(5)　切片が -7 だから, $b=-7$

　　点 $(8,\ 5)$ を通るから, $x=8$, $y=5$ を

$y=ax-7$ に代入すると, $a=\dfrac{3}{2}$

4 (2)　切片が 3 だから, 点 $(0,\ 3)$ を通る。

　　傾きが $\dfrac{2}{3}$ だから, 点 $(0,\ 3)$ から右へ 3, 上へ 2

　　だけ進んだ点 $(3,\ 5)$ も通る。

(4)　$3x+4y=8$ を y について解くと,

　　$y=-\dfrac{3}{4}x+2$

　　切片と傾きをもとにしてグラフをかく。

(5)　$3y-12=0 \rightarrow y=4$ ← x 軸に平行な直線

(6)　$-2x-10=0 \rightarrow x=-5$ ← y 軸に平行な直線

得点アップのコツ

1 次関数のグラフをかくときは, グラフが通る 2 点
を見つけて直線で結ぶ。
切片が整数のときは, まず y 軸上に 1 点をとるとよ
い。

5 切片と傾きから, 直線 ℓ, m の式を求めると,

　　$\ell \cdots y=-\dfrac{3}{2}x+3$　①

　　$m \cdots y=\dfrac{1}{2}x-3$　②

①, ②を連立方程式として解くと, $\begin{cases} x=3 \\ y=-\dfrac{3}{2} \end{cases}$

6 (1)　BC 上 … $y=\dfrac{1}{2}\times6\times x \rightarrow y=3x$　①

　　CD 上 …

　　$y=\dfrac{1}{2}\times6\times8$

　　$y=24$

　　DA 上 …

　　$y=\dfrac{1}{2}\times6\times(22-x)$
　　　　　　　　$\underset{8+6+8}{}$

　　$y=-3x+66$　②

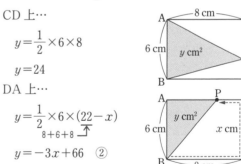

(3)　グラフから, 点 P が BC 上, DA 上にあると

　　き, 面積が 15 cm² になることがわかる。

　　$y=15$ を①に代入すると, $15=3x$　$x=5$

　　$y=15$ を②に代入すると, $15=-3x+66$

　　$x=17$

得点アップのコツ

図形の周上を移動する点と面積の問題は, それぞれ
の場合を図に表すと式がつくりやすくなる。

4章 図形の性質の調べ方

❶ (1) 25°   (2) 100°
   (3) 180°

❷ (1) ∠h, ∠ℓ   (2) ∠a, ∠j
   (3) ∠b, ∠k   (4) ∠c

❸ (1) b∥c   (2) a∥c

❹ (1) 68°   (2) 112°

━━━━━━ 解説 ━━━━━━

❶ 対頂角は等しい。
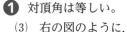
(3) 右の図のように,
∠a を対頂角に移すと,
∠a+∠b+∠c
=180° ← 一直線の角

❷ (1) 2直線①, ②に
直線③が交わるとき,
∠d の同位角は ∠h
また, 2直線②, ③
に直線①が交わると
き, ∠d の同位角は ∠ℓ
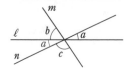

(2) 2直線①, ②に直
線③が交わるとき,
∠e の同位角は ∠a
また, 2直線①, ③
に直線②が交わると
き, ∠e の同位角は ∠j

(3) 2直線①, ②に直
線③が交わるとき,
∠h の錯角は ∠b
また, 2直線①, ③
に直線②が交わると
き, ∠h の錯角は ∠k
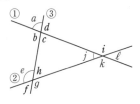

(4) ∠i の錯角は, 2
直線②, ③に直線①
が交わるときの ∠c
だけである。
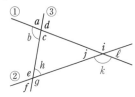

ミス注意! ∠g は

∠j の錯角で, ∠i の錯角ではない。

❸ 同位角または錯角が等しい2直線を見つける。
(1) 同位角が50°で等しいから, b∥c
(2) 錯角が115°で等しいから, a∥c

❹ (1) 右の図で,
∠AOD=131° だから,
  └─ a∥b の同位角
∠x=∠AOC
    └─対頂角
=131°-63°=68°
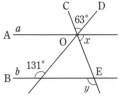

(2) ∠BEO=∠x=68° だから,
  └─ a∥b の錯角
∠y=180°-68°=112°

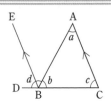

この他にもいろいろな
求め方があるね。

❶ △ABC の頂点Bを通り
辺 CA に平行な直線 BE
を引く。
平行線の錯角は等しいか
ら, CA∥BE より,
∠ABE=∠a
平行線の同位角は等しいから, CA∥BE よ
り,
∠EBD=∠c
したがって,
∠d=∠ABE+∠EBD=∠a+∠c

❷ (1) 66°   (2) 46°   (3) 32°
   (4) 75°   (5) 87°   (6) 107°

❸ 鋭角三角形 … ㋑, ㋕
直角三角形 … ㋒, ㋓
鈍角三角形 … ㋐, ㋔

━━━━━━ 解説 ━━━━━━

❶ 別解 一直線の角は180° だから,
∠d=180°-∠b   ①
三角形の内角の和は180° だから,
∠a+∠c=180°-∠b   ②
①, ②より, ∠d=∠a+∠c となる。

❷ (1) ∠x=180°-(62°+52°)=66°
(2) ∠x=180°-(84°+50°)=46°
(3) ∠x=180°-(38°+110°)=32°
(4) ∠x=35°+40°=75°
(5) ∠x=39°+48°=87°
(6) 24°+∠x=131°   ∠x=131°-24°=107°

ポイント

三角形の角の性質
・三角形の内角の和は，180°である。
・三角形の外角は，これととなり合わない2つの内
　角の和に等しい。

❸ 残りの内角の大きさを調べると，3つの内角は
それぞれ次のようになる。

⑦ $\underline{115°}$，30°，35° ← 1つの内角が鈍角
④ 73°，50°，57° ← 3つの内角が鋭角
⑦ $\underline{90°}$，53°，37° ← 1つの内角が直角
⑤ 45°，$\underline{90°}$，45° ← 1つの内角が直角
⑦ 25°，50°，$\underline{105°}$ ← 1つの内角が鈍角
⑦ 35°，66°，79° ← 3つの内角が鋭角

p.66〜67 ■ステージ**1**

❶

	四角形	五角形	六角形	七角形	n角形
頂点の数	4	5	6	7	n
三角形の数	2	3	4	5	$n-2$
内角の和	$180°×2$	$180°×3$	$180°×4$	$180°×5$	$180°×(n-2)$

❷ (1) $1260°$
　 (2) 内角の和 … $1440°$
　　　 1つの内角の大きさ … $144°$
　 (3) 十二角形

❸ (1) $360°$ 　　　 (2) 正十二角形
　 (3) ① $120°$ 　　 ② $48°$

◗━━━━━━━━ **解説** ━━━━━◖

❶ 多角形を，1つの頂点から引いた対角線によっ
て三角形に分けると，三角形の数は多角形の頂点
の数より2個少なくなる。
　n角形は，1つの頂点から引いた対角線によって，
$(n-2)$個の三角形に分けられるから，n角形の
内角の和は，$180°×(n-2)$

❷ (1) $180°×(9-2)=1260°$
　 (2) $180°×(10-2)=1440°$ ← 内角の和
　　正多角形の内角はすべて等しいから，
　　　$1440°÷10=144°$ ← 1つの内角の大きさ
　 (3) 求める多角形をn角形とすると，
　　　$180°×(n-2)=1800°$ 　$n-2=10$ 　$n=12$

❸ (2) 何角形でも外角の和は360°だから，求め
　る正多角形を正n角形とすると，
　　　$360°÷n=30°$ ← 正多角形では，外角もすべて等しい
　　　　$n=360°÷30°=12$

(3) ① $\angle x=360°-(115°+125°)=120°$
　 ② 83°の内角ととなり合う外角の大きさは，
　　　$180°-83°=97°$
　　　$\angle x=360°-(110°+105°+97°)=48°$

p.68〜69 ■ステージ**2**

❶ (1) $\angle e$ 　　　 (2) $\angle c$ 　　　 (3) $\angle f$

❷ (1) $\angle x=45°$，$\angle y=106°$
　 (2) $\angle x=80°$，$\angle y=51°$
　 (3) $\angle x=75°$

❸ (1) $15°$ 　　　　　 (2) $60°$
　 (3) $80°$ 　　　　　 (4) $24°$
　 (5) $65°$ 　　　　　 (6) $125°$

❹ (1) 鈍角三角形 　　 (2) 直角三角形
　 (3) 鋭角三角形

❺ (1) $100°$ 　 (2) $91°$ 　 (3) $50°$

❻ (1) 十四角形
　 (2) 例1 正十五角形の内角の和は，
　　　　$180°×(15-2)=2340°$ だから，
　　　1つの内角の大きさは，
　　　　$2340°÷15=156°$ となる。
　　 例2 正十五角形の1つの外角の大きさは，
　　　　$360°÷15=24°$ だから，
　　　1つの内角の大きさは，
　　　　$180°-24°=156°$ となる。
　 (3) 正八角形

❼ (1) $100°$ 　　　　 (2) $153°$

● ● ● ● ●

① (1) $146°$ 　　　　 (2) $72°$

◗━━━━━━━━ **解説** ━━━━━◖

❷ (1) 右の図で，
　　$\angle a=45°$ ← 同位角
　　$\angle x=\angle a=45°$
　　$\angle b=74°$ ← 錯角
　　$\angle y=180°-74°=106°$

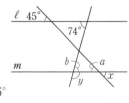

　 (2) 右の図で，$\angle a=80°$
　　$\angle x=\angle a=80°$
　　$\angle y=180°-(49°+80°)$
　　　$=51°$

　 (3) $\angle x$の頂点を通り，ℓ，
　　mに平行な直線を引く。
　　右の図で，
　　$\angle a=45°$，$\angle b=30°$

$\angle x = \angle a + \angle b = 45° + 30° = 75°$

別解 右の図のように
三角形をつくると， 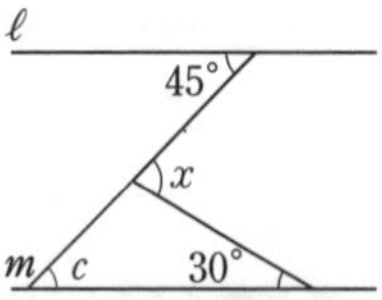
　$\angle c = 45°$
三角形の外角だから，
　$\angle x = 45° + 30° = 75°$

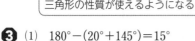

補助線を引けば，平行線の錯角や，
三角形の性質が使えるようになるよ。

❸ (1) $180° - (20° + 145°) = 15°$

(2) 右の図で，$\angle a = 60°$ ← 同位角
三角形の内角の和は 180° より，
　$\angle x = 180° - (60° + 60°) = 60°$

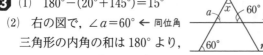

(3) 右の図で，
　$\angle a = 180° - 130° = 50°$
したがって，
　$\angle x = 30° + 50° = 80°$

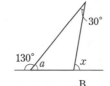

(4) 右の図の △ABE で， 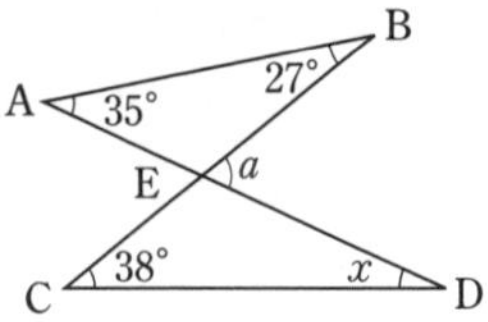
　$\angle a = 35° + 27°$
　　　$= 62°$
したがって，
△CDE で，
　$\angle x = 62° - 38° = 24°$

(5) 右の図で，
　•＋○＝$180° - 120° = 60°$
　$\angle x$
　$= 180° - (25° + 30° + \underline{60°})$
　$= 65°$
　　　　　•＋○

(6) 右の図のように 2 つの
三角形に分けて考える。 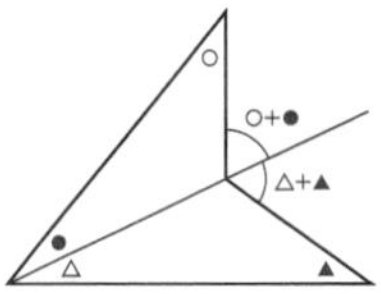
　$\angle x = 40° + 50° + 35°$
　　　$= 125°$

別解 次のようにして求めることもできる。
・右の図のように 2 つの
三角形に分ける。
　$\angle a = 40° + 50° = 90°$
　$\angle x = 90° + 35° = 125°$

・(5)のように三角形をつ
くる。 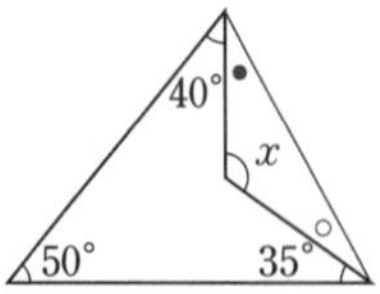
　•＋○
　$= 180° - (40° + 50° + 35°)$
　$= 55°$
　　$\angle x = 180° - 55° = 125°$

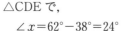
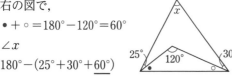

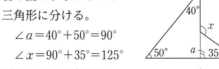

❹ 残りの内角の大きさを調べる。

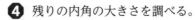

(1) 61°，28°，<u>91°</u> ← 1 つの内角が鈍角

(2) 67°，23°，<u>90°</u> ← 1 つの内角が直角

(3) 65°，27°，88° ← 3 つの内角が鋭角

ポイント
・鋭角…0° より大きく 90° より小さい角
・鈍角…90° より大きく 180° より小さい角

❺ (1) 六角形の内角の和は，
　$180° × (6 - 2) = 720°$ だから，
　　$\angle x = 720° - (125° + 130° + 140° + 110° + 115°)$
　　　$= 100°$

n 角形の内角の和
は，$180° × (n - 2)$

(2) $\angle x$ ととなり合う外角の大きさは，
　$360° - (60° + 68° + 78° + 65°) = 89°$
　$\angle x = 180° - 89° = 91°$

多角形の
外角の和
は，360°

(3) 右の図で，
　$\angle c = 180° - (50° + 45°)$
　　　$= 85°$
　$\angle d = \angle c = 85°$
　$\angle a + \angle b = 180° - 85°$
　　　$= 95°$
五角形の内角の和は，$180° × (5 - 2) = 540°$
　$\angle x = 540° - (90° + 130° + 100° + 75° + 95°)$
　　　$= 50°$

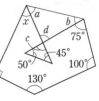

❻ (1) 求める多角形を n 角形とすると，
　$180° × (n - 2) = 2160°$　$n = 14$

(3) 多角形で，となり合う 1 つの内角と 1 つの外
角の和は 180° だから，この正多角形の 1 つの
外角は，$180° × \dfrac{1}{3 + 1} = 45°$
外角の和は 360° だから，
　$360 ÷ 45 = 8$ ➡ 正八角形

❼ (1) 右の図で，▨の部分
は七角形であり，外角の
和は 360° だから，
　△印の角の和は 360°
　△印の角の和は 360°
七角形の 1 辺を辺とする 7 つの三角形の内角の
和の合計は，$180 × 7 = 1260°$
したがって，△印の角の和は，
　$1260° - (360° + 360°) = 540°$
　$\angle x = 540° - (80° + 65° + 70° + 90° + 65° + 70°)$
　　　$= 100°$

(2)　右の図で，四角形 ABCD
の内角の和は 360° だから，

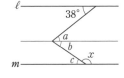

$$••+\circ\circ+70°+124°=360°$$
$$••+\circ\circ=166°$$
$$•+\circ=83°$$

四角形 AECD の内角の和は 360° だから，
$$\angle x=360°-(124°+83°)=153°$$
<u>　　　　　　　　　　　</u>　•＋○

① (1)　72° の頂点を通り，
ℓ, m に平行な直線を
引く。

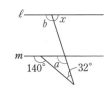

右の図で，$\angle a=38°$
$$\angle b=72°-38°=34°$$
$$\angle c=34°$$
$$\angle x=180°-34°=146°$$

(2)　右の図で，三角形の内
角と外角の関係から，
$$\angle a=140°-32°=108°$$
$$\angle b=\angle a=108°$$
$$\angle x=180°-108°=72°$$

p.70〜71 ▤▤ **ステージ1**

① (1)　五角形 ABCDE≡五角形 GHIJF
　(2)　**10 cm**　　　　(3)　**110°**
② **△ABC≡△SUT**
　1組の辺とその両端の角がそれぞれ等しい。
　△DEF≡△WXV
　2組の辺とその間の角がそれぞれ等しい。
　△GHI≡△OMN
　3組の辺がそれぞれ等しい。
③ (1)　**△ABD≡△CBD**
　　　2組の辺とその間の角がそれぞれ等しい。
　(2)　**△ABC≡△AED**
　　　1組の辺とその両端の角がそれぞれ等し
い。

◀▬▬▬▬ 解説 ▬▬▬▬◀

① 2つの五角形の向きをそろえると，下の図のよ
うになる。

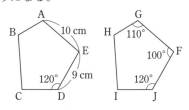

(1)　対応する点が同じ順序になるように書く。
(2)　<u>FG＝EA＝10 cm</u> ◀ 対応する辺の長さは等しい
(3)　<u>∠A＝∠G＝110°</u> ◀ 対応する角の大きさは等しい

② ・△ABC と △SUT で，
　　BC＝UT，∠B＝∠U
　また，∠T＝180°−(65°+70°)＝45° だから，
　　∠C＝∠T
　・△DEF と △WXV で，
　　DE＝WX，DF＝WV，∠D＝∠W
　・△GHI と △OMN で，
　　GH＝OM，HI＝MN，IG＝NO

③ (1)　△ABD と △CBD で，
　　　　　　　　AB＝CB
　共通な辺だから，BD＝BD
　　　　　　　∠ABD＝∠CBD
　(2)　△ABC と △AED で，
　　　　　　　　AC＝AD
　　　　　　∠ACB＝∠ADE
　共通な角だから，∠A＝∠A

p.72〜73 ▤▤ **ステージ1**

① (1)　仮定 …(△ABC で) AB＝BC＝CA
　　　　結論 …∠A＝∠B＝∠C
　(2)　仮定 …a が 4 の倍数
　　　　結論 …a は偶数
② △PAB と △CPQ において，
　仮定から，AP＝PC　　①
　　　　　　AB＝PQ　　②
　　　　　　PB＝CQ　　③
　①，②，③より，3 組の辺がそれぞれ等しいか
ら，　　△PAB≡△CPQ
　合同な図形の対応する角は等しいから，
　　　　　∠PAB＝∠CPQ　④
　④より，同位角が等しいから，
　　　　　PQ∥ℓ
③ (1)　逆 …錯角 $\angle x$ と $\angle y$ が等しければ，2
　　　　直線 ℓ, m は平行である。
　　　正しい。
　(2)　逆 …∠A＝∠D ならば，
　　　　△ABC≡△DEF である。
　　　正しくない。

4
章

反例 … 例 下の図で、∠A＝∠D である
が、△ABC と △DEF は合同で
はない。

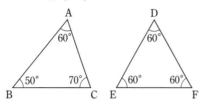

(3) 逆 … x が偶数ならば、x は 8 の倍数で
ある。

正しくない。

反例 … 例 10 は偶数であるが、8 の倍数
ではない。

■━━━━━━ 解説 ━━━━━

❶ 「ならば」の前の部分が仮定、あとの部分が結論

❷ 平行線であることを証明するために必要な 2 つ
　┗ 同位角か錯角が等しいことをいえばよい。
の角をそれぞれもつ 2 つの三角形の合同を考える。
また、コンパスの幅を変えずに円をかいた部分の
円の半径は等しいので、「仮定から」としてよい。

> 2 つの三角形は、対応する点が同じ
> 順になるように書こう。

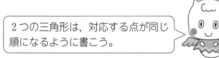

❸ あることがらが正しくても、そのことがらの逆
がいつでも正しいとは限らない。
成り立たない例（反例）が 1 つでもあれば、正し
いとはいえない。

p.74~75 ■■ ステージ2

❶ (1) AC＝DF、∠B＝∠E（∠A＝∠D）
(2) BC＝EF、∠A＝∠D

❷ (1) △AOD≡△COB
　　1 組の辺とその両端の角がそれぞれ等し
い。
(2) △ABC≡△ADC
　　2 組の辺とその間の角がそれぞれ等しい。

❸ (1) 仮定 … BC＝DA、AB＝CD
　　結論 … AB∥CD
(2) ① 3 組の辺がそれぞれ等しい。
② 合同な図形の対応する角は等しい。
③ 錯角が等しければ、2 直線は平行で
ある。

❹ △ABC と △DCB において、
仮定から、　　　　　AC＝DB　　　①
　　　　　　　　　∠ACB＝∠DBC　②
共通な辺だから、BC＝CB　　　　③
①、②、③より、2 組の辺とその間の角がそ
れぞれ等しいから、
　　　　　　△ABC≡△DCB
合同な図形の対応する角は等しいから、
　　　　　∠BAC＝∠CDB

❺ 点 A、C、B、E を順に
結ぶ。
　△AEC と △BEC に
おいて、
仮定から、
　　　AE＝BE　①
　　　AC＝BC　②
共通な辺だから、EC＝EC　　　③
①、②、③より、3 組の辺がそれぞれ等しい
から、　　　　　△AEC≡△BEC　④
また、△ADC と △BDC において、
仮定から、　　　　AC＝BC　　　⑤
共通な辺だから、DC＝DC　　　⑥
④より、合同な図形の対応する角は等しいか
ら、　　　　　∠DCA＝∠DCB　⑦
⑤、⑥、⑦より、2 組の辺とその間の角がそ
れぞれ等しいから、
　　　　　　△ADC≡△BDC
合同な図形の対応する角、辺は等しいから、
　　　∠ADC＝∠BDC＝90°　　⑧
　　　　　　　AD＝BD　　　　⑨
⑧、⑨より、直線 CE は線分 AB の垂直二等
分線である。

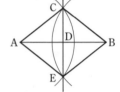

❻ (1) 逆 … $ab<0$ ならば、$a>0$、$b<0$ であ
る。
正しくない。
(2) 逆 … 内角の和が 900° ならば、その多角
形は七角形である。
正しい。

● ● ● ● ● ●

❶ ア…BQ　　　イ…QPB　　　ウ…180

■■■■■■■■■ 解説 ■■■■■■■■■

❶ (1) AC＝DF を加え
ると，2組の辺とその
間の角がそれぞれ等し
くなる。

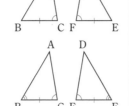

また，∠B＝∠E を加
えると，1組の辺とそ
の両端の角がそれぞれ
等しくなる。

参考 ∠A＝∠D のとき，∠B＝∠E も成り立
つから，∠A＝∠D を答えとすることもできる。

(2) BC＝EF を加える
と，3組の辺がそれぞ
れ等しくなる。

また，∠A＝∠D を加
えると，2組の辺とそ
の間の角がそれぞれ等
しくなる。

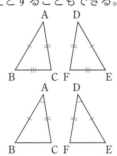

❷ (1) 図から，AO＝CO，∠A＝∠C
対頂角は等しいから，∠AOD＝∠COB
1組の辺とその両端の角がそれぞれ等しいから，
　△AOD≡△COB

(2) 図から，AB＝AD，∠BAC＝∠DAC
共通な辺だから，AC＝AC
2組の辺とその間の角がそれぞれ等しいから，
　△ABC≡△ADC

❹ ∠BAC と ∠CDB をそれぞれ角にもつ <u>2つの
三角形の合同</u>を考える。
　↑△ABC と △DCB

ポイント

辺の長さや角の大きさが等しいことを証明するとき
は，まず，それらをふくむ三角形の合同がいえるか
どうかを考える。

❺ 仮定 … AC＝AE＝BC＝BE
　　　　　↑作図方法から

結論 … 直線 CE は線分 AB の垂直二等分線である。

> 垂直であることと
> 2等分することを
> 両方証明するんだよ。

❻ (1) 反例 … a＝－1，b＝2
　　　　　　↑ab＜0 であるが，
　　　　　　a＞0，b＜0 ではない

(2) 「七角形ならば，内角の和は 900° である」と
いいかえられる。

❶ 問題文のように作図をす
ると，右の図のようになる。
共通な辺だから，
　PQ＝PQ …②
コンパスの幅を変えずに円
をかいた部分の円の半径は
等しいので，
　PA＝PB …①
　AQ＝BQ …③
∠QPA＝∠QPB＝90° だから，PQ⊥ℓ

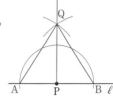

p.76〜77 ■■■ ステージ**3**

❶ p∥q

❷ (1) 110°　　(2) 128°　　(3) 40°

❸ (1) 54°　　(2) 35°　　(3) 80°

(4) 120°　　(5) 59°

❹ (1) 1980°　　(2) 40°

(3) 正二十角形

❺ △ABC≡△RPQ
1組の辺とその両端の角がそれぞれ等しい。
△DEF≡△KLJ
2組の辺とその間の角がそれぞれ等しい。
△GHI≡△NMO
3組の辺がそれぞれ等しい。

❻ (1) 仮定 … AB＝CD，AB∥CD
　　　結論 … AE＝DE

(2) 三角形…△ABE と △DCE
　　合同条件…
　　　1組の辺とその両端の角がそれぞれ等しい。

(3) 合同な図形の対応する辺は等しい。

❼ △FBD と △EDC において，
仮定から，BD＝DC　　①
　　　　　BF＝DE　　②
平行線の同位角は等しいから，
DE∥BA より，
　　∠FBD＝∠EDC　③
①，②，③より，2組の辺とその間の角がそ
れぞれ等しいから，
　　△FBD≡△EDC
合同な図形の対応する角は等しいから，

4
章

∠FDB＝∠ECD　④

④より，同位角が等しいから，

FD∥AC

❽ (1) 逆 … $x+2=5$ ならば，$x=3$ である。
正しい。

(2) 逆 … 面積が等しい2つの四角形は合同
である。
正しくない。

◆━━━━━ **解説** ━━━━━◆

❶ 右の図で，

∠a＝180°－72°＝108°

2直線 p，q に直線 ℓ が交
わってできる同位角が等し
いから，$p∥q$　└→ 108°と108°

2直線 ℓ，m に直線 p が交わってできる同位角が
等しくないから，ℓ と m は平行ではない。└→ 108°と
　　　　　　　　　　　　　　　　　　　　　　　110°

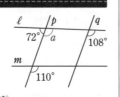

❷ (1) 右の図で，

∠a＝52°　←── 同位角

∠x＝58°＋∠a
└─ 同位角 ─┘
　　＝58°＋52°
　　＝110°

別解 右上の図で，∠b＝58°　←── 対頂角

三角形の外角だから，∠x＝58°＋52°＝110°

(2) 右の図のように，72°
の角の頂点を通り，ℓ，m
に平行な直線を引く。

∠a＝20°　←── 錯角

∠b＝72°－20°＝52°

∠c＝52°　←── 錯角

∠x＝180°－52°＝128°

別解 右の図のように，
三角形をつくる。

三角形の内角と外角の関
係から，

∠d＝72°－20°＝52°

∠e＝52°　←── 錯角

∠x＝180°－52°＝128°

(3) 右の図で，

∠a＝64°　←── 錯角

∠a は三角形の外角だから，

∠a＝∠x＋24°

∠x＝64°－24°＝40°

得点アップの**コツ**♪

(2)のような問題は，そのままでは平行線の性質は使
えない。角の頂点を通り，2直線に平行な直線を引
けば，平行線の錯角ができる。

❸ (1) ∠x＝180°－(53°＋73°)＝54°

(2) ∠x＝75°－40°＝35°

(3) 右の図で，

∠a＝65°＋45°＝110°

∠x＝110°－30°＝80°

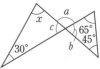

別解 ∠b＝180°－(65°＋45°)＝70°

∠c＝70°　←── 対頂角

∠x＝180°－(30°＋70°)＝80°

(4) 180°×(5－2)＝540°　←── 五角形の内角の和

∠x＝540°－(118°＋105°＋100°＋97°)＝120°

(5) 5つの外角の大きさは，

180°－118°＝<u>62°</u>，<u>69°</u>，180°－130°＝<u>50°</u>，

<u>61°</u>，180°－121°＝<u>59°</u>

∠x＝360°－(62°＋69°＋50°＋61°＋59°)＝59°

内角を使って求めてもいいけど，
外角の方が簡単だね。

❹ (1) 180°×(13－2)＝1980°

(2) 360°÷9＝40°

(3) 正n角形とすると，360÷n＝18　n＝20

❻ (2) △ABE と △DCE において，

AB＝DC（仮定）

平行線の錯角は等しいから，AB∥CD より，

∠ABE＝∠DCE

∠BAE＝∠CDE

したがって，1組の辺とその両端の角がそれぞ
れ等しい。

対頂角が等しいことは
使わないよ。

得点アップの**コツ**♪

三角形の合同の証明は，等しいとわかった長さや角
度を図にかき入れながら考えていくとよい。

❽ (2) 下の2つの四角形は面積が等しいが，合同
ではない。

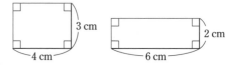

5章 三角形・四角形

p.78〜79 ステージ**1**

❶ ⑦ 辺　　　　　　　⑦ 三角形

❷ (1) $\angle x=25°$　　　(2) $\angle x=30°$, $\angle y=90°$

　　(3) $\angle x=66°$, $\angle y=48°$

❸ ⑦ B　　　　　　　⑦ C

　　⑦ 1組の辺とその両端の角

　　⑦ $\angle$ADC　　　　⑦ 180

━━━━━━━ 解説 ━━━━━━━

❷ (1)　BA＝BD より，

　　　　$\angle$BDA＝$\angle$BAD

　　　　　　　　＝50°

　　DA＝DC より，

　　　　$\angle$DAC＝$\angle x$

　　$\angle$BDA は △DAC の外角だから，

　　　　$\angle x+\angle x=50°$　$\angle x=25°$

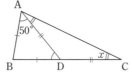

　(2)　DA＝DB より，

　　　　$\angle$DAB＝$\angle x$

　　$\angle$ADC＝60° より，

　　　$\underline{\angle x+\angle x=60°}$ ←

　　　　$\angle x=30°$ △DAB の内角と外角

　　DA＝DC，$\angle$ADC＝60° より，

　　　　$\angle$C＝$(180°-60°)÷2=60°$

　　△ABC で，$\angle y=180°-(30°+60°)=90°$

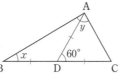

　(3)　AB＝AC より，

　　　　$\angle$B＝$(180°-48°)÷2=66°$

　　CB＝CD より，$\angle x=66°$

　　△CBD で，

　　　　$\angle y=180°-66°×2=48°$

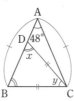

❸ 参考 △ABD≡△ACD は，AB＝AC，
$\angle$BAD＝$\angle$CAD（仮定）と，AD＝AD（共通）から示すこともできる。

p.80〜81 ステージ**1**

❶ △DBP において，

　仮定から，　　$\angle$DBP＝$\angle$PBC　①

　平行線の錯角は等しいから，DE∥BC より，

　　　　　　　　$\angle$DPB＝$\angle$PBC　②

　①，②より，$\angle$DBP＝$\angle$DPB

　2つの角が等しいから，△DBP は二等辺三角形である。

△ECP において，

仮定から，　　$\angle$ECP＝$\angle$PCB　③

平行線の錯角は等しいから，DE∥BC より，

　　　　　　　　$\angle$EPC＝$\angle$PCB　④

③，④より，$\angle$ECP＝$\angle$EPC

　2つの角が等しいから，△ECP は二等辺三角形である。

❷ 平行線の錯角は等しいから，AB∥DC より，

　　　　　　　　$\angle$AEF＝$\angle$CFE　①

折り返す前と後では角の大きさは変わらないから，　　$\angle$CFE＝$\angle$AFE　②

①，②より，$\angle$AEF＝$\angle$AFE

　2つの角が等しいから，△AEF は二等辺三角形である。

❸ △PAB と △PCB において，

仮定から，　　　　AB＝CB　　①

　　　　　　　$\angle$ABP＝$\angle$CBP　②

共通な辺だから，PB＝PB　　③

①，②，③より，2組の辺とその間の角がそれぞれ等しいから，

　　　　　　　　△PAB≡△PCB　④

また，△PCB と △PCA において，

仮定から，　　　　BC＝AC　　⑤

　　　　　　　$\angle$BCP＝$\angle$ACP　⑥

共通な辺だから，PC＝PC　　⑦

⑤，⑥，⑦より，2組の辺とその間の角がそれぞれ等しいから，

　　　　　　　　△PCB≡△PCA　⑧

④，⑧より，△PAB≡△PCB≡△PCA

❹ (1)　△ACD と △BCE において，

　　　△ABC と △CDE は正三角形だから，

　　　　　　　　AC＝BC　　　①

　　　　　　　　CD＝CE　　　②

　　　　　　　$\angle$ACB＝$\angle$DCE＝60°　③

　　　③より，$\angle$ACD＝$\angle$ACB＋$\angle$BCD

　　　　　　　　　　＝60°＋$\angle$BCD　④

　　　　　　　$\angle$BCE＝$\angle$DCE＋$\angle$BCD

　　　　　　　　　　＝60°＋$\angle$BCD　⑤

　　　④，⑤より，

　　　　　　　$\angle$ACD＝$\angle$BCE　　⑥

　　　①，②，⑥より，2組の辺とその間の角がそれぞれ等しいから，

　　　　　　　　△ACD≡△BCE

したがって，**AD＝BE**

(2)　**60°**

━━━━━━━ 解説 ━━━━━━━

❶　二等辺三角形であることを証明するには，2辺が等しいこと，または2角が等しいことを示す。

参考　△ECP が二等辺三角形であることを証明する手順は，△DBP が二等辺三角形であることを証明する手順とまったく同じである。

このような場合，〔　　〕の部分を

同様にして，∠ECP＝∠EPC

と表してもよい。

> 平行線があるときは，等しい角を考える。

❸　**参考**　〔　　〕の部分を

同様にして，△PCB≡△PCA　⑤

④，⑤より，△PAB≡△PCB≡△PCA

と表してもよい。

❹　(1)　∠ACD＝∠BCE の根拠のように，それぞれ同じ式（60°＋∠BCD）で表すことによって，等しいことをいうこともある。

(2)　右の図で，△AOB の内角の和が 180° であること，△ACD≡△BCE より，∠CAD＝∠CBE であること，△ABC が正三角形であることから求める。

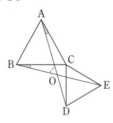

∠AOB

$=180°-($∠ABO＋∠BAO$)$ ←△AOB で内角の和は 180°

$=180°-($∠ABC＋∠CBE＋∠BAO$)$ ⎫ △ACD

$=180°-($∠ABC＋∠CAD＋∠BAO$)$ ⎭ ≡△BCE

$=180°-($∠ABC＋∠BAC$)$ ⎫ △ABC は正三角形

$=180°-(60°＋60°)$

$=60°$

━━━ **p.82～83** ステージ**1** ━━━

❶　△DEF≡△QRP

直角三角形の斜辺と他の1辺がそれぞれ等しい。

△GHI≡△KLJ

直角三角形の斜辺と1つの鋭角がそれぞれ等しい。

❷　⑦　**MC**　　　　　　　⑦　**90**

⑦　**斜辺と1つの鋭角**　　㋓　**MD＝ME**

❸　△ABD と △ACE において，

仮定から，　　**AB＝AC**　　　　①

　　　　　　∠ADB＝∠AEC＝90°　②

また，共通な角だから，

　　　　　　∠BAD＝∠CAE　　　　③

①，②，③より，直角三角形の斜辺と1つの鋭角がそれぞれ等しいから，

　　　　　　△ABD≡△ACE

したがって，**AD＝AE**

━━━━━━━ 解説 ━━━━━━━

❶　・△DEF と △QRP で，

　∠D＝∠Q＝90°，EF＝RP，DF＝QP

　　　　　　　　　　└斜辺┘

・△GHI と △KLJ で，

　∠I＝∠J＝90°，GH＝KL

また，∠L＝180°－（90°＋55°）＝35° だから，

　∠H＝∠L

❸　AB，AC はそれぞれ △ABD，△ACE の斜辺である。斜辺が等しいから，「1つの鋭角」または「他の1辺」が等しければ，△ABD≡△ACE がいえる。

> 直角三角形の合同を証明するとき，直角三角形の合同条件2つのほかに，三角形の合同条件3つも使うことができる。

━━━ **p.84～85** ステージ**2** ━━━

❶　(1)　**96°**　　　　　　(2)　**30°**

❷　△DBC と △ECB において，

仮定から，　　　　BD＝CE　　　①

二等辺三角形の底角は等しいから，

　　　　　　∠DBC＝∠ECB　　　②

共通な辺だから，BC＝CB　　　③

①，②，③より，2組の辺とその間の角がそれぞれ等しいから，

　　　　　　△DBC≡△ECB

したがって，∠BCD＝∠CBE

すなわち，　∠FBC＝∠FCB

2つの角が等しいから，△FBC は二等辺三角形である。

❸　二等辺三角形の2つの底角は等しい。

三角形の内角の和は 180° である。

❹ △ABD と △BCE において，

仮定から，　　　BD＝CE　　　①

△ABC は正三角形だから，

　　　　　　　　　AB＝BC　　　②

　　　　　　∠ABD＝∠BCE　　　③

①，②，③より，2組の辺とその間の角がそれぞれ等しいから，

　　　　　　　△ABD≡△BCE

したがって，∠BAD＝∠CBE

❺ (1) ∠CAE　　　　　　(2) 60°

❻ △BDM と △CEM において，

仮定から，∠BDM＝∠CEM＝90°　①

　　　　　　　　　BM＝CM　　　②

対頂角は等しいから，

　　　　　　∠BMD＝∠CME　　　③

①，②，③より，直角三角形の斜辺と1つの鋭角がそれぞれ等しいから，

　　　　　　　△BDM≡△CEM

したがって，　　BD＝CE

❼ △ADC と △AEB において，

仮定から，∠ADC＝∠AEB＝90°　①

　　　　　　　　　AC＝AB　　　②

共通な角だから，∠CAD＝∠BAE　③

①，②，③より，直角三角形の斜辺と1つの鋭角がそれぞれ等しいから，

　　　　　　　△ADC≡△AEB

したがって，　　AD＝AE　　　④

△ADF と △AEF において，

共通な辺だから，AF＝AF　　　⑤

①，④，⑤より，直角三角形の斜辺と他の1辺がそれぞれ等しいから，

　　　　　　　△ADF≡△AEF

よって，　　∠DAF＝∠EAF

● ● ● ● ● ●

① (1) 60°

　(2) △ABF と △ADE において，

　　仮定より，　　AB＝AD　　　①

　　二等辺三角形の底角は等しいから，

　　　　　　∠ABF＝∠ADE　　　②

　　また，　∠BAF＝∠BAE－∠FAE

　　　　　　　　　＝90°－∠FAE　③

平行線の錯角は等しいから，AD∥BC

より，　　∠DAF＝∠AGB＝90°

よって，　∠DAE＝∠DAF－∠FAE

　　　　　　　　　＝90°－∠FAE　④

③，④より，

　　　　　　∠BAF＝∠DAE　　　⑤

①，②，⑤より，1組の辺とその両端の角がそれぞれ等しいから，

　　　　　　　△ABF≡△ADE

━━━━━━━━━━ 解 説 ━━━━━━━━━━

❶ (1) ∠ABC＝∠C

　　＝(180°－52°)÷2

　　＝64°

　　　　∠DBC＝64°÷2＝32°

　　　　∠x＝64°＋32°＝96°

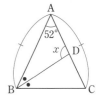

　(2) ∠BAC

　　＝(180°－40°)÷2

　　＝70°

　　　　∠x＝70°－40°＝30°

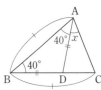

❷ ∠FBC と ∠FCB をそれぞれ角にもつ2つの三角形の合同から，∠FBC＝∠FCB を導く。

ポイント

二等辺三角形であることを証明するには，次のいずれかがいえればよい。

・2つの辺が等しい。（定義）

・2つの角が等しい。（定理）

❸ 右の図で，

仮定より，　　AB＝AC

二等辺三角形の2つの底角は

等しいから，∠B＝∠C

また，BA＝BC より，

　　　　　　∠A＝∠C

したがって，∠A＝∠B＝∠C

三角形の内角の和は 180° だから，

　　　　∠A＝∠B＝∠C＝60°

❺ (1) ∠BAD＝60°－∠CAD

　　　∠CAE＝60°－∠CAD

したがって，

　　　　∠BAD＝∠CAE

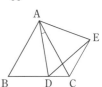

正三角形の1つの内角は60°であることを使う。

(2) △ABD と △ACE で，

AB＝AC，AD＝AE

(1)より，∠BAD＝∠CAE

2組の辺とその間の角がそれぞれ等しいから，

△ABD≡△ACE

したがって，∠ACE＝∠ABD＝60°

❼ ∠DAF と ∠EAF をそれぞれ角にもつ △ADF と △AEF の合同を証明する必要があるが，△ADF≡△AEF を証明するために，<u>AD＝AE</u> を示す。 △ADC≡△AEB をいえばよい。

① (1) 右の図で，平行線 の錯角は等しいから，

∠DBC＝∠ADB

　　　＝20°

△DBC で，

∠BDC＝180°－(20°＋100°)＝60°

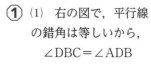

(2) 頂点Aから辺 BC に引いた垂線と，2点 F, G は，右上の図のようになる。

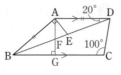

---

p.86～87 ══ **ステージ1**

① △ABC と △CDA において，

共通な辺だから，　AC＝CA　①

平行線の錯角は等しいから，

AB∥DC より，∠BAC＝∠DCA　②

AD∥BC より，∠ACB＝∠CAD　③

①，②，③より，1組の辺とその両端の角が それぞれ等しいから，

△ABC≡△CDA

したがって，　∠ABC＝∠CDA

② (1) $x＝45$ 　　　　(2) $x＝112,\ y＝22$

(3) $x＝110$ 　　　(4) $x＝8,\ y＝\dfrac{9}{2}$

③ △AEB と △CFD において，

仮定から，∠AEB＝∠CFD＝90°　①

平行四辺形の対辺は等しいから，

AB＝CD　②

平行線の錯角は等しいから，AB∥DC より，

∠ABE＝∠CDF　③

①，②，③より，直角三角形の斜辺と1つの 鋭角がそれぞれ等しいから，

△AEB≡△CFD

したがって，　AE＝CF

◀━━━━━ 解説 ━━━━▶

---

❷ (1) 平行四辺形の対角は等しいから，

∠D＝∠B＝70°

したがって，∠DAC＝180°－(65°＋70°)＝45°

(2) 平行四辺形のとなり合 う角の和は 180° だから，

∠A＝180°－68°

　　＝112°

平行四辺形の対角は等しいから，

∠B＝∠D＝68°

∠AEC は △EBC の外角だから，

∠ECB＝90°－68°＝22°

(3) 平行線の錯角は等しいから，

∠AEB＝∠EBC＝35°

AB＝AE より，

∠ABE＝∠AEB＝35°

∠B＝35°×2＝70° だか

ら，∠C＝180°－70°＝110°

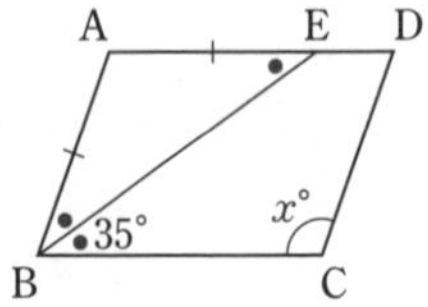

(4) 平行四辺形の対辺は等しいから，

AD＝BC＝8 cm

平行四辺形の2つの対角線はそれぞれの中点で 交わるから，

$OC＝\dfrac{1}{2}AC＝\dfrac{1}{2}×9＝\dfrac{9}{2}$ (cm)

ポイント

平行四辺形のとなり合う角の和は 180° である。

右の ▱ABCD で， 平行線の同位角だから，

∠B＝∠DCE

∠DCE＋∠BCD＝180°

→ ∠B＋∠BCD＝180°

└─ ▱ABCD のとなり合う角　　（他の角も同様）

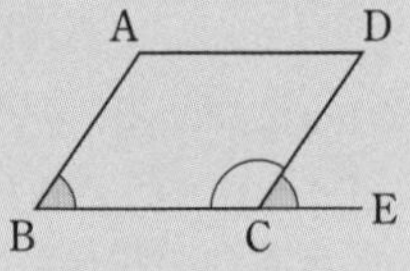

---

p.88～89 ══ **ステージ1**

① △AOB と △COD において，

仮定から，　AO＝CO　①

　　　　　　BO＝DO　②

対頂角は等しいから，

∠AOB＝∠COD　③

①，②，③より，2組の辺とその間の角がそ れぞれ等しいから，

△AOB≡△COD

したがって，　∠BAO＝∠DCO

錯角が等しいから，AB∥DC　④

また，同様にして，
$$\triangle AOD \equiv \triangle COB$$
よって，　　　　$\angle ADO = \angle CBO$
錯角が等しいから，$AD /\!/ BC$　⑤
④，⑤より，2組の対辺がそれぞれ平行だから，四角形 ABCD は平行四辺形である。

❷ ㋐，㋓

❸ (1)　1組の対辺が平行で等しい。

(2)　2組の対辺がそれぞれ等しい。

❹ 仮定から，　　　$\angle EAD = \dfrac{1}{2}\angle BAD$　①

$$\angle FCB = \dfrac{1}{2}\angle DCB　②$$

平行四辺形の対角は等しいから，
$$\angle BAD = \angle DCB　③$$
①，②，③から，$\angle EAD = \angle FCB$　④
平行線の錯角は等しいから，$AD /\!/ BC$ より，
$$\angle EAD = \angle AEB　⑤$$
④，⑤より，　　$\angle FCB = \angle AEB$
同位角が等しいから，$AE /\!/ FC$　　　⑥
また，仮定より，　　$AF /\!/ EC$　　　⑦
⑥，⑦より，2組の対辺がそれぞれ平行だから，四角形 AECF は平行四辺形である。

━━━━ 解説 ━━━━

❷ ㋐　1組の対辺が平行で等しいから，平行四辺形になる。

㋑　対辺が等しくないから，平行四辺形にはならない。

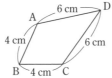

㋒　対角線 AC と BD がそれぞれの中点で交わらないから，平行四辺形にはならない。

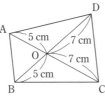

㋓　2組の対角がそれぞれ等しいから，平行四辺形になる。

❸ (1)　平行四辺形の対辺は平行で，その長さは等しいから，
▱ABCD について，$\underline{AD /\!/ BC}$，$\underline{AD = BC}$
▱EBCF について，$\underline{EF /\!/ BC}$，$\underline{EF = BC}$
したがって，$\underline{AD /\!/ EF}$，$\underline{AD = EF}$

(2)　$\triangle AEH$ と $\triangle CGF$ において，
平行四辺形の対辺は等しいから，$\underline{AD = BC}$
仮定から，$\underline{BF = DH}$
ここで，$AH = \underline{AD - DH}$，$CF = \underline{BC - BF}$
したがって，　　$AH = CF$　①
平行四辺形の対角は等しいから，
$$\angle A = \angle C　②$$
また，仮定から，$AE = CG$　③
①，②，③より，2組の辺とその間の角がそれぞれ等しいから，$\triangle AEH \equiv \triangle CGF$
合同な図形の対応する辺は等しいから，
$\underline{EH = GF}$ ← 2組の対辺がそれぞれ等しい。
同様にして，$\triangle BFE \equiv \triangle DHG$ より，$\boxed{EF = GH}$

❹ 証明のしかたは，いつも1通りしかないとは限らない。等しい辺や角を調べ，平行四辺形になるための条件のどれに結びつくかを考える。

ポイント

平行四辺形であることを証明するには，次のいずれかがいえればよい。
・2組の対辺がそれぞれ平行である。…定義
・2組の対辺がそれぞれ等しい。
・2組の対角がそれぞれ等しい。　　}定理
・2つの対角線がそれぞれの中点で交わる。
・1組の対辺が平行で等しい。

p.90〜91 ステージ1

❶ ㋐ AD　㋑ DO　㋒ 90　㋓ BD

❷ 112°

❸ 正しくない。
反例 … 例

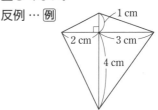

❹ $\triangle ABM$ と $\triangle DCM$ において，
仮定から，　　　$AM = DM$　①
$$MB = MC　②$$
平行四辺形の対辺は等しいから，
$$AB = DC　③$$
①，②，③より，3組の辺がそれぞれ等しいから，　　$\triangle ABM \equiv \triangle DCM$
したがって，$\angle BAM = \angle CDM$　④

平行四辺形の2組の対角はそれぞれ等しいから，

∠BAM＝∠DCB，∠ABC＝∠CDM　⑤

④，⑤より，

∠BAM＝∠ABC＝∠CDM＝∠DCB

4つの角が等しいから，▱ABCDは長方形である。

━━━ 解説 ━━━

❶ **参考** △BAO≡△BCO，△CBO≡△CDO，△DCO≡△DAO のどれかを示すことでも，証明することができる。

❷ AM＝BM となるから，∠MBA＝∠A＝56° したがって，∠BMC＝56°＋56°＝112°

❸ **参考** 「2つの対角線の長さが等しく，垂直に交わる平行四辺形は正方形である」ならば正しい。

❹ 長方形であることを証明するには，4つの角が等しいことを示す。

四角形が平行四辺形ならば，1つの角が90°であ

　　　　　　　　　　　　　∠A＝90°

ることを示せば，対角が等しいこと，となり合う

　　　　　　　　∠C＝90°

角の和が180°であることから4つの角が等しい

∠A＋∠B＝180°　→　∠B＝90°
∠C＋∠D＝180°　→　∠D＝90°

といえる。

ポイント

平行四辺形で，となり合う角が等しい。→ 長方形
平行四辺形で，となり合う辺が等しい。→ ひし形

p.92～93 **ステージ2**

❶ (1) 二等辺三角形　　(2) 直角三角形

❷ △ABC と △EAD において，

仮定から，　　　AB＝EA　　①

平行四辺形の対辺は等しいから，

　　　　　　BC＝AD　　②

△ABE は AB＝AE の二等辺三角形だから，

　　　∠ABC＝∠AEB　　③

平行線の錯角は等しいから，AD∥BC より，

　　　∠AEB＝∠EAD　　④

③，④より，∠ABC＝∠EAD　　⑤

①，②，⑤より，2組の辺とその間の角がそれぞれ等しいから，

　　　　　　△ABC≡△EAD

❸ ⑦，⑦，⑦

❹ ひし形

❺ 仮定から，∠PAB＝$\frac{1}{2}$∠A

　　　∠PBA＝$\frac{1}{2}$∠B

平行四辺形のとなり合う角の和は180°だから，

　　∠A＋∠B＝180°

∠PAB＋∠PBA＝$\frac{1}{2}$(∠A＋∠B)＝90°

△ABP で，内角の和は180°だから，

　∠APB＝180°－(∠PAB＋∠PBA)

　　　＝180°－90°

　　　＝90°

対頂角は等しいから，∠SPQ＝90°

同様にして，∠QRS＝90°

△AQD と △CSB の内角の和から，

　∠PQR＝90°，∠RSP＝90°

4つの角が等しいから，四角形 PQRS は長方形である。

❻ (1) △EBG と △EDF において，

仮定より，　　EB＝ED　　①

対頂角は等しいから，

　　　∠BEG＝∠DEF　　②

平行線の錯角は等しいから，AD∥BC より，　∠GBE＝∠FDE　　③

①，②，③より，1組の辺とその両端の角がそれぞれ等しいから，

　　　　　△EBG≡△EDF

したがって，BG＝DF

(2) 仮定から，　　　BD∥GI　　①

AD∥BC より，　DI∥BG　　②

①，②より，2組の対辺がそれぞれ平行だから，四角形 DBGI は平行四辺形である。

(3) △FHD と △IHD において，

共通な辺だから，　DH＝DH　　①

四角形 ABCD は長方形だから，

　　　　∠FDH＝90°　　②

∠FDI＝180° より，

　　　　∠IDH＝90°　　③

②，③より，　∠FDH＝∠IDH　　④

(1)より，　　　BG＝DF　　⑤

(2)より，四角形 DBGI は平行四辺形だから，　　　DI＝BG　　⑥

⑤，⑥より，　　　　DF＝DI　　⑦

①，④，⑦より，2組の辺とその間の角が
それぞれ等しいから，

　　　　　　　△FHD≡△IHD

したがって，　　　FH＝IH　　⑧

⑧より，FH＋GH＝IH＋GH＝GI だか
ら，　　　　　FH＋GH＝GI　　⑨

⑵より，平行四辺形の対辺は等しいから，

　　　　　　　　GI＝BD　　⑩

⑨，⑩より，　FH＋GH＝BD

　　　　　　・　・　・　・　・　・　・

① 112°

② 平行四辺形の2つの対角線はそれぞれの中点
で交わるから，　　AO＝CO　　①

　　　　　　　　BO＝DO　　②

仮定から，　　　　AE＝CF　　③

①，③から，　AO－AE＝CO－CF

EO＝AO－AE，FO＝CO－CF だから，

　　　　　　　EO＝FO　　④

②，④より，2つの対角線がそれぞれの中点
で交わるから，四角形 EBFD は平行四辺形
である。

━━━━━━━━━━ 解　説 ━━━━━━━━━━

❶ ⑴　∠EAB＝∠ADC，<u>∠ADC＝∠EBA</u> より，
∠EAB＝∠EBA　　平行四辺形の対角

2つの角が等しいから，△ABE は二等辺三角
形である。

⑵　∠EAB＋∠EBA＝$\frac{1}{2}$<u>（∠A＋∠B）</u>＝90°

　　　　　　　　　　平行四辺形のとなり合う
∠AEB＝180°－90°＝90°　角の和は 180°

よって，△ABE は直角三角形である。

❸ ㋐　右の図で，∠A＋∠B＝180°

∠A＋∠EAD＝180°

したがって，∠B＝∠EAD

同位角が等しいから，AD∥BC

2組の対辺がそれぞれ平行だから，
平行四辺形になる。

㋑　四角形の内角の和は 360° だから，

∠D＝360°－（110°＋110°＋70°）＝70°

したがって，∠B＝∠D

2組の対角がそれぞれ等しいから，平行四辺形
になる。

㋒　右の図のような四角形（台形）
も考えられるので，平行四辺形
になるとは限らない。

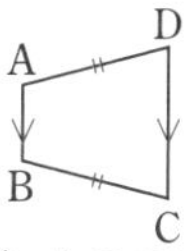

㋓　2つの対角線がそれぞれの中点で交わるので，
平行四辺形になる。

❹ 右の図のように対角線
AC，BD を引く。

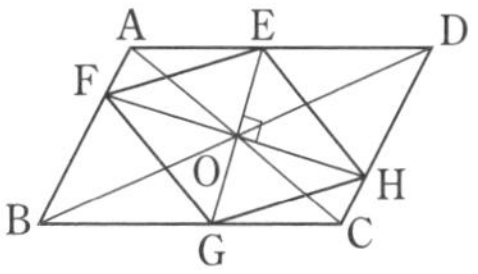

△AOF と △COH で，

AO＝CO ← 平行四辺形の対角線の性質

∠AOF＝∠COH ← 対頂角

∠FAO＝∠HCO ← 平行線の錯角

よって，△AOF≡△COH となり，FO＝HO

同様にして，△BOG≡△DOE より，GO＝EO

2つの対角線がそれぞれの中点で交わるから，四
角形 EFGH は平行四辺形である。

さらに，EG⊥FH より，対角線が垂直に交わる
から，四角形 EFGH はひし形である。

❺ ∠QRS＝90° は，∠CRD の対頂角として求め
られる。

∠PQR＝90° は △AQD の内角，∠RSP＝90° は
△CSB の内角の関係から，それぞれ求められる。

① 平行四辺形の対角は等しいから，

∠B＝∠D＝70°

三角形の外角だから，∠x＝42°＋70°＝112°

p.94~95 ≡≡ステージ❸

❶ ⑴　110°　　　　　　　　⑵　4 cm

❷ 仮定から，　∠BAD＝∠DAE　①

平行線の錯角は等しいから，AB∥ED より，

∠BAD＝∠ADE　②

①，②より，∠DAE＝∠ADE

2つの角が等しいから，△ADE は二等辺三
角形である。

❸ ⑴　△ABE と △ADC において，

△ABD と △ACE は正三角形だから，

AB＝AD　　　　①

EA＝CA　　　　②

∠CAE＝∠DAB＝60°　　③

③より，∠EAB＝∠CAB＋60°　④

∠CAD＝∠CAB＋60°　⑤

④，⑤より，

∠EAB＝∠CAD　　⑥

①, ②, ⑥より, 2組の辺とその間の角がそれぞれ等しいから,

$$△ABE≡△ADC$$

(2) 60°

④ 辺…AB＝DE, AC＝DF

角…∠B＝∠E, ∠C＝∠F

⑤ (1) 35°　　　　　(2) 4 cm

⑥ 四角形 AFCE において,

仮定より,　AE∥FC, AE＝FC

1組の対辺が平行で等しいから, 四角形 AFCE は平行四辺形である。

したがって, GF∥EH　①

また, 四角形 EBFD も同様にして, 平行四辺形である。

したがって, EG∥HF　②

①, ②より, 2組の対辺がそれぞれ平行だから, 四角形 EGFH は平行四辺形である。

⑦ △ABF と △BCG において,

仮定から,　∠AFB＝∠BGC＝90°　①

四角形 ABCD は正方形だから,

$$AB＝BC　②$$
$$∠ABC＝90°　③$$

③より,　∠ABF＝90°−∠GBC　④

△BCG の内角の和は 180° だから,

$$∠BCG＝180°−90°−∠GBC$$
$$＝90°−∠GBC　⑤$$

④, ⑤より, ∠ABF＝∠BCG　⑥

①, ②, ⑥より, 直角三角形の斜辺と1つの鋭角がそれぞれ等しいから,

$$△ABF≡△BCG$$

したがって,　BF＝CG

⑧ (1) ひし形　　　　(2) 長方形

⑨ 四角形 AEDF において,

仮定から, AE∥FD, AF∥ED

2組の対辺がそれぞれ平行だから, 四角形 AEDF は平行四辺形である。

また, 仮定から, ∠EAD＝∠FAD　①

平行線の錯角は等しいから, AF∥ED より,

$$∠FAD＝∠EDA　②$$

①, ②より,　∠EAD＝∠EDA

2つの角が等しいから, △AED は二等辺三角形である。

したがって,　　　AE＝ED

となり合う2辺が等しい平行四辺形だから, 四角形 AEDF はひし形である。

◀━━━━━━━━━━━ **解説** ◀━━━

❶ (1) 二等辺三角形の底角は等しいから,

$$∠C＝∠A＝55°$$

△ABC の外角だから, ∠x＝55°＋55°＝110°

(2) BD は二等辺三角形の頂角の二等分線だから, 底辺 AC を垂直に2等分する。

❸ (2) ∠DOB

$$＝180°−(∠DBO＋∠BDO)　←\substack{\text{△DBO で内角}\\\text{の和は }180°}$$
$$＝180°−(∠DBA＋∠ABE＋∠BDO)　\Big\}\substack{\text{△ABE}\\\text{≡△ADC}}$$
$$＝180°−(∠DBA＋∠ADC＋∠BDO)$$
$$＝180°−(∠DBA＋∠ADB)　\Big\}\substack{\text{△ABD は正三角形}}$$
$$＝180°−(60°＋60°)$$
$$＝60°$$

❹ 2つの直角三角形で, 斜辺がそれぞれ等しいから, つけ加える条件は, 辺の場合は,「他の1辺が等しい」, 角の場合は,「1つの鋭角が等しい」となる。

❺ (1) 平行四辺形のとなり合う2つの角の和は 180° だから, ∠ABC＝180°−110°＝70°

$$∠EBC＝70°÷2＝35°$$
$$∠AEB＝∠EBC＝35°　←\text{平行線の錯角}$$

(2) △CFB で, ∠CBF＝∠ABF

$$∠CFB＝∠ABF　←\text{平行線の錯角}$$

したがって, ∠CBF＝∠CFB

2つの角が等しいから, △CFB は CF＝CB の二等辺三角形である。

$$DF＝CF−CD＝10−6＝4\,(cm)$$

得点アップのコツ

角の二等分線や平行線があるときは, 等しい角に注目して考える。

❽ (1) 四角形 ABCD

$$\Big\downarrow AO＝CO, BO＝DO$$

▱ABCD

$$\Big\downarrow AB＝BC　←\text{4つの辺が等しくなる}$$

ひし形 ABCD

(2) 四角形 ABCD

$$\Big\downarrow AB∥DC, AD∥BC$$

▱ABCD

$$\Big\downarrow ∠A＝90°　←\text{4つの角が等しくなる。}$$

長方形 ABCD

6章 確率

❶ (1) 同様に確からしいとはいえない。

(2) 同様に確からしいといえる。

❷ (1) $\dfrac{1}{4}$ (2) $\dfrac{1}{13}$ (3) $\dfrac{2}{13}$

❸ (1) $\dfrac{1}{2}$ (2) $\dfrac{1}{3}$

❹ (1) $\dfrac{3}{5}$ (2) 0 (3) 1

   (4) 赤玉または白玉が出るとき

解説

❶ (1) 表と裏の形がちがうので，表と裏が出ることは同じ程度に期待できない。

❷ 起こり得るすべての場合は 52 通りあり，どのカードを引くことも同様に確からしい。

(1) ♣のマークのカードを引く場合は 13 通りであるから，求める確率は，

$$\dfrac{13}{52}=\dfrac{1}{4}$$

(2) 3 のカードを引く場合は 4 通りであるから，求める確率は，

$$\dfrac{4}{52}=\dfrac{1}{13}$$

(3) 8 または 9 のカードを引く場合は 8 通りであるから，求める確率は， ← 8が4通り / 9が4通り

$$\dfrac{8}{52}=\dfrac{2}{13}$$

ポイント

起こり得るすべての場合が n 通り，あることがらの起こる場合が a 通りあるとき，そのことがらの起こる確率 p は，

$$p=\dfrac{a}{n}\quad\text{である。}$$

❸ 起こり得るすべての場合は 6 通りあり，どの目が出ることも同様に確からしい。

(1) 奇数の目が出る場合は，1，3，5 の 3 通りであるから，求める確率は，

$$\dfrac{3}{6}=\dfrac{1}{2}$$

(2) 3 の倍数の目が出る場合は，3，6 の 2 通りであるから，求める確率は，

$$\dfrac{2}{6}=\dfrac{1}{3}$$

❹ A～Dのどの袋でも，起こり得るすべての場合は 5 通りあり，どの玉が出ることも同様に確からしい。

(1) 赤玉の出る場合は 3 通りであるから，求める確率は $\dfrac{3}{5}$

(2) 赤玉は決して出ないから，求める確率は 0

(3) どの玉を取り出しても必ず赤玉が出るから，求める確率は 1

(4) どの玉を取り出しても赤玉または白玉になる。

ポイント

決して起こらないことがらの確率は 0
必ず起こることがらの確率は 1

❶ (1) $\dfrac{1}{4}$ (2) $\dfrac{3}{4}$

❷ (1) $\dfrac{4}{5}$ (2) $\dfrac{11}{15}$

❸ (1) ㋐ 裏   ㋑ 裏   ㋒ 表
      ㋓ 表   ㋔ 裏

  (2) $\dfrac{1}{8}$ (3) $\dfrac{3}{8}$

❹ 樹形図は解説，$\dfrac{1}{3}$

解説

❶ (1) $\dfrac{13}{52}=\dfrac{1}{4}$

(2) (1)より，カードのマークが♠である確率は $\dfrac{1}{4}$ だから，カードのマークが♠でない確率は，

$$1-\dfrac{1}{4}=\dfrac{3}{4}$$

♠でない場合の数を調べるより早いね。

❷ 起こり得るすべての場合は 30 通りあり，どのカードを取り出すことも同様に確からしい。

(1) カードの数が 5 の倍数である場合は，5，10，15，20，25，30 の 6 通りであるから，5 の倍数である確率は，

$$\dfrac{6}{30}=\dfrac{1}{5}$$

よって，カードの数が 5 の倍数でない確率は，

$$1-\dfrac{1}{5}=\dfrac{4}{5}$$

(2) カードの数が30の約数である場合は，1，2，3，5，6，10，15，30の8通りであるから，30の約数である確率は，

$$\frac{8}{30}=\frac{4}{15}$$

したがって，カードの数が30の約数でない確率は，

$$1-\frac{4}{15}=\frac{11}{15}$$

❸ 樹形図から，起こり得るすべての場合は8通りあり，どれも同様に確からしい。

(2) 3回とも裏が出る場合は，裏－裏－裏の1通りあるから，求める確率は $\frac{1}{8}$

(3) 1回だけ表になる場合は，表－裏－裏，裏－表－裏，裏－裏－表の3通りあるから，求める確率は $\frac{3}{8}$

❹ グーを㋑，チョキを㋩，パーを㋨として樹形図をかくと，次のようになる。

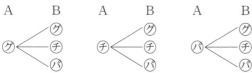

樹形図から，起こり得るすべての場合は9通りあり，このうちAが勝つ場合は，㋑－㋩，㋩－㋨，㋨－㋑の3通りあるから，求める確率は，

$$\frac{3}{9}=\frac{1}{3}$$

樹形図は，㋑，㋩，㋨のように，簡単な記号を使うとかきやすいよ。

p.100〜101 ≡ **ステージ１**

❶ (1)

B＼A	⚀	⚁	⚂	⚃	⚄	⚅
⚀	0	1	2	3	4	5
⚁	1	0	1	2	3	4
⚂	2	1	0	1	2	3
⚃	3	2	1	0	1	2
⚄	4	3	2	1	0	1
⚅	5	4	3	2	1	0

(2) $\frac{2}{9}$ (3) $\frac{1}{6}$ (4) **1**

❷ もっとも出にくい目…㋓
もっとも出やすい目…㋒

❸ (1) $\frac{1}{2}$ (2) $\frac{1}{2}$ (3) $\frac{1}{6}$

(4) $\frac{1}{6}$

━━━━━━━ 解説 ━━━━━━━

❶ 起こり得るすべての場合は36通りあり，どの目の組み合わせが出ることも同様に確からしい。

(2) 表から，出る目の差が2になる場合は8通りあるから，求める確率は，

$$\frac{8}{36}=\frac{2}{9}$$

(3) 出る目の差が4以上になる場合は6通りあるから，求める確率は，
↖ 4が4通り
5が2通り

$$\frac{6}{36}=\frac{1}{6}$$

(4) $p=\frac{a}{n}$ は，分母(n)が同じとき，分子(a)が大きいほど大きくなる。したがって，起こる場合の数がもっとも多いものを見つければよい。

> 出る目の差が1になる場合が10通りで，もっとも多い。

❷ 右の表のように整理すると，出た目の組み合わせが㋐〜㋕になるときの場合の数は，次のようになる。

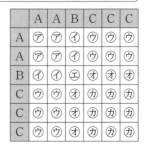

㋐ 4通り
㋑ 4通り
㋒ 12通り
㋓ 1通り
㋔ 6通り
㋕ 9通り

←場合の数を比べればよい。

ミス注意！ このさいころを1つだけ投げるとき，もっとも出やすい目はCであるが，2つ同時に投げるとき，もっとも出やすい目の組み合わせは，ＣＣにならない。

❸ くじに番号をつけ，当たりを①，②，はずれを3，4として樹形図をかくと，次のようになる。

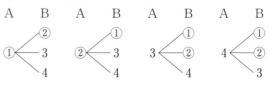

起こり得るすべての場合は12通りある。

ミス注意! 引いたくじはもとにもどさないから，
A が引いたくじを，B は引くことができない。
したがって，①－①などは考えないのでかかない。

(1) A が当たる場合は，①－②，①－3，①－4，
②－①，②－3，②－4 の 6 通りあるから，求める確率は，

$$\frac{6}{12}=\frac{1}{2}$$

(2) B が当たる場合は，①－②，②－①，3－①，
3－②，4－①，4－② の 6 通りあるから，求める確率は，

$$\frac{6}{12}=\frac{1}{2}$$

> (1)，(2)より，くじを引く順番と，当たりやすさは関係がないことがわかる。

(3) A，B がともに当たる場合は，①－②，
②－① の 2 通りあるから，求める確率は，

$$\frac{2}{12}=\frac{1}{6}$$

(4) A，B がともにはずれる場合は，3－4，
4－3 の 2 通りあるから，求める確率は，

$$\frac{2}{12}=\frac{1}{6}$$

別解 次のような表に表してもよい。

A＼B	①	②	3	4
①		(①, ②)	(①, 3)	(①, 4)
②	(②, ①)		(②, 3)	(②, 4)
3	(3, ①)	(3, ②)		(3, 4)
4	(4, ①)	(4, ②)	(4, 3)	

同じくじを引くことはないから斜線を引く。

p.102~103 ステージ1

❶ (1) $\dfrac{1}{3}$ (2) $\dfrac{3}{5}$ (3) $\dfrac{1}{15}$

❷ (1) $\dfrac{2}{7}$ (2) $\dfrac{2}{7}$ (3) $\dfrac{1}{7}$

  (4) $\dfrac{2}{7}$ (5) $\dfrac{4}{7}$

❸ ㋐ 357 ㋑ 365^9 ㋒ 357

  ㋓ 0.095

● 解説 ●

❶ 2 つのチームの選ばれ方は，全部で次の 15 通りある。

{A, B}, {A, C}, {A, D}, {A, E}, {A, F}
    {B, C}, {B, D}, {B, E}, {B, F}
        {C, D}, {C, E}, {C, F}
            {D, E}, {D, F}
                {E, F}

(1) C が選ばれる場合は，{A, C}, {B, C},
{C, D}, {C, E}, {C, F} の 5 通りあるから，
求める確率は，

$$\frac{5}{15}=\frac{1}{3}$$

(2) C または F が選ばれる場合は，{A, C},
{A, F}, {B, C}, {B, F}, {C, D}, {C, E},
{C, F}, {D, F}, {E, F} の 9 通りあるから，
求める確率は，

$$\frac{9}{15}=\frac{3}{5}$$

(3) C と F の 2 チームが選ばれる場合は，
{C, F} の 1 通りだから，求める確率は $\dfrac{1}{15}$

参考 次のような樹形図をかいて選ばれ方を調べてもよい。

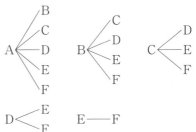

A－B と B－A は同じだから，同じものは消して整理するんだよ。

❷ 2 人の選ばれ方は，全部で次の 21 通りある。

{A, B}, {A, C}, {A, d}, {A, e}, {A, f}, {A, g}
    {B, C}, {B, d}, {B, e}, {B, f}, {B, g}
        {C, d}, {C, e}, {C, f}, {C, g}
            {d, e}, {d, f}, {d, g}
                {e, f}, {e, g}
                    {f, g}

(2) d が選ばれる場合は，{A, d}, {B, d},
{C, d}, {d, e}, {d, f}, {d, g} の 6 通りあるから，求める確率は，

$$\frac{6}{21}=\frac{2}{7}$$

(3) 男子 2 人が選ばれる場合は，{A, B},
{A, C}, {B, C} の 3 通りあるから，求める確率は，

$$\frac{3}{21}=\frac{1}{7}$$

(4) 女子2人が選ばれる場合は，$\{d,\ e\}$，$\{d,\ f\}$，$\{d,\ g\}$，$\{e,\ f\}$，$\{e,\ g\}$，$\{f,\ g\}$ の6通りあるから，求める確率は，

$$\frac{6}{21}=\frac{2}{7}$$

(5) 男子，女子がそれぞれ1人ずつ選ばれる確率は，(3)，(4)より，

$$1-\underset{\underset{\substack{男子2人が\\選ばれる確率}}{\uparrow}}{\frac{1}{7}}-\underset{\underset{\substack{女子2人が\\選ばれる確率}}{\uparrow}}{\frac{2}{7}}=\frac{4}{7}$$

❸ <u>少なくとも1人</u>同じ誕生日の人がいる確率を求
　↑1人でも，2人でも，…，全員でもよい

めるには，9人全員の誕生日が異なる確率を求めて，1からその値をひく。

9人全員の誕生日の起こり方の総数は，

$$365\times365\times365\times365\times365\times365\times365\times365\times365$$
$$=365^9（通り）$$

9人全員の誕生日が異なる場合の数は，

$$365\times\underset{\uparrow}{364}\times363\times362\times361\times360\times359\times358\times357$$
（通り）

2人目の誕生日は，
1人目の誕生日の365日それぞれに対して，
1人目の誕生日を除く364通りある。
3人目，4人目，…，9人目も同じように考えて，
1つずつ数を減らしてかけていく。

参考 n人全員の誕生日が異なる確率の求め方

n人全員の誕生日の起こり方の総数は 365^n 通り

n人全員の誕生日が異なる場合の数は，

$$365\times364\times\cdots\times(365-n+1)（通り）$$

n人全員の誕生日が異なる確率 p は，

$$p=\frac{365\times364\times\cdots\times(365-n+1)}{365^n}$$

n人の中に同じ誕生日の人がいる確率は，

$$1-p$$

このようにして計算すると，同じ誕生日の人がいる確率は，50人では0.970，60人では0.994，70人では0.999となり，人数が増えるほど高くなっていく。

p.104～105 ステージ2

❶ (1) 正しいとはいえない。
　　(2) 正しいとはいえない。

❷ (1) $\dfrac{1}{3}$　　(2) $\dfrac{3}{26}$　　(3) $\dfrac{2}{5}$

❸ (1) 0　　(2) $\dfrac{2}{3}$

❹ (1) $\dfrac{1}{4}$　　(2) $\dfrac{1}{9}$　　(3) $\dfrac{3}{4}$
　　(4) $\dfrac{1}{9}$

❺ (1) $\dfrac{1}{4}$　　(2) $\dfrac{2}{5}$

❻ $\dfrac{2}{7}$

❼ (1) $\dfrac{1}{5}$　　(2) $\dfrac{3}{5}$

❽ $\dfrac{5}{36}$

・・・・・・

① (1) $\dfrac{15}{16}$　　(2) $\dfrac{7}{16}$

解　説

❶ (1) 面の形や大きさがちがうので，1～8の目が出ることは同じようには期待できない。

(2) はずれの本数が当たりの本数より多いとき，1本引くと，はずれる確率の方が当たる確率より高くなる。そのようなときでも，2本引いたときに2本とも当たりになるということはあるので，正しいとはいえない。

❷ (1) 5以上の目は，5，6の2通りあるから，求める確率は，

$$\frac{2}{6}=\frac{1}{3}$$

(2) カードのマークが♥または◆の絵札（J，Q，K）である場合は6通りあるから，求める確率は，

$$\frac{6}{52}=\frac{3}{26}$$

(3) 1から50までの整数のうち，

4の倍数は，4，8，12，16，20，24，28，32，36，40，44，48の12個 ←50÷4=12 あまり2

5の倍数は，5，10，15，20，25，30，35，40，45，50の10個 ←50÷5=10

4と5の最小公倍数である20の倍数は，20，40の2個 ←50÷20=2 あまり10

したがって，4の倍数か5の倍数である場合は，12+10-2=20（通り）あるから，求める確率は，
　　　　　　　↑同じ数を2回数えた分をひく。

$$\frac{20}{50}=\frac{2}{5}$$

❸ 起こり得るすべての場合は，5＋3＋1＝9（通り）ある。

(1) 黒玉は入っていないから，<u>黒玉の出る確率は</u> 0
　　　　　　　　　　　決して起こらないことがら

(2) 青玉が出る確率は $\frac{3}{9}＝\frac{1}{3}$ だから，青玉が出ない確率は，

$$1－\frac{1}{3}＝\frac{2}{3}$$

ポイント

ことがらAの起こる確率をpとすると，

・$0≦p≦1$

・Aは決して起こらない … $p＝0$ ← ❸(1)
　└ Aの起こる場合が0

・Aは必ず起こる ………… $p＝1$

・Aの起こらない確率 …… $1－p$ ← ❸(2)

❹ 起こり得るすべての場合は36通りある。

(1) 2つとも4以上の目が出る場合は，(4，4)，(4，5)，(4，6)，(5，4)，(5，5)，(5，6)，(6，4)，(6，5)，(6，6)の9通りあるから，求める確率は，

$$\frac{9}{36}＝\frac{1}{4}$$

(2) 出る目の積が6になる場合は，(1，6)，(2，3)，(3，2)，(6，1)の4通りあるから，求める確率は，

$$\frac{4}{36}＝\frac{1}{9}$$

(3) 出る目の積が奇数になる場合は，(1，1)，(1，3)，(1，5)，(3，1)，(3，3)，(3，5)，(5，1)，(5，3)，(5，5)の9通りあるから，出る目の積が奇数になる確率は，

$$\frac{9}{36}＝\frac{1}{4}$$

したがって，出る目の積が偶数になる確率は，

$$1－\frac{1}{4}＝\frac{3}{4}$$

積が偶数になる場合，奇数になる場合のどちらを調べる方がよいかを，まず考えよう。

(4) 9の約数は1，3，9だから，出る目の積が9の約数になる場合は，(1，1)，(1，3)，(3，1)，(3，3)の4通りある。

したがって，求める確率は，

$$\frac{4}{36}＝\frac{1}{9}$$

❺ 2桁の整数を樹形図に表すと，次のようになる。

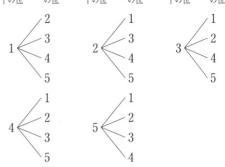

起こり得るすべての場合は，上の20通りある。

(1) できる整数が45以上になる場合は，45，51，52，53，54の5通りあるから，求める確率は，

$$\frac{5}{20}＝\frac{1}{4}$$

(2) できる整数が3の倍数になる場合は，12，15，21，24，42，45，51，54の8通りあるから，求める確率は，

$$\frac{8}{20}＝\frac{2}{5}$$

各位の数の和が3の倍数であれば，その整数は3の倍数である。

$51 \xrightarrow[5＋1＝6]{}$ 3の倍数　　　$52 \xrightarrow[5＋2＝7]{}$ 3の倍数ではない

❻ 当たりを①，②，③，④，はずれを5，6，7として樹形図をかくと，次のようになる。

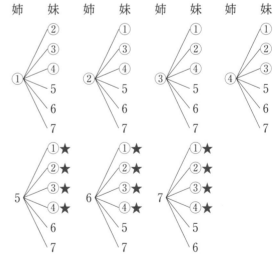

起こり得るすべての場合は42通りある。姉がはずれて妹が当たる場合は，★印の12通りあるから，求める確率は，

$$\frac{12}{42}＝\frac{2}{7}$$

ポイント

当たりやはずれがいくつかある場合，樹形図などを
かくときは，①，②のように，必ず区別して考える。

❼ 男子を⒜，⒝，⒞，女子をD，E，Fとすると，
2人の選び方は，全部で次の15通りある。

{⒜, ⒝}, {⒜, ⒞}, {⒜, D}, {⒜, E}, {⒜, F}
{⒝, ⒞}, {⒝, D}, {⒝, E}, {⒝, F}
{⒞, D}, {⒞, E}, {⒞, F}
{D, E}, {D, F}
{E, F}

(1) 男子2人が選ばれる場合は，＿＿の3通り
あるから，求める確率は，

$$\frac{3}{15}=\frac{1}{5}$$

(2) 男子1人，女子1人が選ばれる場合は，＿＿
の9通りあるから，求める確率は，

$$\frac{9}{15}=\frac{3}{5}$$

男子を⒜，⒝，⒞とするように，
□で囲んで女子と区別して書くと，
問題が解きやすくなるよ。

❽ さいころを1回投げるとき，目の出方は6通り。
2回目を投げると，そのそれぞれについて目の出
方が6通りずつあるから，さいころを2回投げる
ときの目の出方は，全部で 6×6＝36（通り）ある。
点Pが4にくる場合は，(2, 2)の1通り。
点Pが5にくる場合は(1, 6)，(6, 1)の2通り。
点Pが6にくる場合は，(2, 4)，(4, 2)の2通り。
点Pが3より右，7より左にくる場合は，
　└→ 4，5，6にくる
1＋2＋2＝5（通り）あるから，求める確率は $\frac{5}{36}$

参考 さいころを2回投げたあとの点Pの位置を，
次のような表に表してもよい。

1回目 2回目	⚀−1	⚁ 2	⚂−3	⚃ 4	⚄−5	⚅ 6
⚀−1	−2	1	−4	3	−6	5
⚁ 2	1	4	−1	6	−3	8
⚂−3	−4	−1	−6	1	−8	3
⚃ 4	3	6	1	8	−1	10
⚄−5	−6	−3	−8	−1	−10	1
⚅ 6	5	8	3	10	1	12

① それぞれの硬貨の表と裏の出方を樹形図に表す
と，起こり方は全部で16通りある。

(1) 4枚とも表
になる確率は
$\frac{1}{16}$ だから，
求める確率は，
$$1-\frac{1}{16}=\frac{15}{16}$$

(2) 表の出た硬貨
の合計金額が
510円以上にな
るのは，右の★
印の7通りある
から，求める確
率は $\frac{7}{16}$

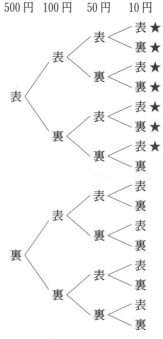

参考 4枚の硬貨
を投げたときの表
と裏の出方の総数
は，それぞれの硬貨で表と裏の2通りの出方があ
ると考えて，2×2×2×2＝16（通り）

p.106〜107 ステージ❸

❶ (1) 同様に確からしいとはいえない。
(2) 同様に確からしいといえる。
(3) 同様に確からしいとはいえない。

❷ (1) $\frac{1}{5}$　　(2) $\frac{2}{13}$

❸ (1) $\frac{1}{4}$　　(2) $\frac{1}{2}$　　(3) $\frac{1}{2}$

❹ (1) $\frac{1}{6}$　　(2) $\frac{5}{12}$

❺ $\frac{3}{5}$

❻ $\frac{2}{5}$

❼ (1) $\frac{1}{12}$　　(2) $\frac{2}{9}$

解説

❶ (3) カードの枚数6枚のうち，①が1枚，④が2
枚なので，同じ程度に期待できるとはいえない。

❷ (1) くじは，4＋16＝20（本）あるから，起こり
得るすべての場合は20通りある。
このうち，当たる場合は4通りあるから，求め
る確率は，$\frac{4}{20}=\frac{1}{5}$

(2) 起こり得るすべての場合は 52 通りある。

5 の倍数の 5, 10 が ♠, ♥, ♣, ♦ のそれぞれにあるから, カードの数が 5 の倍数である場合は, 2×4＝8 (通り)

求める確率は,

$$\frac{8}{52}＝\frac{2}{13}$$

❸ 並べ方を樹形図に表すと, 次のようになる。

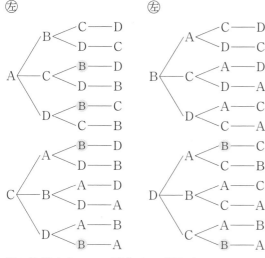

起こり得るすべての場合は 24 通りある。

(1) B が左から 3 番目に並ぶ場合は, 上の図のように 6 通りあるから, 求める確率は,

$$\frac{6}{24}＝\frac{1}{4}$$

(2) A と D がとなり合って並ぶ場合は,

A－D－B－C, A－D－C－B,
B－A－D－C, B－C－A－D,
B－C－D－A, B－D－A－C,
C－A－D－B, C－B－A－D,
C－B－D－A, C－D－A－B,
D－A－B－C, D－A－C－B

の 12 通りあるから, 求める確率は,

$$\frac{12}{24}＝\frac{1}{2}$$

(3) (2)より, A と D がとなり合って並ぶ確率は $\frac{1}{2}$ だから, となり合わないで並ぶ確率は,

$$1-\frac{1}{2}＝\frac{1}{2}$$

得点アップのコツ

並べ方を調べるときは, 樹形図をかいて, すべての場合をもれや重複がないように数える。

❹ 起こり得るすべての場合は 36 通りある。

(1) 出る目が同じになるのは, (1, 1), (2, 2), (3, 3), (4, 4), (5, 5), (6, 6) の 6 通りだから, 求める確率は,

$$\frac{6}{36}＝\frac{1}{6}$$

(2) 出る目の和は, 2 以上 12 以下になる。

この範囲の素数は, 2, 3, 5, 7, 11 の 5 つで, 出る目の和が 2 になる場合は, (1, 1) の 1 通り。

出る目の和が 3 になる場合は, (1, 2), (2, 1) の 2 通り。

出る目の和が 5 になる場合は, (1, 4), (2, 3), (3, 2), (4, 1) の 4 通り。

出る目の和が 7 になる場合は, (1, 6), (2, 5), (3, 4), (4, 3), (5, 2), (6, 1) の 6 通り。

出る目の和が 11 になる場合は, (5, 6), (6, 5) の 2 通り。

したがって, 出る目の和が素数になる場合は, 1＋2＋4＋6＋2＝15 (通り) ある。

よって, 求める確率は,

$$\frac{15}{36}＝\frac{5}{12}$$

> 素数…2, 3, 5 のように, 1 とその数自身しか約数がない数

❺ 2 点を結ぶ線分を樹形図に表すと, 次の 10 通りある。

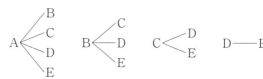

このうち, 直径 PQ と交わるのは, 線分 AD, AE, BD, BE, CD, CE の 6 通りあるから, 求める確率は,

$$\frac{6}{10}＝\frac{3}{5}$$

別解 図を利用する。

A, B, C, D, E のうちの 2 点を結ぶ線分は, 全部で 10 本引ける。

このうち, 直径 PQ と交わるのは 6 本だから, 求める確率は,

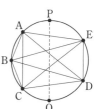

$$\frac{6}{10}＝\frac{3}{5}$$

6 章

❻ 2桁の整数を樹形図に表すと，次のようになる。

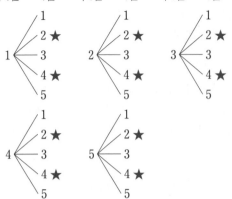

起こり得るすべての場合は 25 通りある。

できる整数が偶数になる場合は，一の位に偶数が

くる★印の 10 通りである。

したがって，求める確率は，

$$\frac{10}{25} = \frac{2}{5}$$

> 11, 12, 13, 14, 15,
> 21, 22, 23, 24, 25,
> ……
> と順序よく書いて調べてもいいね。

❼ 起こり得るすべての場合は 36 通りある。

(1) 石が 1 周して，ちょうど頂点Aに止まる場合
は，出た目の数の和が 4 になるときだから，
(1, 3)，(2, 2)，(3, 1) の 3 通りある。

したがって，求める確率は，

$$\frac{3}{36} = \frac{1}{12}$$

(2) 出た目の数の和は，2以上 12 以下だから，石
がちょうど頂点Bに止まるのは，出た目の数の
和が 5，9 のときである。

出た目の数の和が 5 になる場合は，(1, 4)，
(2, 3)，(3, 2)，(4, 1) の 4 通り。

出た目の数の和が 9 になる場合は，(3, 6)，
(4, 5)，(5, 4)，(6, 3) の 4 通り。

したがって，石がちょうど頂点Bに止まる場合
は，4＋4＝8（通り）ある。

よって，求める確率は，

$$\frac{8}{36} = \frac{2}{9}$$

ミス注意! 「1 周して」という条件がないとき
は，1 周する前や，2 周目以降もその頂点に止ま
る場合がないかを調べる。

7章 データの分布

p.108～109 **ステージ1**

❶ (1) A組：第 1 四分位数…19 冊
第 2 四分位数…39 冊
第 3 四分位数…56 冊
B組：第 1 四分位数…25 冊
第 2 四分位数…35 冊
第 3 四分位数…50 冊

(2) A組…37 冊　　B組…25 冊

(3)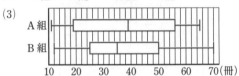

❷ (1) A市：第 1 四分位数…24 日
第 2 四分位数…30 日
第 3 四分位数…42 日
B市：第 1 四分位数…34 日
第 2 四分位数…44 日
第 3 四分位数…48 日

(2) A市…18 日
B市…14 日

(3) A市…32 日
B市…24 日

(4) 右の図

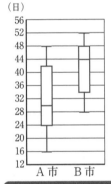

解　説

❶ (1)　A組のデータの個数は 10 個だから，

第 2 四分位数は，$(36+42) \div 2 = 39$（冊）
中央値は，5 番目と 6 番目のデータの平均値

3 番目が第 1 四分位数だから 19 冊。

8 番目が第 3 四分位数だから 56 冊。

B組のデータの個数は 9 個だから，

第 2 四分位数は 35 冊。←── 中央値は 5 番目

第 1 四分位数は，$(22+28) \div 2 = 25$（冊）
2 番目と 3 番目のデータの平均値

第 3 四分位数は，$(48+52) \div 2 = 50$（冊）
7 番目と 8 番目のデータの平均値

(2)　（四分位範囲）

＝（第 3 四分位数）－（第 1 四分位数）だから，

A組 … 56−19＝37（冊），B … 50−25＝25（冊）

ポイント

第1四分位数，第3四分位数の求め方

[1] 大きさの順に並べた資料を，個数が同じになるように半分に分ける。ただし，度数の合計が奇数のときは，中央値を除いて2つに分ける。

[2] 半分にした資料のうち，小さい方の資料の中央値が第1四分位数，大きい方の資料の中央値が第3四分位数となる。

(3)　最小値　　　　～第1四分位数　⟶　左のひげ
　　　第1四分位数～第3四分位数　⟶　箱
　　　第3四分位数～最大値　　　　⟶　右のひげ
　の部分にふくまれる。
　　また，第2四分位数は箱の中に線を引いて表す。

❷ (1)　A市もB市もデータの個数は7個だから，データを少ない順に並べたとき，それぞれ，
　　　第2四分位数は4番目の日数 ←中央値
　　　第1四分位数は2番目の日数 ←前半のデータの中央値
　　　第3四分位数は6番目の日数 ←後半のデータの中央値
　となる。

(2)　A市…42−24＝18（日），B市…48−34＝14（日）

(3)　（範囲）＝（最大値）−（最小値）で求めるから，
　　　A市…48−16＝32（日），B市…52−28＝24（日）

(4)　箱ひげ図を縦で表すときも横で表すときと同じように，最大値，最小値，四分位数を求める。

p.110～111 ステージ1

❶ (1)　C　　　(2)　エ　　　(3)　C

(4)　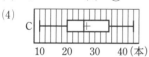

(5)　箱ひげ図で中央値を比べると，AとBはCよりも中央値が大きい。また，AとBの平均値を階級値から求めて比べると，
　　　Aは（15×4＋25×10＋35×15＋45×1）÷30＝29.3… より，約29.3本，
　　　Bは（25×14＋35×14＋45×2）÷30＝31 より，31本となるから，3人の中で，Bのサーブがよりよく入ったといえる。

❷ (1)　① **39**　② **66**　③ **0.43**　④ **0.73**

(2)　**0.73**

解説

❶ (1)　箱ひげ図の箱の幅が四分位範囲だから，箱

の幅がもっとも長いCとなる。

(3)　データの個数は30個だから，本数の少ない日の順に並べたときの8番目の本数が第1四分位数になる。よって，第1四分位数が20本のCは20本以下の日が8日以上あったといえる。

(5)　**ミス注意！**　箱ひげ図では，極端に離れた値が1つあればひげの長さが長くなることがあるので，最大値や最小値だけでは比べられない。

❷ (1)　累積度数は，最小の階級から各階級まで度数を加えたもので，累積相対度数は，最小の階級から各階級まで相対度数を加えたものである。

(2)　15℃～20℃の階級の累積相対度数が求める確率となる。

p.112 ステージ3

❶ (1)　最大値…33点　　　最小値… 2点

(2)　第1四分位数… 9点
　　　第2四分位数…18点
　　　第3四分位数…25.5点

(3)　**16.5点**

(4)　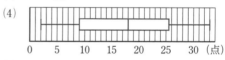

(5)　Aさん

❷ ア

解説

❶ (1)，(2)　データを得点の低い順に並べかえると，

2, 8, 8, 10, 12, 17, 19, 20, 25, 26, 31, 33
最小値　第1四分位数（8＋10）÷2＝9（点）　第2四分位数（17＋19）÷2＝18（点）　第3四分位数（25＋26）÷2＝25.5（点）　最大値

(3)　25.5−9＝16.5（点）

(5)　ひげの端から端までの長さで範囲の大きさを，箱の幅で四分位範囲の大きさを比べる。範囲と四分位範囲のどちらも大きいAさんの方がデータが広く分布しているといえる。

❷　箱ひげ図では，最小値，第1四分位数，第2四分位数，第3四分位数，最大値のそれぞれの間に同じ数ずつのデータがふくまれている。
したがって，それぞれの部分の長さが短いほど，その区間にデータが集中しているといえる。
問題の箱ひげ図で1番短いのは，第1四分位数～第2四分位数の間だから，その区間にデータが集中しているヒストグラムを選ぶとアとなる。

定期テスト対策　得点アップ！予想問題

p.114〜115　第1回

1　(1)　$9a-8b$　　(2)　$-3y^2-2y$

(3)　$7x+4y$　　(4)　$-7a-2b$

(5)　$-2b$　　(6)　$16x+16y+18$

(7)　$1.3a$　　(8)　$28x-30y$

(9)　$\dfrac{22x-2y}{15}$　$\left(\text{または、}\ \dfrac{22}{15}x-\dfrac{2}{15}y\right)$

(10)　$\dfrac{19x-y}{6}$　$\left(\text{または、}\ \dfrac{19}{6}x-\dfrac{1}{6}y\right)$

2　(1)　$32xy$　　(2)　$-45a^2b$

(3)　$-5a^2$　　(4)　$14a$

(5)　$\dfrac{n}{4}$　　(6)　$10xy$

(7)　$\dfrac{2}{5}x$　　(8)　$\dfrac{7}{6}a^3$

3　(1)　-4　　(2)　1

4　(1)　$a=\dfrac{-4+3b}{2}$　$\left(\text{または、}\ a=-2+\dfrac{3}{2}b\right)$

(2)　$y=\dfrac{19+35x}{7}$　$\left(\text{または、}\ y=\dfrac{19}{7}+5x\right)$

(3)　$b=\dfrac{3a-6}{2}$　$\left(\text{または、}\ b=\dfrac{3}{2}a-3\right)$

(4)　$b=5c-2a$　　(5)　$a=\dfrac{\ell}{2}-3b$

(6)　$c=\dfrac{V}{ab}$　　(7)　$a=\dfrac{3m-b+5c}{2}$

(8)　$a=2c-5b$

5　$\dfrac{39a+40b}{79}$ 点

6　連続する4つの整数は $n,\ n+1,\ n+2,\ n+3$
と表される。それらの和から2をひくと、
$\quad n+(n+1)+(n+2)+(n+3)-2$
$=4n+4=4(n+1)$
$n+1$ は整数だから、$4(n+1)$ は4の倍数で
ある。
したがって、連続する4つの整数の和から2
をひいた数は4の倍数になる。

解説

1　(6)
$$\begin{array}{r}34x+\ 4y+9 \\ -)\ 18x-12y-9 \\ \hline 16x+16y+18\end{array}$$

$\boxed{\begin{array}{l}34x-18x=16x \\ 4y-(-12y)=16y \\ 9-(-9)=18\end{array}}$

(9)　$\dfrac{1}{5}(4x+y)+\dfrac{1}{3}(2x-y)$

$=\dfrac{3(4x+y)+5(2x-y)}{15}$

$=\dfrac{12x+3y+10x-5y}{15}=\dfrac{22x-2y}{15}$

(10)　$\dfrac{9x-5y}{2}-\dfrac{4x-7y}{3}$

$=\dfrac{3(9x-5y)-2(4x-7y)}{6}$

$=\dfrac{27x-15y-8x+14y}{6}=\dfrac{19x-y}{6}$

2　(2)　$(-3a)^2\times(-5b)$
$=9a^2\times(-5b)=-45a^2b$

(8)　$-\dfrac{7}{8}a^2\div\dfrac{9}{4}b\times(-3ab)$

$=-\dfrac{7a^2}{8}\times\dfrac{4}{9b}\times(-3ab)$

$=\dfrac{7a^2\times\overset{1}{4}\times\overset{1}{3}ab}{\underset{2}{8}\times\underset{3}{9}\underset{1}{b}}=\dfrac{7}{6}a^3$

3　(1)　$4(3x+y)-2(x+5y)$
$=12x+4y-2x-10y=10x-6y$

この式に $x=-\dfrac{1}{5}$, $y=\dfrac{1}{3}$ を代入する。

得点アップのコツ

式の値を求める問題では、与えられた式を計算して
簡単にしてから、文字に値を代入した方が計算が簡
単になることが多い。

4　(5)　両辺を入れかえて、$2(a+3b)=\ell$

両辺を2でわって、$a+3b=\dfrac{\ell}{2}$

$3b$ を移項して、$a=\dfrac{\ell}{2}-3b$

(7)　両辺を入れかえて3倍すると、$2a+b-5c=3m$

b, $-5c$ を移項して、$2a=3m-b+5c$

両辺を2でわって、$a=\dfrac{3m-b+5c}{2}$

5　(合計)＝(平均点)×(人数) だから、
Aクラスの得点の合計は 39a 点、
Bクラスの得点の合計は 40b 点。

したがって、2つのクラス全体の 79 人の得点の
合計は、(39a+40b) 点なので、　$\underset{\uparrow 39+40}{}$

平均点は、$\dfrac{39a+40b}{79}$ 点

1 $\dfrac{13}{5}$

2 (1) $\begin{cases} x=1 \\ y=2 \end{cases}$ (2) $\begin{cases} x=-1 \\ y=3 \end{cases}$

(3) $\begin{cases} x=-1 \\ y=4 \end{cases}$ (4) $\begin{cases} x=2 \\ y=-1 \end{cases}$

(5) $\begin{cases} x=3 \\ y=2 \end{cases}$ (6) $\begin{cases} x=-3 \\ y=2 \end{cases}$

(7) $\begin{cases} x=-2 \\ y=-1 \end{cases}$ (8) $\begin{cases} x=5 \\ y=10 \end{cases}$

3 $\begin{cases} x=2 \\ y=-3 \end{cases}$

4 $a=2$, $b=1$

5 あめ 12 個, ガム 6 個

6 64

7 5 km

8 男子 77 人, 女子 76 人

<hr>

解説

1 $x=6$ を $4x-5y=11$ に代入すると,

$24-5y=11$　これを解いて, $y=\dfrac{13}{5}$

2 それぞれ上の式を①. 下の式を②とする。(3),

(4), (7)は代入法, その他は加減法で解くとよい。

(2)　①×3　　$12x-\ 9y=-39$

②×4　$-)\,12x+20y=\ \ 48$

$\quad\quad\quad -29y=-87$　$y=3$

$3x+5\times3=12$　$3x=-3$　$x=-1$

(3)　①を②に代入すると,

$x-3(-2x+2)=-13$

$\quad\quad 7x=-7$　$x=-1$

$y=-2\times(-1)+2=4$

(5)　①, ②のかっこをはずして整理すると,

$x-4y=-5$　③

$4x-6y=0$　④

③×4　　$4x-16y=-20$

④　$-)\,4x-\ 6y=\ \ \ 0$

$\quad\quad\quad -10y=-20$　$y=2$

$x-4\times2=-5$　$x=3$

(6)　①×2　$2x+5y=4$　③

③×3　$6x+15y=\ 12$

②×2　$-)\,6x+\ 8y=-2$

$\quad\quad\quad 7y=\ 14$　$y=2$

$2x+5\times2=4$　$2x=-6$　$x=-3$

3 $\begin{cases} 5x-2y=16 \\ 10x+y-1=16 \end{cases}$　の形にして解く。

4 連立方程式に, $x=3$, $y=-4$ を代入して,

$\begin{cases} 3a+4b=10 \\ 3b-4a=-5 \end{cases}$　を解く。

5 あめを x 個, ガムを y 個買うとすると,

個数の関係から, $x+y=18$　　①

代金の関係から, $50x+80y=1080$　②

①, ②を連立方程式として解くと, $\begin{cases} x=12 \\ y=6 \end{cases}$

これは, 問題に適している。

6 もとの自然数の十の位の数を x, 一の位の数を

y とすると, もとの自然数は $10x+y$, 十の位の

数と一の位の数を入れかえてできる自然数は,

$10y+x$ と表される。

$\begin{cases} 10x+y=7(x+y)-6 \\ 10y+x=10x+y-18 \end{cases}$

これを解くと, $\begin{cases} x=6 \ \ \longleftarrow \text{十の位の数は} 6 \\ y=4 \ \ \longleftarrow \text{一の位の数は} 4 \end{cases}$

もとの自然数は 64 である。

7 A地点から峠までの道のりを x km, 峠からB

地点までの道のりを y km とする。

行きの時間の関係より, $\dfrac{x}{3}+\dfrac{y}{5}=1\dfrac{16}{60}$　①

帰りの時間の関係より, $\dfrac{x}{5}+\dfrac{y}{3}=1\dfrac{24}{60}$　②

①, ②を連立方程式として解くと, $\begin{cases} x=2 \\ y=3 \end{cases}$

A地点からB地点までの道のりは, $2+3=5$ (km)

8 昨年度の男子, 女子の新入生の人数をそれぞれ

x 人, y 人とすると, 男子の10%は $\dfrac{10}{100}x$ 人, 女

子の5%は $\dfrac{5}{100}y$ 人と表される。

昨年度の人数の関係から, $x+y=150$　①

今年度増減した人数の関係から,

$\dfrac{10}{100}x-\dfrac{5}{100}y=3$　②

①, ②を連立方程式として解くと, $\begin{cases} x=70 \\ y=80 \end{cases}$

今年度の新入生は, 男子…$70\times\left(1+\dfrac{10}{100}\right)=77$ (人)

女子…$80\times\left(1-\dfrac{5}{100}\right)=76$ (人)

1 (1) $y=\dfrac{20}{x}$ (2) $y=-6x+10$

(3) $y=-0.5x+12$

y が x の1次関数であるもの…(2)，(3)

2 (1) $\dfrac{5}{6}$ (2) $y=\dfrac{2}{5}x+2$

(3) $y=-x+3$ (4) $y=4x-9$

(5) $y=-2x+4$ (6) $(3,\ -4)$

3 (1) $y=x+3$ (2) $y=3x-2$

(3) $y=-\dfrac{1}{3}x+3$ (4) $y=-\dfrac{3}{4}x-\dfrac{9}{4}$

(5) $y=-3$

4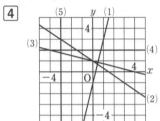

5 (1) $y=-6x+30$ (2) $0\leqq y\leqq30$

6 (1) 走る速さ … 分速 200 m，

歩く速さ … 分速 50 m

(2) 家から 900 m の地点

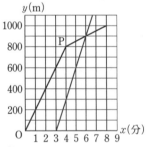

▶ **解説** ◀

2 (1) 1次関数 $y=ax+b$ では，

変化の割合 $=\dfrac{y\text{の増加量}}{x\text{の増加量}}=a$ で，変化の割合

は一定である。

(2) 変化の割合が $\dfrac{2}{5}$ だから，求める1次関数の

式を，$y=\dfrac{2}{5}x+b$ とする。この式に，$x=10$，

$y=6$ を代入して，b の値を求める。

(3) 求める1次関数の式を，$y=ax+b$ とする。

$a=\dfrac{-1-5}{4-(-2)}=-1$ だから，$y=-x+b$ となる。

この式に $x=-2$，$y=5$ を代入すると，

$5=-(-2)+b$ 　$b=3$

したがって，$y=-x+3$

(4) 平行な2直線の傾きは等しいので，傾きが4

で点 $(2,\ -1)$ を通る直線の式を求める。

(5) 切片は 4，傾きは $\dfrac{0-4}{2-0}=-2$

(6) 2直線の交点の座標は，

連立方程式 $\begin{cases} x+y=-1 \\ 3x+2y=1 \end{cases}$ の解として求めるこ

とができる。

3 (1) 傾きが1で切片が3の直線。

(2) 2点 $(0,\ -2)$，$(1,\ 1)$ を通る直線。

(4) 2点 $(-3,\ 0)$，$(1,\ -3)$ を通る直線。

(5) 点 $(0,\ -3)$ を通り，x 軸に平行な直線。

4 (3) 2点 $(0,\ 1)$，$(4,\ 0)$ を通る直線を引く。

別解 y について解いて，$y=-\dfrac{1}{4}x+1$ として

グラフをかいてもよい。

(4) $5y=10$ より，$y=2$

$(0,\ 2)$ を通り，x 軸に平行な直線になる。

(5) $4x+12=0$ より，$4x=-12$ 　$x=-3$

点 $(-3,\ 0)$ を通り，y 軸に平行な直線になる。

5 (1) $\triangle\mathrm{ABP}=\dfrac{1}{2}\times\mathrm{AP}\times\mathrm{AB}$

$=\dfrac{1}{2}\times(\mathrm{AD}-\mathrm{PD})\times\mathrm{AB}$

より，$y=\dfrac{1}{2}\times(10-2x)\times6$

したがって，$y=-6x+30$

(2) y が最小のとき，点PはAにあり，

このとき $x=5$ より，$y=-6\times5+30=0$

y が最大のとき，点PはDにあり，

このとき $x=0$ より，$y=-6\times0+30=30$

得点アップのコツ♪

図形における1次関数の利用の問題では，動く点が
どの辺上にあるかごとに図をかくとわかりやすい。

6 (1) 走る速さ…$800\div4=200$ より，分速 200 m

歩く速さ…$(1000-800)\div4=50$ より，分速 50 m

(2) 兄は，Aさんが出発してから3分後には，家

から 0 m の地点，4分後には 300 m の地点に

いるので，点 $(3,\ 0)$ と点 $(4,\ 300)$ を通る直線を

引く。点 $(6,\ 900)$ で，Aさんのグラフと交わる。

p.120～121 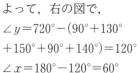 第 **4** 回

1 (1) **90°**　　　(2) **55°**

　(3) **60°**　　　(4) **75°**

2 **鈍角三角形**

3 (1) **2700°**　　　(2) **十一角形**

　(3) **360°**　　　(4) **正十八角形**

4 **△ABC≡△LKJ**

　2組の辺とその間の角がそれぞれ等しい。

　△DEF≡△XVW

　3組の辺がそれぞれ等しい。

　△GHI≡△PQR

　1組の辺とその両端の角がそれぞれ等しい。

5 **△ABD≡△CBD**

　1組の辺とその両端の角がそれぞれ等しい。

6 (1) 仮定…**AC=DB，∠ACB=∠DBC**

　　　　結論…**AB=DC**

　(2) ㋐ **BC=CB**

　　　㋑ **2組の辺とその間の角**

　　　㋒ **△ABC≡△DCB**

　　　㋓ **(合同な図形の) 対応する辺は等しい。**

　　　㋔ **AB=DC**

7 △ABC と △DCB において，

　仮定から，　　　　　AB=DC　　　①

　　　　　　　　∠ABC=∠DCB　　②

　共通な辺だから，　BC=CB　　　③

　①，②，③より，　2組の辺とその間の角がそ

　れぞれ等しいから，

　　　　　　　△ABC≡△DCB

　合同な図形の対応する辺は等しいから，

　　　　　　　AC=DB

8 逆…**a，b を自然数とするとき，a＋b が奇数**

　　　　ならば，a は奇数，b は偶数である。

　正しいか…正しくない。

> ◢◤◢◤ **解説** ◢◤◢◤

1 (1) 右の図のように，角の
頂点を通り，ℓ，m に平行
な直線を引く。

$∠x＝59°＋31°＝90°$

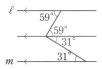

　(2) 右の図のように2つの三
角形に分けると，130° の角
はそれらの外角の和だから，

$30°＋45°＋∠x＝130°$

$∠x＝55°$

別解 右の図のような2つ
の三角形に分けてもよい。

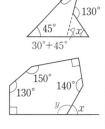

　(3) 六角形の内角の和は，

$180°×(6-2)＝720°$

よって，右の図で，

$∠y＝720°-(90°＋130°$
$＋150°＋90°＋140°)＝120°$

$∠x＝180°-120°＝60°$

　(4) 多角形の外角の和は 360° だから，

$∠x＝360°-(110°＋108°＋67°)＝75°$

2 この三角形の残りの角の大きさは，

$180°-(35°＋45°)＝100°$

　1つの角が鈍角なので，鈍角三角形である。

3 (1) 十七角形の内角の和は，

$180°×(17-2)＝2700°$

　(2) 求める多角形を n 角形とすると，

$180°×(n-2)＝1620°$　これを解くと，$n＝11$

　(3) 多角形の外角の和は，360° である。

　(4) 正多角形の外角の大きさはすべて等しいので，

$360°÷20°＝18$ より，正十八角形

4 $∠PQR＝180°-(80°＋30°)＝70°$ より，

$∠GHI＝∠PQR$

また，$∠GIH＝∠PRQ，HI＝QR$ より，1組の辺

とその両端の角がそれぞれ等しいから，

$△GHI≡△PQR$

5 △ABD≡△CBD の証明は，次のようになる。

　△ABD と △CBD において，

仮定から，∠ABD＝∠CBD　①

　　　　　∠ADB＝∠CDB　②

共通な辺だから，BD＝BD　③

①，②，③より，1組の辺とその両端の角がそれ

ぞれ等しいから，△ABD≡△CBD

6 (2) 仮定「AC＝DB，∠ACB＝∠DBC」と

BC＝CB（共通な辺）から，△ABC≡△DCB を

示し，「合同な図形の対応する辺は等しい」とい

う性質を根拠として，結論「AB＝DC」を導く。

7 AC と DB をそれぞれ1辺とする △ABC と

△DCB に着目し，それらが合同であることを証

明する。合同な図形の対応する辺が等しいことか

ら，AC＝DB がいえる。

8 a＋b が奇数でも，a が偶数，b が奇数の場合が

あるので，逆は正しいとはいえない。

左段

1 (1) ∠a＝56°　　(2) ∠b＝60°

(3) ∠c＝16°　　(4) ∠d＝68°

2 (1) 2組の辺とその間の角がそれぞれ等しい。

(2) AD＝AE　（または，∠ADE＝∠AED）

3 (1) 直角三角形の斜辺と1つの鋭角がそれぞれ等しい。

(2) AD

(3) △DBC と △ECB において，

仮定から，　　∠CDB＝∠BEC＝90°　①

　　　　　　　∠DBC＝∠ECB　　　　②

共通な辺だから，BC＝CB　　　　　　③

①，②，③より，直角三角形の斜辺と1つの鋭角がそれぞれ等しいから，

　　　　　　　△DBC≡△ECB

合同な図形の対応する辺は等しいから，

　　　　　　　DC＝EB

4 ∠a＝120°，∠b＝60°，x＝6，y＝4

5 ⑦，⊆，⑦，⑦

6 (1) 長方形　　　　　(2) EG⊥HF

7 △AMD と △BME において，

仮定より，　　　　　　AM＝BM　　　①

対頂角は等しいから，∠AMD＝∠BME　②

平行線の錯角は等しいから，AD∥EB より，

　　　　　　　∠MAD＝∠MBE　　　　③

①，②，③より，1組の辺とその両端の角がそれぞれ等しいから，△AMD≡△BME

合同な図形の対応する辺は等しいから，

　　　　　　　AD＝BE　　　　　　　④

また，平行四辺形の対辺は等しいから，

　　　　　　　AD＝BC　　　　　　　⑤

④，⑤より，　　BC＝BE

▶**解　説**◀

1 (1) ∠a＝(180°－68°)÷2＝56°

(2) ∠b＋∠b＝120°　2∠b＝120°　∠b＝60°

(3) ∠BAD＝∠BDA＝76°

∠BAC＝60°　∠c＝76°－60°＝16°

(4) 右の図より，2∠d＋44°＝180°

これを解いて，∠d＝68°

2 (1) △ABD と △ACE において，

仮定から，AB＝AC　①

　　　　　BD＝CE　②

右段

二等辺三角形の底角は等しいから，

　　　　　　　∠B＝∠C　③

①，②，③より，2組の辺とその間の角がそれぞれ等しいから，△ABD≡△ACE

3 (1) △EBC と △DCB において，

仮定から，∠BEC＝∠CDB＝90°　①

共通な辺だから，BC＝CB　　　　　②

AB＝AC より，△ABC は二等辺三角形だから，∠EBC＝∠DCB　　　　　　③

①，②，③より，直角三角形の斜辺と1つの鋭角がそれぞれ等しいから，△EBC≡△DCB

4 平行四辺形のとなり合う角の和は180°だから，

∠a＋60°＝180° より，∠a＝120°

△DEC で，CD＝CE より，∠CDE＝∠CED

また，平行四辺形の対角は等しいので，

∠DCE＝60°　∠b＝(180°－60°)÷2＝60°

△DEC は，3つの角がすべて60°だから正三角形といえるので，DC＝EC＝DE＝6 cm

平行四辺形の対辺は等しいから，

AB＝DC＝6 cm，BC＝AD＝10 cm

したがって，x＝6，y＝10－6＝4

5 ⑦　1組の対辺が平行で等しい。

⊆　2組の対角がそれぞれ等しい。

⑦　∠A＋∠B＝180° より，AD∥BC

∠B＋∠C＝180° より，AB∥DC

2組の対辺がそれぞれ平行である。

⑦　2つの対角線がそれぞれの中点で交わる。

①，⑦，③，⑦，⑦は，次の図のようになる場合があるので，平行四辺形になるとはいえない。

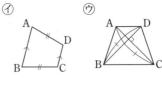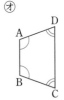

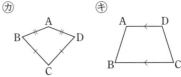

6 (1) 平行四辺形だから，∠A＝∠C，∠B＝∠D である。∠A＝∠D とすれば，<u>4つの角がすべて等しい四角形</u>になる。
∠A＝∠D＝∠B＝∠C

(2) 2つの対角線が等しく，垂直に交わっている平行四辺形は正方形である。

定期テスト対策

スピード チェック

教科書の
公式&解法マスター

数学2年

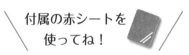

付属の赤シートを
使ってね！

学校図書版

1章 式の計算
1 式の計算（1）

☑ 1 　$3a$，$-5xy$，a^2b などのように，数や文字をかけ合わせた形の式を
　　〔 単項式 〕という。1 つの文字や 1 つの数も単項式と考える。

☑ 2 　$2a-3$，$4x^2+3xy-5$ などのように，単項式の和の形で表された式を
　　〔 多項式 〕といい，それぞれの単項式を，その多項式の 〔 項 〕という。
　　例 多項式 $4a-5b+3$ の項は，〔 $4a$，$-5b$，3 〕

☑ 3 　単項式で，かけ合わされている文字の個数を，その式の 〔 次数 〕という。
　　例 単項式 $-4xy$ の次数は 〔 2 〕，単項式 $5a^2b$ の次数は 〔 3 〕

☑ 4 　多項式では，各項の次数のうちでもっとも大きいものを，その式の 〔 次数 〕
　　といい，次数が 1 の式を 〔 1 次式 〕，次数が 2 の式を 〔 2 次式 〕という。
　　例 多項式 a^2-3a+5 は，〔 2 〕次式
　　　　多項式 x^3-4x^2+2x-3 は，〔 3 〕次式

☑ 5 　文字の部分がまったく同じ項を 〔 同類項 〕という。
　　x^2 と $2x$ は，次数が 〔 異なる 〕から，同類項ではない。
　　例 $2a+3b-4a-3$ で，同類項は 〔 $2a$ 〕と 〔 $-4a$ 〕

☑ 6 　同類項は，分配法則 $mx+nx=(m+$〔 n 〕$)x$ を使って，
　　1 つの項にまとめることができる。
　　例 $5x-3-2x-4$ の同類項をまとめると，〔 $3x-7$ 〕
　　　　$3a-4b-2a+b$ の同類項をまとめると，〔 $a-3b$ 〕

☑ 7 　多項式の加法は，式の各項をすべて加え，〔 同類項 〕をまとめる。
　　例 $(a+b)+(2a-3b)=$〔 $3a-2b$ 〕
　　　　$(2x-7y)+(3x+4y)=$〔 $5x-3y$ 〕

☑ 8 　多項式の減法は，ひく式の各項の 〔 符号 〕を変えて加える。
　　例 $(3x+4y)-(x+y)=$〔 $2x+3y$ 〕
　　　　$(5a-9b)-(3a-4b)=$〔 $2a-5b$ 〕

1章　式の計算
1　式の計算（2）
2　式の利用

☑ **1**　多項式と数の乗法は，分配法則 $a(b+c)=ab+$ 〔 ac 〕 を使って
かっこをはずす。　**例** $3(2a+5b)=$ 〔 $6a+15b$ 〕

☑ **2**　多項式を数でわる除法は，わる数を 〔 逆数 〕 にして乗法に直すか，
分数の形にして計算する。　**例** $(12x-28y)÷4=$ 〔 $3x-7y$ 〕

☑ **3**　単項式と単項式の乗法は，係数の積と 〔 文字 〕 の積をかけ合わせる。
例 $(-4a)×(-5b)=$ 〔 $20ab$ 〕

☑ **4**　単項式と単項式の除法は，分数の形にして 〔 約分 〕 するか，
除法を 〔 乗法 〕 に直して計算する。　**例** $(-8xy)÷2y=$ 〔 $-4x$ 〕

☑ **5**　乗法と除法の混じった計算は，全体を 1 つの分数の形にして 〔 約分 〕 する。
例 $a^2b÷ab^2×2b=\dfrac{a^2b×2b}{ab^2}=$ 〔 $2a$ 〕

☑ **6**　式の値を求めるとき，式を簡単にしてから数を 〔 代入 〕 すると，
計算しやすくなることがある。
例 $a=2$，$b=3$ のとき，$-9ab^2÷3ab$ の値を求めると，〔 -9 〕

☑ **7**　n を整数とすると，連続する 3 つの整数は，
n，〔 $n+1$ 〕，$n+2$ または 〔 $n-1$ 〕，n，$n+1$ と表される。
例 連続する 3 つの整数のうち，中央の数を n として，この 3 つの整数の
和を n を使って表すと，$(n-1)+n+(n+1)=$ 〔 $3n$ 〕

☑ **8**　2 桁の自然数の十の位の数を a，一の位の数を b とすると，この自然数は
〔 $10a+b$ 〕 と表される。また，$m×$(整数)は，m の 〔 倍数 〕 である。
m，n を整数とすると，偶数は 〔 $2m$ 〕，奇数は 〔 $2n+1$ 〕 と表される。

☑ **9**　x，y についての等式を変形して，y から x を求める式を導くことを，
等式を x について 〔 解く 〕 という。
例 $2x+y=3$ を y について解くと，〔 $y=3-2x$ 〕
$m=\dfrac{a+b}{4}$ を a について解くと，〔 $a=4m-b$ 〕

スピードチェック

2章 連立方程式
1 連立方程式 (1)

☑ **1** 2種類の文字をふくむ1次方程式を〔 2元 〕1次方程式といい, これを
成り立たせる文字の値の組を, 2元1次方程式の〔 解 〕という。

例 2元1次方程式 $3x+y=9$ について, $x=2$ のときの y の値は〔 $y=3$ 〕

2元1次方程式 $2x+y=13$ について, $y=5$ のときの x の値は〔 $x=4$ 〕

☑ **2** 2つの2元1次方程式を1組と考えたものを〔 連立 〕方程式という。
また, 2つの方程式を同時に成り立たせる文字の値の組を, 連立方程式の
〔 解 〕といい, 解を求めることを, 連立方程式を〔 解く 〕という。

例 $x=3$, $y=2$ は, 連立方程式 $x+2y=7$, $2x+y=8$ の解と〔 いえる 〕。

$x=1$, $y=3$ は, 連立方程式 $x+2y=7$, $2x+y=6$ の解と〔 いえない 〕。

☑ **3** 文字 y をふくむ連立方程式から, y をふくまない1つの方程式をつくる
ことを, y を〔 消去 〕するという。連立方程式を解くには, 2つの文字
のどちらか一方を〔 消去 〕して, 文字が1つだけの方程式を導く。

☑ **4** 2つの式の左辺どうし, 右辺どうしを加えたりひいたりして,
1つの文字を消去する連立方程式の解き方を〔 加減法 〕という。

例 連立方程式 $\begin{cases} x+3y=4 \\ x+2y=3 \end{cases}$ を加減法で解くと, 〔 $x=1$, $y=1$ 〕

☑ **5** **例** 連立方程式 $5x+2y=12$ …①, $2x+y=5$ …② を加減法で解くと,

②×2 は $4x+2y=10$ で, ① − ②×2 より, 〔 $x=2$ 〕 ②より, 〔 $y=1$ 〕

☑ **6** 連立方程式の一方の式を他方の式に代入することによって,
1つの文字を消去する連立方程式の解き方を〔 代入法 〕という。

例 連立方程式 $\begin{cases} x+2y=5 \\ x=y+2 \end{cases}$ を代入法で解くと, 〔 $x=3$, $y=1$ 〕

☑ **7** **例** 連立方程式 $x=y-1$ …①, $y=2x-1$ …② を代入法で解くと,

②を①に代入して $x=(2x-1)-1$ より, 〔 $x=2$ 〕 ②より, 〔 $y=3$ 〕

☑ **1** かっこをふくむ連立方程式は，〔 かっこ 〕 をはずし，整理してから解く。

例 連立方程式 $x+2y=9\cdots$①，$5x-3(x+y)=4\cdots$② について，

②をかっこをはずして整理すると，〔 $2x-3y=4$ 〕

☑ **2** 係数に分数をふくむ連立方程式は，両辺に分母の 〔 最小公倍数 〕 をかけて，

分母をはらってから解く。

例 連立方程式 $x+2y=12\cdots$①，$\dfrac{1}{2}x+\dfrac{1}{3}y=4\cdots$② について，

②を係数が整数になるように変形すると，〔 $3x+2y=24$ 〕

☑ **3** 係数に小数をふくむ連立方程式は，両辺に 10 や 100 などをかけて，

係数を 〔 整数 〕 に直してから解く。

例 連立方程式 $x+2y=-2\cdots$①，$0.1x+0.06y=0.15\cdots$② について，

②を係数が整数になるように変形すると，〔 $10x+6y=15$ 〕

☑ **4** $A=B=C$ の形の連立方程式は，次の組み合わせをつくって解く。

〔 $A=B,\ A=C$ 〕 または 〔 $A=B,\ B=C$ 〕 または 〔 $A=C,\ B=C$ 〕

例 連立方程式 $x+2y=3x-4y=7$（$A=B=C$ の形）について，

$A=C$，$B=C$ の形の連立方程式をつくると，〔 $x+2y=7,\ 3x-4y=7$ 〕

☑ **5** **例** 連立方程式 $ax+by=5$，$bx+ay=7$ の解が $x=2$，$y=1$ のとき，

a，b についての連立方程式をつくると，〔 $2a+b=5,\ 2b+a=7$ 〕

☑ **6** **例** 50 円のガムと 80 円のガムを合わせて 15 個買い，900 円払った。

50 円のガムを x 個，80 円のガムを y 個として，連立方程式をつくると，

〔 $x+y=15,\ 50x+80y=900$ 〕

☑ **7** 速さ，時間，道のりについて，（道のり）＝（速さ）×（〔 時間 〕）

例 17 km の山道を，峠まで時速 3 km，峠から時速 4 km で歩き，全体で

5 時間かかった。峠まで x km，峠から y km として，連立方程式を

つくると，〔 $x+y=17,\ \dfrac{x}{3}+\dfrac{y}{4}=5$ 〕

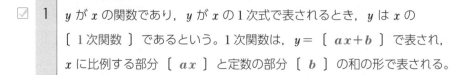

3章　1次関数
1　1次関数（1）

☑ **1** y が x の関数であり，y が x の1次式で表されるとき，y は x の〔 1次関数 〕であるという。1次関数は，$y=$〔 $ax+b$ 〕で表され，x に比例する部分〔 ax 〕と定数の部分〔 b 〕の和の形で表される。

☑ **2** **例** 1個 120円のりんご x 個を100円の箱につめてもらったときの代金が y 円のとき，y を x の式で表すと，〔 $y=120x+100$ 〕

　　例 水が15L入っている水そうから，x L の水をくみ出すと y L の水が残るとき，y を x の式で表すと，〔 $y=-x+15$ 〕

☑ **3** 1次関数 $y=ax+b$ では，x の値が1ずつ増加すると，y の値は〔 a 〕ずつ増加する。

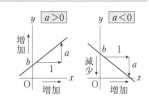

　　例 1次関数 $y=3x+4$ では，x の値が1ずつ増加すると，y の値は〔 3 〕ずつ増加する。

☑ **4** x の増加量をもとにしたときの y の増加量の割合を，〔 変化の割合 〕という。1次関数 $y=ax+b$ では，（変化の割合）$=\dfrac{（y の増加量）}{（x の増加量）}=$〔 a 〕

　　例 1次関数 $y=4x-3$ で，この関数の変化の割合は，〔 4 〕

　　1次関数 $y=2x+1$ で，x の増加量が3のときの y の増加量は，〔 6 〕

☑ **5** 1次関数 $y=ax+b$ のグラフは，$y=ax$ のグラフに〔 平行 〕で，点$(0,$〔 b 〕$)$ を通る直線であり，傾きが〔 a 〕，切片が〔 b 〕である。

　　例 1次関数 $y=2x-5$ のグラフの傾きは〔 2 〕，切片は〔 -5 〕

　　1次関数 $y=-2x+3$ のグラフの傾きは〔 -2 〕，切片は〔 3 〕

☑ **6** 1次関数 $y=ax+b$ のグラフは，$a>0$ なら〔 右上がり 〕の直線であり，$a<0$ なら〔 右下がり 〕の直線である。

　　例 1次関数 $y=4x+5$ のグラフは，〔 右上がり 〕の直線である。

　　1次関数 $y=-3x+1$ のグラフは，〔 右下がり 〕の直線である。

3章　1次関数
1　1次関数（2）
2　方程式と1次関数（1）

☑ **1** 1点の座標（1組の x，y の値）と傾き（変化の割合）がわかっているときは，
直線の式を $y=ax+b$ として，a に［ 傾き（変化の割合）］をあてはめ，
さらに，［ 1点の座標（1組の x，y の値）］を代入し，b の値を求める。

☑ **2** 例 点$(2, 5)$を通り，傾きが3の直線の式を求めると，傾きは3で，
　　$y=3x+b$ という式になるから，この式に $x=2$，$y=5$ を代入して，
　　$5=3\times2+b$ より，［ $b=-1$ ］　　よって，［ $y=3x-1$ ］

☑ **3** 2点の座標（2組の x，y の値）がわかっているときは，
直線の式を $y=ax+b$ として，まず，傾き（変化の割合）a を求め，
次に，［ 1点の座標（1組の x，y の値）］を代入し，b の値を求める。

☑ **4** 例 2点 $(1, 3)$，$(4, 9)$ を通る直線の式を求めると，
　　傾きは $\dfrac{9-3}{4-1}=2$ で，$y=2x+b$ という式になるから，$x=1$，$y=3$
　　を代入して，$3=2\times1+b$ より，［ $b=1$ ］　　よって，［ $y=2x+1$ ］

☑ **5** 2元1次方程式 $ax+by=c$ のグラフは［ 直線 ］であり，このグラフを
かくには，この方程式を［ y ］について解き，傾きと切片を求める。
　　例 方程式 $2x+y=5$ のグラフについて，傾きと切片を求めると，
　　$y=-2x+5$ と変形できることから，傾きは［ -2 ］，切片は［ 5 ］

☑ **6** 方程式 $ax+by=c$ のグラフをかくには，$x=0$ や $y=0$ の
ときに通る2点$\left(0, \dfrac{[\ c\ ]}{[\ b\ ]}\right)$，$\left(\dfrac{c}{[\ a\ ]}, 0\right)$を求めてもよい。
　　例 方程式 $3x+2y=6$ のグラフは，$x=0$ とすると $y=3$，
　　$y=0$ とすると $x=2$ だから，2点$(0, [\ 3\ ])$，$([\ 2\ ], 0)$を通る。

☑ **7** 方程式 $ax+by=c$ のグラフについて，
$a=0$ のときは，x 軸に［ 平行 ］な直線となる。
$b=0$ のときは，y 軸に［ 平行 ］な直線となる。
　　例 方程式 $2y=8$ のグラフは，点$(0, [\ 4\ ])$を通り，［ x ］軸に平行な直線。

☑ **1** 2つの2元1次方程式のグラフの交点の x 座標，y 座標の組は，

その2つの方程式を1組にした連立方程式の 〔 解 〕である。

☑ **2** 2直線の交点の座標は，2つの直線の式を組にした 〔 連立方程式 〕 を

解いて求めることができる。

例 2直線 $y=x$ …①，$y=2x-1$ …②の交点の座標を求めると，

　　①を②に代入して，$x=$ 〔 1 〕，$y=$ 〔 1 〕　よって，（〔 1 〕, 〔 1 〕）

例 2直線 $3x+y=5$ …①，$2x+y=3$ …②の交点の座標を求めると，

　　①－②より，$x=$ 〔 2 〕　②より，$y=$ 〔 −1 〕　よって，（〔 2 〕, 〔 −1 〕）

☑ **3** 2直線が平行のとき，2直線の式を組にした連立方程式の解は 〔 ない 〕。

2直線が一致するとき，2直線の式を組にした連立方程式の解は 〔 無数 〕。

例 2直線 $2x-y=3$，$4x-2y=1$ の関係は，

　　2直線の傾きが 〔 等しく 〕，切片が 〔 異なる 〕 ので，〔 平行 〕 になる。

☑ **4** 1次関数を利用して問題を解くには，まず $y=$ 〔 $ax+b$ 〕 の形に表す。

例 長さ 20 cm のばねに 40 g のおもりをつるすと，ばねは 24 cm になった。

　　おもりを x g，ばねを y cm として，y を x の式で表すと，

　　$y=ax+20$ という式になるから，$x=40$，$y=24$ を代入して，

　　$24=a×40+20$ より，〔 $a=0.1$ 〕　　よって，〔 $y=0.1x+20$ 〕

☑ **5** 1次関数を利用して図形の問題を解くときは，

$x \geqq 0$，$y \geqq 0$ などの 〔 変域 〕 に注意する。

例 1辺が 6 cm の正方形 ABCD で，

　　点Pが辺 AB 上を A から x cm 動くとき，

　　△APD の面積を y cm² として，y を x の式で表すと，

　　（△APD の面積）＝（AD の長さ）×（AP の長さ）÷2 だから，

　　$y=6×x÷2$　$(0 \leqq x \leqq$ 〔 6 〕$)$　　よって，〔 $y=3x$ $(0 \leqq x \leqq 6)$ 〕

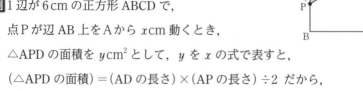

4章　図形の性質の調べ方
1　いろいろな角と多角形 (1)

☑ **1** 2直線が交わるとき，向かい合った2つの角を〔 対頂角 〕という。

対頂角は〔 等しい 〕。

例 右の図では，∠a＝〔 60°〕，∠b＝〔 120°〕，

∠c＝〔 60°〕

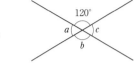

☑ **2** 2直線に1つの直線が交わるとき，

2直線が平行ならば，〔 同位角 〕，〔 錯角 〕は等しい。

例 右の図では，∠a＝〔 50°〕，

∠b＝〔 50°〕，∠c＝〔 130°〕，

∠d＝〔 50°〕，∠e＝〔 130°〕

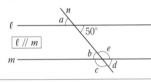

☑ **3** 2直線に1つの直線が交わるとき，〔 同位角 〕または〔 錯角 〕が

等しければ，その2直線は平行である。

例 右の図の直線のうち，平行である

ものを，記号 // を使って表すと，

〔 a 〕// 〔 c 〕，〔 b 〕// 〔 d 〕

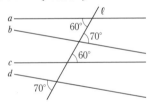

☑ **4** 多角形で，内部の角を〔 内角 〕といい，1つの辺とそれととなり合う辺

の延長とがつくる角を，その頂点における〔 外角 〕という。

☑ **5** 三角形の内角の和は，〔 180°〕である。

例 △ABC で，∠A＝35°，∠B＝65°のとき，

∠C の大きさは，〔 80°〕

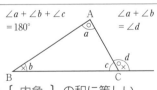

三角形の外角は，これととなり合わない2つの〔 内角 〕の和に等しい。

例 △ABC で，∠A＝60°，頂点 B における外角が130°のとき，∠C＝〔 70°〕

☑ **6** 3つの内角が〔 鋭角 〕(0°より大きく90°より小さい角)である三角形を

〔 鋭角 〕三角形といい，1つの内角が〔 鈍角 〕(90°より大きく180°より

小さい角)である三角形を〔 鈍角 〕三角形という。

例 2つの角が30°，50°である三角形は，〔 鈍角 〕三角形。

4章　図形の性質の調べ方
1　いろいろな角と多角形（2）
2　図形の合同（1）

☑ **1** 四角形の内角の和は 〔 360° 〕 である。

例 四角形 ABCD で，∠A＝70°，∠B＝80°，

∠C＝90°のとき，∠D の大きさは，〔 120° 〕

例 四角形 ABCD で，∠A＝70°，∠B＝80°，

頂点 C における外角が 80°のとき，∠D の大きさは，〔 110° 〕

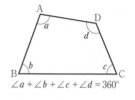

$\angle a + \angle b + \angle c + \angle d = 360°$

☑ **2** n 角形は，1 つの頂点から引いた対角線によって，

（〔 $n-2$ 〕）個の三角形に分けられる。

例 六角形は，1 つの頂点から引いた対角線によって，

〔 4 〕 個の三角形に分けられる。

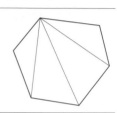

☑ **3** n 角形の内角の和は，〔 $180°×(n-2)$ 〕 である。

例 十角形の内角の和は，$180°×(10-2)＝$ 〔 1440° 〕

正十角形の 1 つの内角の大きさは，$1440°÷10＝$ 〔 144° 〕

☑ **4** 多角形の外角の和は，〔 360° 〕 である。

例 正六角形の 1 つの外角の大きさは，$360°÷6＝$ 〔 60° 〕

1 つの外角が 40°である正多角形は，

$360°÷40°＝$ 〔 9 〕 より，〔 正九角形 〕

☑ **5** 平面上の 2 つの図形について，一方を移動させることによって他方に

重ね合わせることができるとき，この 2 つの図形は 〔 合同 〕 である。

合同な図形では，対応する線分の長さや角の大きさはそれぞれ 〔 等しい 〕。

☑ **6** 四角形 ABCD と四角形 EFGH が合同であることを，記号≡を使って，

〔 四角形 ABCD 〕 ≡ 〔 四角形 EFGH 〕 と表す。

合同の記号≡を使うときは，対応する 〔 頂点 〕 を同じ順に書く。

例 △ABC ≡△DEF であるとき，

∠B に対応する角は，〔 ∠E 〕　　辺 AC に対応する辺は，〔 辺 DF 〕

4章　図形の性質の調べ方
2　図形の合同（2）

☑ 1　2つの三角形は，〔 3 〕組の辺がそれぞれ

等しいとき，合同である。

例 AB＝DE，AC＝DF，〔 BC 〕＝〔 EF 〕

　のとき，△ABC ≡△DEF となる。

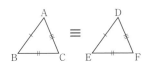

☑ 2　2つの三角形は，2組の辺と〔 その間 〕

の角がそれぞれ等しいとき，合同である。

例 AB＝DE，BC＝EF，∠〔 B 〕＝∠〔 E 〕

　のとき，△ABC ≡△DEF となる。

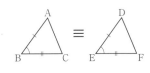

☑ 3　2つの三角形は，1組の辺と〔 その両端 〕

の角がそれぞれ等しいとき，合同である。

例〔 BC 〕＝〔 EF 〕，∠B＝∠E，∠C＝∠F

　のとき，△ABC ≡△DEF となる。

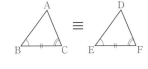

☑ 4　「○○○ ならば，□□□」と表したとき，○○○ の部分を〔 仮定 〕，

□□□ の部分を〔 結論 〕という。

あることがらが正しいことを，すでに正しいと認められたことがらを

根拠にして，筋道を立てて説明することを〔 証明 〕という。

☑ 5　証明のすすめ方は，〔 仮定 〕から出発し，すでに正しいと認められた

ことがらを根拠として使って，〔 結論 〕を導く。

例「△ABC ≡△DEF ならば，AB＝DE」について，仮定から結論を導く

　根拠となっていることがらは，〔 合同な図形の対応する辺は等しい 〕。

☑ 6　仮定と結論を入れかえたことがらを，もとのことがらの〔 逆 〕という。

あることがらが成り立たない例を〔 反例 〕という。あることがらが

正しくないことを示すには，反例を〔 1つ 〕あげればよい。

例「$x＝1$，$y＝2$ ならば，$x＋y＝3$ である。」について，この逆は，

　「〔 $x＋y＝3$ ならば，$x＝1$，$y＝2$ である。 〕」これは，〔 正しくない 〕。

5章　三角形・四角形
1　三角形 (1)

☑ 1　用語の意味をはっきり述べたものを，その用語の 〔 定義 〕 という。

証明されたことがらのうち，特によく利用されるものを 〔 定理 〕 という。

例 二等辺三角形の定義は，2つの 〔 辺 〕 が等しい三角形。

☑ 2　二等辺三角形で，長さの等しい2つの辺がつくる角を 〔 頂角 〕，

頂角に対する辺を 〔 底辺 〕，底辺の両端の角を 〔 底角 〕 という。

☑ 3　二等辺三角形の2つの 〔 底角 〕 は等しい。

二等辺三角形の 〔 頂角 〕 の二等分線は，

底辺を 〔 垂直 〕 に2等分する。

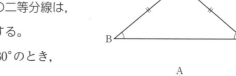

例 二等辺三角形で，頂角が80°のとき，

底角は 〔 50° 〕

二等辺三角形で，底角が55°のとき，

頂角は 〔 70° 〕

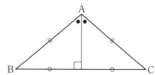

☑ 4　2つの角が等しい三角形は，〔 二等辺 〕 三角形である。

例 2つの角が45°，90°である三角形は，

〔 直角二等辺 〕 三角形。

例 ある三角形が二等辺三角形であることを証明する

には，〔 2 〕 つの辺または 〔 2 〕 つの角が

等しいことを示せばよい。

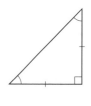

☑ 5　正三角形の 〔 定義 〕 は，「3つの辺が等しい三角形」である。

正三角形の3つの角は 〔 等しい 〕。

例 頂角が60°の二等辺三角形は，底角が

〔 60° 〕 で，〔 正 〕 三角形。

5章 三角形・四角形
1 三角形 (2)
2 四角形 (1)

☑ **1** 直角三角形の直角に対する辺を 〔 斜辺 〕 という。

2つの直角三角形は，斜辺と1つの 〔 鋭角 〕 が

それぞれ等しいとき，合同である。

例 ∠C＝∠F＝90°，∠A＝∠D，

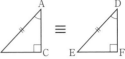

〔 AB 〕＝〔 DE 〕 のとき，△ABC ≡△DEF となる。

☑ **2** 2つの直角三角形は，斜辺と他の 〔 1辺 〕 が

それぞれ等しいとき，合同である。

例 ∠C＝∠F＝90°，AC＝DF，

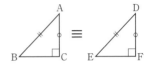

〔 AB 〕＝〔 DE 〕 のとき，△ABC ≡△DEF となる。

☑ **3** 平行四辺形の定義は，「2組の 〔 対辺 〕 が

それぞれ 〔 平行 〕 な四角形」である。

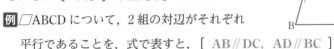

例 ▱ABCD について，2組の対辺がそれぞれ

平行であることを，式で表すと，〔 AB∥DC，AD∥BC 〕

☑ **4** 平行四辺形では，2組の対辺または2組の対角はそれぞれ 〔 等しい 〕。

例 ▱ABCD について，2組の対角が

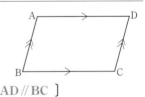

それぞれ等しいことを，式で表すと，

〔 ∠A＝∠C，∠B＝∠D 〕

☑ **5** 平行四辺形では，2つの対角線はそれぞれの 〔 中点 〕 で交わる。

例 ▱ABCD の対角線の交点を O とするとき，

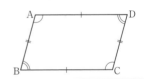

対角線がそれぞれの中点で交わることを，

式で表すと，〔 AO＝CO，BO＝DO 〕

☑ **6** **例** ▱ABCD で，∠A＝120°のとき，∠B＝ 〔 60° 〕

例 ▱ABCD で，対角線 BD を引くとき，

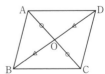

∠ABD と大きさの等しい角は，〔 ∠CDB 〕

5章　三角形・四角形
2　四角形 (2)
3　平行線と面積

☑ **1** 2組の〔 対辺 〕がそれぞれ平行である四角形は，平行四辺形である。

2組の〔 対辺 〕または2組の〔 対角 〕がそれぞれ等しい四角形は，

平行四辺形である。

2つの対角線がそれぞれの〔 中点 〕で交わる四角形は，平行四辺形である。

1組の対辺が〔 平行 〕で等しい四角形は，平行四辺形である。

☑ **2** 長方形の定義は，「4つの〔 角 〕が等しい四角形」である。

ひし形の定義は，「4つの〔 辺 〕が等しい四角形」である。

正方形の定義は，「4つの〔 角 〕が等しく，4つの〔 辺 〕が等しい

四角形」である。

正方形は，長方形とひし形の両方の性質をもっている。

☑ **3** 長方形の対角線の長さは〔 等しい 〕。

ひし形の対角線は〔 垂直 〕に交わる。

例 ▱ABCD について，∠A＝∠B ならば，

〔 長方形 〕になる。

▱ABCD について，AB＝BC ならば，

〔 ひし形 〕になる。

▱ABCD について，AC＝BD ならば，

〔 長方形 〕になる。

▱ABCD について，AC ⊥ BD ならば，

〔 ひし形 〕になる。

☑ **4** 直角三角形の斜辺の中点は，

この三角形の3つの頂点から等しい〔 距離 〕にある。

正方形 ABCD の対角線の交点を O とするとき，

△OAB は〔 直角二等辺 〕三角形である。

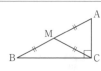

6章　確率

1　確率

☑ 1　あることがらの起こりやすさの程度を表す数を，そのことがらの起こる
　　〔 確率 〕という。
　　確率を計算によって求める場合は，目の出方，表と裏の出方，数の出方
　　などは同様に〔 確からしい 〕ものとして考える。

☑ 2　起こり得る場合が全部で n 通りあり，あることがら A の起こる場合が
　　a 通りあるとき，ことがら A の起こる確率 p は，$p=\dfrac{〔\ a\ 〕}{〔\ n\ 〕}$

　　あることがらの起こる確率 p の範囲は〔 0 〕$\leqq p \leqq$〔 1 〕
　　必ず起こることがらの確率は〔 1 〕であるから，
　　(A の起こらない確率) ＝〔 1 〕－(A の起こる確率) である。

☑ 3　起こりうるすべての場合を整理してかき出すときは，〔 樹形 〕図を使う。

☑ 4　**例** 2枚の10円硬貨を投げるとき，表と裏の出方は全部で〔 4 〕通り。

☑ 5　**例** 1つのさいころを1回投げるとき，
　　　1の目が出る確率は，〔 $\dfrac{1}{6}$ 〕　　奇数の目が出る確率は，〔 $\dfrac{1}{2}$ 〕

☑ 6　**例** 2本の当たりくじが入っている20本のくじから1本引くとき，
　　　当たりくじを引く確率は，〔 $\dfrac{1}{10}$ 〕　　はずれくじを引く確率は，〔 $\dfrac{9}{10}$ 〕

☑ 7　**例** 2枚の10円硬貨を投げるとき，2枚とも裏が出る確率は，〔 $\dfrac{1}{4}$ 〕
　　　1枚は表が出て1枚は裏が出る確率は，〔 $\dfrac{1}{2}$ 〕

☑ 8　**例** A，B，C，Dの4人から班長と副班長を選ぶとき，
　　　選び方は全部で〔 12 〕通りで，
　　　AかBが班長に選ばれる確率は，〔 $\dfrac{1}{2}$ 〕

班長	副班長

$$A \Big\langle \begin{matrix} B \\ C \\ D \end{matrix}$$

☑ 9　**例** A，B，C，D，Eの5チームから2チームを選ぶとき，
　　　選び方は全部で〔 10 〕通りで，
　　　AまたはBが選ばれる確率は，〔 $\dfrac{7}{10}$ 〕

7章　データの分布

1　データの分布

☑ **1** 小さい順に並べたデータが奇数 $(2n+1)$ 個あるとき，それぞれの四分位数は下のようになる。

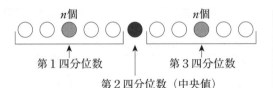

n個　　　　　　　　　n個

第1四分位数　　　　　第3四分位数

第2四分位数（中央値）

> 第1四分位数，第3四分位数はそれぞれ前半部分と後半部分のデータの中央値である。

例 次の7つのデータがある。

6　8　10　16　18　20　30

このデータの最小値は〔 6 〕，最大値は〔 30 〕，

第1四分位数は〔 8 〕，第2四分位数は〔 16 〕，第3四分位数は〔 20 〕

四分位範囲は，（第3四分位数）−（第1四分位数）＝〔 12 〕

☑ **2** 小さい順に並べたデータが偶数 $(2n)$ 個あるとき，それぞれの四分位数は下のようになる。

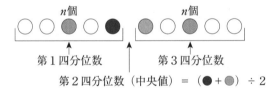

n個　　　　　　　　n個

第1四分位数　　　　　第3四分位数

第2四分位数（中央値）＝（● + ●）÷ 2

例 次の6つのデータがある。

6　8　10　16　18　20

このデータの最小値は〔 6 〕，最大値は〔 20 〕，

第1四分位数は〔 8 〕，第2四分位数は〔 13 〕，第3四分位数は〔 18 〕

四分位範囲は，（第3四分位数）−（第1四分位数）＝〔 10 〕

☑ **3** 右のような箱ひげ図がある。
四分位数などが図のように
対応している。

最小値　第〔 2 〕四分位数　　最大値

第〔 1 〕四分位数　　第〔 3 〕四分位数

p.124〜125 第**6**回

1 (1) いえる。　　　(2) 0.2 $\left(\text{または } \dfrac{1}{5}\right)$

　(3) いえない。

2 30 通り

3 15 通り

4 (1) $\dfrac{1}{2}$　(2) $\dfrac{2}{13}$　(3) $\dfrac{4}{13}$　(4) 0

5 $\dfrac{3}{8}$

6 (1) $\dfrac{4}{25}$　(2) $\dfrac{2}{25}$　(3) $\dfrac{4}{25}$

7 (1) $\dfrac{5}{18}$　(2) $\dfrac{5}{36}$　(3) $\dfrac{1}{3}$　(4) $\dfrac{3}{4}$

8 (1) $\dfrac{3}{7}$　　　　　(2) $\dfrac{2}{7}$

9 (1) $\dfrac{1}{15}$　　　　(2) $\dfrac{3}{5}$

解説

1 (2) 1 のカードを引く確率 $\dfrac{1}{5}$（＝0.2）に近づく。

(3) 3 のカードを引く確率は $\dfrac{1}{5}$ だが，実際は，確率通りに起こるということではない。

2 次の樹形図のように，30 通りある。

3 選ぶ順序は関係しないから，次の 15 通りある。
{A, B}, {A, C}, {A, D}, {A, E}, {A, F},
{B, C}, {B, D}, {B, E}, {B, F}, {C, D},
{C, E}, {C, F}, {D, E}, {D, F}, {E, F}

4 (2) 5 または 7 のカードは全部で 8 枚あるから，
　　求める確率は，$\dfrac{8}{52}=\dfrac{2}{13}$

(3) 6 の約数 1, 2, 3, 6 のカードは全部で 16 枚

ある。

5 右の図のように，起こり得るすべての場合は 8 通りあり，このうち，表が 2 回で裏が 1 回出る場合は○をつけた 3 通りある。
したがって，求める確率は
$\dfrac{3}{8}$

6 赤玉を赤₁，赤₂，白玉を白₁，白₂，黒玉を黒とすると，取り出し方は，次の 25 通りある。

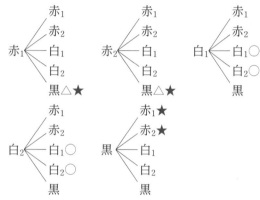

(1) 2 個とも白玉が出るのは○をつけた 4 通り。

(2) はじめに赤玉が出て，次に黒玉が出るのは△をつけた 2 通り。

(3) 赤玉が 1 個，黒玉が 1 個出るのは★をつけた 4 通り。

7 起こり得るすべての場合は 36 通りある。

(1) 出る目の和が 9 以上になるのは，次の 10 通り。
(3, 6), (4, 5), (4, 6), (5, 4), (5, 5),
(5, 6), (6, 3), (6, 4), (6, 5), (6, 6)

(3) 出る目の和が 3 の倍数になるのは，次の 12 通り。
(1, 2), (1, 5), (2, 1), (2, 4), (3, 3), (3, 6),
(4, 2), (4, 5), (5, 1), (5, 4), (6, 3), (6, 6)

(4) 1−(奇数になる確率) で求める。

8 当たりを①〜③，はずれを 4 〜 7 として，樹形図をかいて考える。くじの引き方は全部で 42 通りある。

(1) B が当たる場合は 18 通りある。

(2) A，B ともにはずれる場合は 12 通りある。

9 当たりを①，②，はずれを 3 〜 6 として樹形図をかいて考える。くじの引き方は全部で 15 通りある。

(2) 少なくとも 1 本が当たる場合は 9 通りある。

p.126 第7回

1. (1) 最大値…200 分　　最小値…30 分
   (2) 第1四分位数…60 分
   　　第2四分位数…90 分
   　　第3四分位数…120 分
   (3)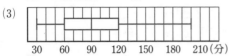

2. (1) 第1四分位数…13 m
   　　第2四分位数…16 m
   　　第3四分位数…23 m
   (2) 10 m　　(3) ⑦　　(4) A中学校

解説

1. (2) 第2四分位数は，$(90+90) \div 2 = 90$（分）
   　第1四分位数は4番目　　└ 7番目と8番目の平均値
   　第3四分位数は11番目
   (3) 最小値は左のひげの左端，最大値は右のひげの右端，四分位数は小さい順に，箱の左端，中の線，右端で表す。

2. (2) $23 - 13 = 10$ (m) ←（第3四分位数）−（第1四分位数）
   (4) 箱ひげ図で，ひげの端から端までの長さ（範囲）は等しいので，箱の幅（四分位範囲）で比べると，A中学校の方が右に長くなっている。

p.127 第8回

1. (1) $2x+7y$　　(2) $12x-18y$
   (3) $-4x-10y$　　(4) $-28b^3$
   (5) $-y$
   (6) $\dfrac{13x+7y}{10}$ （または，$\dfrac{13}{10}x+\dfrac{7}{10}y$）

2. (1) $\begin{cases} x=-2 \\ y=5 \end{cases}$　　(2) $\begin{cases} x=-3 \\ y=-7 \end{cases}$
   (3) $\begin{cases} x=2 \\ y=-1 \end{cases}$

3. (1) -1　　(2) $y=3x+14$　　(3) $y=\dfrac{3}{2}x-3$

4. (1) P(2, 3)　　(2) $\dfrac{15}{2}$

解説

1. (6) $\dfrac{3x-y}{2} - \dfrac{x-6y}{5} = \dfrac{5(3x-y)-2(x-6y)}{10}$
   $$= \dfrac{15x-5y-2x+12y}{10}$$
   $$= \dfrac{13x+7y}{10}$$

3. (1) $9a^2b \div 6ab \times 10b = \dfrac{9a^2b \times 10b}{6ab} = 15ab$
   この式に a，b の値を代入する。

4. (2) 2点 A，B の座標は，A(−1, 0)，B(4, 0) だから，←直線 ℓ，m の式に $y=0$ を代入
   $AB = 4-(-1) = 5$　　↙高さは点 P の y 座標より3
   $\triangle PAB = \dfrac{1}{2} \times AB \times 3 = \dfrac{1}{2} \times 5 \times 3 = \dfrac{15}{2}$

p.128 第9回

1. (1) 120°　　(2) 94°　　(3) 135°

2. △ABF と △CDE において，
   平行四辺形の対辺は等しいから，
   　　　　　AB=CD　①
   また，BF=BC−CF，DE=DA−AE
   BC=DA，CF=AE だから，
   　　　　　BF=DE　②
   平行四辺形の対角は等しいから，
   　　　　　∠B=∠D　③
   ①，②，③より，2組の辺とその間の角がそれぞれ等しいから，△ABF≡△CDE
   したがって，　　　AF=CE

3. $\dfrac{11}{12}$

4. (1) 範囲…21 回　　四分位範囲…10 回
   (2) いえる。

解説

3. 出る目の数の和が 11 以上になるのは，
   (5, 6)，(6, 5)，(6, 6) の 3 通りで，その確率は，
   $\dfrac{3}{36} = \dfrac{1}{12}$ だから，出る目の数の和が 10 以下になる確率は，$1 - \dfrac{1}{12} = \dfrac{11}{12}$

4. 箱ひげ図より，このデータの最小値は 17 回，第1四分位数は 22 回，第2四分位数（中央値）は 26 回，第3四分位数は 32 回，最大値は 38 回である。
   (1) 範囲は，（最大値）−（最小値）なので，
   　$38 - 17 = 21$（回）
   　四分位範囲は，（第3四分位数）−（第1四分位数）なので，$32 - 22 = 10$（回）
   (2) 26 回は中央値で，35 人のデータを低い順に並べたときの 18 番目の値となる。これより，18 番目から 35 番目の値はすべて 26 回以上となるので，半分以上いるといえる。

6 5 4 3
D C B A